●陕西师范大学优秀学术著作出版基金、陕西师设项目、陕西省自然科学基金重点项目资助

菘蓝次生代谢

李 焘 著

陕西师范大学出版总社

图书代号　ZZ23N0594

图书在版编目(CIP)数据

菘蓝次生代谢 / 李焘著. —西安:陕西师范大学出版总社有限公司,2023.5
　　ISBN 978-7-5695-3233-3

　　Ⅰ.①菘… Ⅱ.①李… Ⅲ.①菘蓝—代谢—研究 Ⅳ.①S574

中国版本图书馆 CIP 数据核字(2022)第 190414 号

菘蓝次生代谢

李　焘　著

特约编辑	康茹敏
责任编辑	王东升
责任校对	杨雪玲
封面设计	金定华
封面插图	屈李睿加
出版发行	陕西师范大学出版总社
	(西安市长安南路199号　邮编 710062)
网　　址	http://www.snupg.com
印　　刷	西安日报社印务中心
开　　本	787 mm×1092 mm　1/16
印　　张	16.5
字　　数	349 千
版　　次	2023 年 5 月第 1 版
印　　次	2023 年 5 月第 1 次印刷
书　　号	ISBN 978-7-5695-3233-3
定　　价	89.00 元

读者购书、书店添货或发现印装质量问题,请与本社高等教育出版中心联系。
电话:(029)85303622(传真)　85307864

前　言

"青,取之于蓝,而青于蓝"是描述植物菘蓝的著名诗句,摘自《荀子·劝学》,意指靛青是从蓝草中提炼而来,但颜色比蓝草更深。常用来形容通过用心研究学问,坚持不懈地努力,学生可以胜过老师,后人能够赶超前人。鼓励人们只要能够潜心向学,就能不断突破自我、超越自我。

菘蓝是著名的大宗药材"板蓝根""大青叶""青黛"的源植物,也是人们耳熟能详的产蓝植物,可以作为食品和工业用色素原料,在我国南方一些地区,还可作为蔬菜鲜食或烹饪后食用。每到春天,万物复苏、百花斗艳之时,菘蓝的花也欣欣然绽开,与壮观的油菜花海一道儿,抢在了百花之先,昭示着一年中最生机盎然的季节的到来……

作为十字花科植物,菘蓝与模式植物拟南芥同科而不同属,亲缘关系相对较近,但又存在着明显的不同。菘蓝中富含多种药用成分,多为次生代谢产物,其中的靛蓝、靛玉红、表告依春是《中国药典》对板蓝根、大青叶、青黛药材进行质量评价的指标性成分。揭示菘蓝中主要次生代谢产物的合成积累规律,结合基因组、转录组、代谢组等多组学研究手段,借助生化与分子生物学、基因工程、细胞工程等现代生物技术挖掘和探究相关基因在次生代谢产物合成积累过程中的调控作用,将有助于进一步揭示相关活性组分在菘蓝中的代谢调控机理,对于开展菘蓝的质量评价、借助分子育种手段培育菘蓝新品种、推进其资源的可持续开发利用等均有十分重要的理论研究价值和实践意义。

本书所涉及的研究成果主要来自课题组近年工作之积累,同时也汇集了本领域研究同行的最新研究成果,旨在对现阶段菘蓝次生代谢研究方面的工作予以阶段性汇总和整理,以期为该领域科研人员提供研究思路,搭建交流平台,同时也期待更多研究成果不断涌现,为丰富菘蓝的次生代谢研究添砖加瓦。

书中所涉及的本课题组的研究工作受到了国家自然科学基金、陕西省自然科学基金重点项目、中央高校基本科研业务费等项目的支持。在此,要特别感谢已经毕业的硕士研究生潘淑琴、赵桂红、张妮妮、王晶、陆苗、张天翼、秦苗苗、胡向阳、刘蕊、高天娥、郑金宇、王子榕、卢娟等的勤奋努力,还有在读硕士研究生唐雪、徐兆锦、黄振轩、董艳、蔡兰英、李鑫、张艳、康茹敏、秦凯伟等的孜孜以求,以及王东浩、杨树、魏希颖、韩立敏等老师做出的重要贡献。同时,也要由衷地感谢西北濒危药材资源开发国家工程实验室、药用资源与天然药物化学教育部重点实验室、陕西师范大学生命科学学院所提供的良好研究平台。此外,还要特别感谢在本书成稿之时提供诸多帮助和指导的师友和亲朋,以及我挚爱的家人给予的关爱与支持。

长路漫漫,行则将至……

李 焘

2023 年 4 月

Contents 目录

第1章　菘蓝的生物学特性及资源分布 ················ 1
- 1.1　菘蓝的生物学特性 ································ 1
- 1.2　菘蓝的分类与资源分布 ·························· 5
- 1.3　菘蓝的人工栽培 ································· 6
- 1.4　菘蓝的采收加工 ································· 9
- 1.5　菘蓝的药材鉴定与质量控制 ···················· 10
- 1.6　菘蓝的开发利用现状 ···························· 13
- 1.7　本章小结 ··· 16

第2章　菘蓝的活性成分及药理作用 ················ 17
- 2.1　菘蓝的主要活性成分 ···························· 17
- 2.2　菘蓝活性成分的提取分离与鉴定 ··············· 21
- 2.3　菘蓝活性成分的药理作用 ······················· 25
- 2.4　本章小结 ··· 29

第3章　菘蓝的基因组学研究 ························ 30
- 3.1　植物基因组学研究概况 ·························· 30
- 3.2　菘蓝的基因组测序 ······························· 39
- 3.3　菘蓝的染色体结构解析 ·························· 42

3.4 菘蓝基因组的功能注释分析 ……………………………………… 43
  3.5 菘蓝进化关系分析 ………………………………………………… 53
  3.6 菘蓝基因组学的实际应用 ………………………………………… 55
  3.7 菘蓝基因组学的研究展望 ………………………………………… 56
  3.8 本章小结 …………………………………………………………… 59

第 4 章　菘蓝的转录组学研究 …………………………………………… 60
  4.1 转录组测序技术 …………………………………………………… 60
  4.2 药用植物转录组学研究进展 ……………………………………… 70
  4.3 转录组学技术在菘蓝活性组分鉴定与分析中的应用 …………… 78
  4.4 菘蓝同源多倍体的转录组学研究 ………………………………… 87
  4.5 本章小结 …………………………………………………………… 88

第 5 章　菘蓝中靛蓝和靛玉红的代谢调控研究 ………………………… 89
  5.1 靛蓝和靛玉红的理化性质与生物学功能 ………………………… 89
  5.2 靛蓝和靛玉红的分离鉴定研究 …………………………………… 94
  5.3 靛蓝和靛玉红的合成 ……………………………………………… 98
  5.4 靛蓝和靛玉红的合成积累规律研究 ……………………………… 102
  5.5 影响靛蓝和靛玉红含量积累的因素研究 ………………………… 105
  5.6 菘蓝中靛蓝和靛玉红合成积累的调控机理研究 ………………… 111
  5.7 本章小结 …………………………………………………………… 112

第 6 章　菘蓝中芥子油苷类物质的代谢调控研究 ……………………… 114
  6.1 芥子油苷简介 ……………………………………………………… 114
  6.2 菘蓝芥子油苷的分离鉴定研究 …………………………………… 120
  6.3 菘蓝芥子油苷的合成积累规律研究 ……………………………… 125
  6.4 菘蓝芥子油苷的代谢途径研究 …………………………………… 127
  6.5 MYB 转录因子调控菘蓝芥子油苷代谢的分子机理研究 ………… 135
  6.6 本章小结 …………………………………………………………… 158

第7章 菘蓝木脂素类物质的代谢调控研究 · 159
- 7.1 木脂素概述 · 159
- 7.2 菘蓝木脂素的种类 · 164
- 7.3 菘蓝木脂素的提取分离研究 · 166
- 7.4 菘蓝木脂素的生物合成途径研究 · 168
- 7.5 菘蓝木脂素合成相关基因的筛选与鉴定 · 169
- 7.6 菘蓝木脂素合成相关转录因子的筛选与鉴定 · 172
- 7.7 本章小结 · 173

第8章 菘蓝内生真菌的研究 · 174
- 8.1 植物内生真菌的研究概况 · 174
- 8.2 药用植物内生真菌的研究概况 · 179
- 8.3 菘蓝中具抗菌活性的内生真菌的研究 · 182
- 8.4 本章小结 · 188

第9章 菘蓝种子油的分离提取与鉴定 · 189
- 9.1 药用植物种子油的研究 · 189
- 9.2 菘蓝种子油的研究 · 199
- 9.3 本章小结 · 203

第10章 总结与展望 · 204
- 10.1 菘蓝是十字花科植物的典型代表 · 204
- 10.2 菘蓝具有十分重要的研究和应用价值 · 205
- 10.3 菘蓝的遗传背景需要进一步明晰 · 206
- 10.4 菘蓝的次生代谢调控研究任重道远 · 207
- 10.5 菘蓝的新品种培育和种质创新研究亟待加强 · 208

参考文献 · 209

第1章　菘蓝的生物学特性及资源分布

菘蓝(*Isatis indigotica* Fort.)是十字花科(Brassicaceae)菘蓝属(*Isatis*)多年生草本植物。除药用外,菘蓝在工业上也有较大的开发应用价值,如制作染料、化妆品等。菘蓝具有极强的适应性,对栽培环境要求不高,全国各地均有栽培,形成了具有各地区域特色的栽培种质和选育品种。本章重点对菘蓝的生物学特性及资源分布状况进行了综述,以期为深入开展菘蓝的质量评价、次生代谢调控研究等奠定基础。

1.1　菘蓝的生物学特性

1.1.1　菘蓝的本草考证

菘蓝的干燥根入药称为"板蓝根(Isatidis radix)",干燥叶入药称为"大青叶(Isatidis folium)",茎、叶经传统工艺加工制成的粉末称为"青黛(Indigo natrualis)",三种药材均具有清热解毒功效。

《荀子·劝学》中有关于菘蓝的描述:"青,取之于蓝,而青于蓝。"中的"蓝"是指古人在对植物未进行详细认识分类时,对不同基源植物的统称,而青则是指从这类植物上获取的一种染料,也是一味中药,即今天所说的青黛。最早对"蓝"的记载始于秦汉时期的《神农本草经》,其中有关于"蓝"入药的记载:"味苦,主解诸毒,杀蛊蚑、久服,头不白。"此处所指何种"蓝",尚存在较多争议。

到了唐代,人们对于"蓝"的认识、分类和药用价值有了进一步的发展,同时出现了许多板蓝根入药的记载,在《新修本草》中第一次对"蓝"进行了分类,即马蓝[*Baphicacanthus cusia* (Nees) Bremek.]、菘蓝、蓼蓝(*Polygonum tinctorium* Ait.)。到了宋代,板蓝根逐渐在民间流传开来,在金元明清期间,一度成为常用药。在明朝以后迎来中国传统医学的黄金时期,李时珍在医学巨著《本草纲目》中再次对"蓝"进行详细分类,认为"凡蓝五种,各有主治……而作靛则一也",指出"蓝"应该分为蓼蓝、菘蓝、马蓝、吴蓝(有的地方记为苋蓝,具体植物尚无定论)、木蓝(*Indigofera tinctoria* Linn.)。尽管如此,人们对于该类植物药用价值的认识依然有限。一直以来,在历史上板蓝根是指产蓝类植物的根,而其茎和叶统称为"大青叶"。

直到现代,经过无数学者不断地考证和纠错,终于在1995年版《中国药典》中规定,板蓝根又叫北板蓝,其与大青叶的源植物为十字花科的菘蓝,而青黛的来源则为菘蓝或马蓝的叶。此外,板蓝根区别于南板蓝根,南板蓝根为爵床科植物马蓝的干燥根茎和根,区别于欧洲菘蓝(*Isatis tinctoria* L.)[1]。

板蓝根、大青叶和青黛三种药材的源植物虽为同一植物且药效相近,但由于加工方式及来源部位的不同,各自侧重的治疗效果也不相同。大青叶(又名大青),在《本草纲目》中记载:"主热毒痢、黄疸、喉痹、丹毒",主功效为凉血消斑,临床上更多用于瘟病毒盛发斑者。在《中药志》中描述的板蓝根为:"清火解毒,凉血止血。治热病发斑、丹毒、咽喉肿痛、大头瘟,及吐血、衄血等症",其主功效为凉血利咽,临床上常用于治疗外感风热、发热头痛。根据《本经逢原》里记载:"青黛,泻肝胆,散郁火,治温毒发斑及产后热痢下重,水研服之",主要功效为泻肝定惊,更适宜于肝火旺盛引起的咳嗽及温病抽搐患者。由此可见,虽为同一植物来源,但三种药材的药效存在明显的差别,充分体现了中医药的博大精深,同时也给临床研究带来了巨大的拓展和机遇。

1.1.2 菘蓝的生物学特性

菘蓝高40~100 cm,茎直立,绿色,顶部多分枝,植株光滑无毛,带白粉霜。基生叶莲座状,长圆形至宽倒披针形,长5~15 cm,宽1.5~4 cm,顶端钝或尖,基部渐狭,全缘或稍具波状齿,具柄。基生叶蓝绿色,长椭圆形或长圆状披针形,长7~15 cm,宽1~4 cm,基部叶耳不明显或为圆形。萼片宽卵形或宽披针形,长2~2.5 mm。花瓣黄白,宽楔形,长3~4 mm,顶端近平截,具短爪。短角果近长圆形,扁平,无毛,边缘有翅;果梗细长,微下垂。种子长圆形,长3~3.5 mm,淡褐色。花期4~5月,果期5~6月。单个花的寿命6~7 d,遇到特殊气候可缩短至3~4 d,群体开花期约30 d[2-3]。菘蓝不同生长发育阶段的植物形态如图1-1所示。

A、B—抽薹期；C—花蕾期；D—花期；E、F—果期。
图1-1 菘蓝不同生长发育阶段植物形态图

栽培菘蓝由野生菘蓝驯化而来，是我国原产种，为二倍体[4]。主根较长，直径通常5~8 mm。其干燥的根圆柱形，稍扭曲，直径0.5~1.0 cm，长10~20 cm；表面淡棕黄色，有纵皱纹、横长皮孔样突起及支根痕；根头较为膨大，可见暗棕色、轮状排列的叶柄残基和密集的疣状突起；体实，质略软，断面皮部为黄白色，木部黄色。气微、味微甜而后苦涩。其干燥叶的形状为长椭圆形至长圆状披针形，基部较为狭窄，下延至叶柄，呈翼状；叶肉断面中栅栏组织与海绵组织之间无明显区别。

菘蓝的地上部分除了花瓣和雄蕊为黄色外，其他部位均为绿色。不同产地种植的菘蓝形态大小不同。由于菘蓝的种质资源较为丰富，分布较为广泛，种质差异、栽培环境等都可能导致板蓝根药材产量和质量极不稳定；且目前对于菘蓝主要表型性状与其产量、品质关系的相关研究报道较少，研究结论存在不一致的现象，这对菘蓝生产的指导存在较大影响。研究表明，菘蓝表型性状与产量和品质存在一定的相关性[5]，叶与根鲜重，单根鲜重与株幅、单株叶片数、叶宽呈正相关,主根长与叶长宽比呈负相关,这些研究结果对于评估菘蓝的品质和产量具有一定的指导意义。不同地区、不同菘蓝种质的表型性状及产量、品质不完全相同,药材的种植既要考虑经济效益,又要考虑药材质量。王茜等对不同来源的31份菘蓝种质的主要表型性状进行了分析[6],结果表明,31份菘蓝种质表型性状变异较为丰富,单株叶片数、叶长、叶宽与叶鲜重均呈极显著正相关(P<0.01)。据此,在生产实践中可通过增加鲜重,提高单株板蓝根产量,增加叶长、叶宽和单株叶片数提高单株大青叶产量,且菘蓝表型性状与其根部的4种活性成分的含量并无直接关系。通过对菘蓝不同种质的表型性状进行聚类分析可鉴别不同种质间的亲缘关系,提高大青叶或板蓝根的产量可针对性地对其单株的叶片数、叶片大小、根系直径等性状进行选择。将相关研究结果与菘蓝地上和地下部分各性状之间的关系进行综合分析,可为优质高产种质的选育及优良性状的间接选择提供参考。

1.1.3 菘蓝的生长习性

菘蓝为越年生长日照植物,秋季播种出苗后,进入营养生长阶段,露地越冬经过春化阶段,于第二年春抽薹、开花,此后结果、枯死[7]。菘蓝喜温暖,耐严寒,忌水浸,需水的关键时期是7月,严重的水分胁迫和水分过多都不利于营养物质的积累,中度水分胁迫能够促进根部营养物质的积累,板蓝根最佳采收期为10月,大青叶为7月[8]。

水分是植物生长所必需,是一切生命活动的基础。研究人员探究了干旱条件下菘蓝的生长特征,发现在干旱条件下菘蓝的生长受到明显的抑制,如轻度干旱(LS)、中度干旱(MS)、重度干旱(SS)处理区的株高、根长、根粗均低于正常供水区(CK),且随水分胁迫程度的增加而明显降低,但根冠比随着胁迫程度的增大而增大[9]。菘蓝叶片中的可溶性糖含量在CK区缓慢升高;在LS、MS、SS处理区基本呈现先降低后增加的变化趋势;而可溶性蛋白的含量在CK区及LS区呈现波动变化,在MS、SS处理区则逐渐降低;过氧化物酶(POD)活性持续增大,过氧化氢酶(CAT)和超氧化物歧化酶(SOD)的活性先降后升;丙二醛(MDA)的含量呈现波动变化,但差异不显著。因此,水分对菘蓝的生长产生重要影响,合理调节水量可以一定程度提高菘蓝产量。为了适应干旱环境,植物会做出相应的调节,如降低渗透势,使得一些渗透调节物质大量积累,从而提高生物量及次生代谢物产量,适当的干旱胁迫有利于提高菘蓝有效成分的积累,从而提高药材的质量,而具体的调节机制和调节模式仍需更为深入的研究。

氮素是植物生长所必需的营养物质。研究表明,氮素能增加菘蓝叶与根的干重,充足的氮素水平有利于植物的生长,氮素缺乏会使得植株生长缓慢且矮小;而过量的氮素不利于植物生长,而且会对环境造成污染,使得生产成本升高,因此,合理施用氮肥是收获优质药材的关键。此外,不同形态氮素(硝态氮、铵态氮和酰胺态氮)通过影响菘蓝叶片的叶绿素含量和光合参数实现对其生长的调节,尤以硝态氮对其生长的影响最为显著[10]。

硫元素是植物体内仅次于氮、磷、钾的重要矿质元素,不但是植物体内一些重要物质如蛋白质、酶等的组成成分,同时还参与植物的初生及次生代谢过程,尤其在菘蓝合成芥子油苷的过程中发挥重要的调节作用[11]。植物对于硫的吸收大部分通过根和叶片来实现,还有一部分直接从空气中获得,因此不同形态的硫在植物体内的吸收和转化不同,经过 Na_2SO_4 处理的菘蓝的生长状态处于最佳水平,且体内活性成分的含量也相对较高[12]。

1.2 菘蓝的分类与资源分布

1.2.1 菘蓝的分类

菘蓝属植物在全世界约有30种,主要分布在中欧、地中海、西亚及中亚地区,我国有6个种和1个变种[13]。各种菘蓝在世界各地的具体分布情况如表1-1所示。其中,菘蓝和欧洲菘蓝是仅在我国和欧洲分布的主要菘蓝属植物,受到了植物学家的普遍关注,相关的基础研究也主要围绕这两个种开展。

表1-1 不同菘蓝在世界的分布

菘蓝种名	分布地区
宽翅菘蓝 *Isatis violascens* Bunge	新疆、中亚
三肋菘蓝 *Isatis costata* C. A. Meyer	内蒙古、蒙古、俄罗斯
小果菘蓝 *Isatis minima* Bunge	新疆、俄罗斯、伊朗、巴基斯坦

续表

菘蓝种名	分布地区
长圆果菘蓝 *Isatis oblongata* DC	辽宁、内蒙古、新疆、甘肃、蒙古、西伯利亚
菘蓝 *Isatis indigotica* Fort.	河南、陕西、安徽、黑龙江
欧洲菘蓝 *Isatis tinctoria* Linnaeus	欧洲
毛果菘蓝 *Isatis tinctoria* var. *praecox* (Kit.) Koch.	新疆、欧洲、西伯利亚

1.2.2 菘蓝的资源分布

菘蓝的适应性很强,对自然环境和土壤要求不高,在我国有着悠久的种植历史,在全国大多数地区都有种植,主产于河北、安徽、江苏、河南、黑龙江等省份,在山东(临沂、菏泽)、陕西(咸阳)、内蒙古(赤峰)、山西(太谷)、辽宁和上海等地也有少量种植[14]。菘蓝的主产区分布在河北安国和江苏南通,受市场经济的影响,过去一些产量较大地区的菘蓝产量有所下降,近年来甘肃和黑龙江开始成为新一代的菘蓝种植区,产量相对较大。

研究人员采集了全国板蓝根不同产区的样本,通过Maxent模型与ArcGIS系统,从生态因子和品质两方面对板蓝根的种植区进行评估分析[15],发现干旱季节的降雨量、年平均温度、最湿季节均温等生态因子对板蓝根品质的形成起到主要影响作用。就板蓝根的生长习性而言,适宜的种植区以北方干旱、半干旱地区为主,但在南方一些较为湿润的地区也较为适应;从药材品质评价的角度而言,这些产区板蓝根中(R, S)-告依春的含量区别较大,尤以新疆产区含量最高。

1.3 菘蓝的人工栽培

1.3.1 菘蓝的人工种植

依据菘蓝喜温凉环境开展人工种植技术研究。主要选择土壤肥沃、疏松、排水性好、地势平坦的砂土或腐殖质土壤;又因菘蓝主根较长,对土层的深度要求较高,在播种前需要深耕,使主根顺直、不分叉。施完基肥,再进行一次深耕,然后平整土地做好播种准备,在一些雨水较少的地区平畦即可,而在雨季较长的地区则需要深挖以利排水[16]。菘蓝的人工种植流程如图1-2所示。

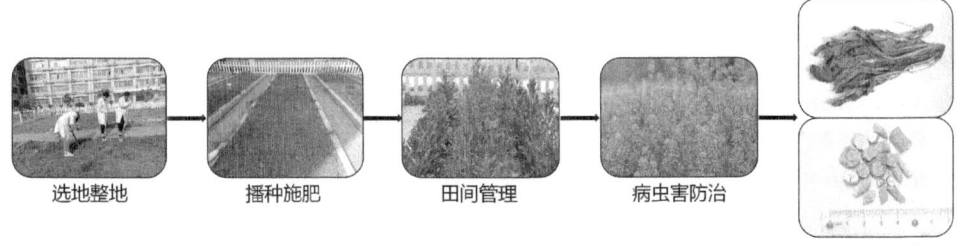

图1-2 菘蓝的栽培技术流程

菘蓝的播种分为春播、夏播和秋播。春播一般在3~4月下旬进行,夏播一般选择在5月下旬~6月上旬,秋播一般在8月下旬~9月上旬。播种时间一般越早越好,但幼苗出土的早与晚不完全取决于播种时间,而主要由播种前后的气温条件所决定[17]。低于15 ℃和高于35 ℃的条件都不利于植物的生长发育,20 ℃左右为最佳播种温度,可以提高发芽的速度和效率。菘蓝一般通过种子直播繁殖,留种菘蓝在第一年春播或者秋播,第二年就可以留种。春播菘蓝的营养生长时间长于秋播菘蓝,相应的产量也会更高,但要防止出现倒伏现象。而秋播菘蓝一般植株比较矮小,不易倒伏,且播种时间相对较短,便于管理[19]。因此,这两种留种方式各有利弊。

菘蓝的物候期主要包括返青期、现蕾期、初花期、盛花期、末花期、果实生长期、果实成熟期和收获期。在生产上,菘蓝的栽培多以根和叶的利用为主。菘蓝在开花后会发生一些生理变化,导致其不能再入药使用。研究发现,菘蓝叶的生物量在抽薹时达到最高值,而根中各代谢物的含量也以抽薹时达到最高值,抽薹后各成分的含量会有所降低。此外,菘蓝在抽薹前根的生物量相对稳定,因此,板蓝根的最佳采收期应为抽薹期前后[18]。

菘蓝播种后需要进行定期的田间管理。当幼苗长到一定高度时,应及时间苗,清除杂草、病苗和弱苗,并适当松土。一般留种的菘蓝为保证根部的有效生长,通常株距较大,需要调整合适的株距进行定苗。定苗后,在基肥充足的基础上应尽早追施氮肥,从而有利地上部分的生长和光面积的形成。在雨水较多的地区需及时排水,防止烂根,在干旱地区则需要增加灌溉次数,保持土壤湿润,以利幼苗的健康生长[20]。

1.3.2 菘蓝的病虫害及防治

1.3.2.1 菘蓝的主要病害

菘蓝人工栽培的过程中应加强病虫害的防治,以防止对其产量和品质的不利影响。常见的病害主要有灰斑病、根腐病、霜霉病及菌核病等。各种常见病害的特征和防治方法如下:

灰斑病:主要表现在叶面出现小病斑,中间呈灰白色,边缘呈褐色,含有病斑的部分较薄,容易发生穿孔。发病后期,病斑扩大至整个叶片,直至叶片枯黄死亡,在气候潮湿时叶片还会出现霉层。如果在发病初期及时用药,可防止病斑进一步扩散。防治措施:可用 1:100~1:150 波尔多稀释液,或 65% 代森锌 500 倍稀释液,或 25% 瑞毒霉可湿性粉剂 1000 倍稀释液喷施菘蓝叶背。

根腐病:多发生在雨季,可使菘蓝的根因缺氧而腐烂,导致植株死亡。该病害的主要危害部位是根部,有时也会向上转移至叶片等部位。田间湿度大、温度高是根腐病发生的主要因素,所以在雨季过后应及时排水,合理调节环境湿度和温度,做好根霉病的防治工作。防治措施:发病初期可喷 75% 百菌清可湿性粉剂 500~600 倍稀释液,或 50% 托布津 1:700~1:900 稀释液。

霜霉病:是危害菘蓝生长的主要病害之一。发病初期仅叶部出现白色霜霉状物,叶面无明显病斑,进一步叶面会颜色加深直至褐色,最后叶片干枯死亡。防治措施:可用 65% 代森锌 500 倍稀释液,或 50% 退菌特 1000 倍稀释液喷雾防治,也可用 1:1:100~1:1:150 波尔多稀释液,或 25% 瑞毒霉可湿性粉剂 1000 倍稀释液喷雾。于病害流行期,每 7~10 d 喷施 1 次,直至病情得以有效控制。

菌核病:是一种真菌性病害,主要危害十字花科植物的叶、茎、根等部位,对菘蓝的产量和质量产生较大影响。植株发病后,首先会在发病部位出现暗青色或灰褐色水渍状病斑;然后向周围扩散,如果在湿度较大的地区还会产生白色绵状菌丝,同时感病部位的组织变得软腐,伴随有一定的气味;后期,发病部位变为灰白色,严重时整个植株枯萎。防治措施:发现病株应立即拔除,病穴用草木灰加石灰糟(1:4)消毒,对于健株则喷射菌核净可湿性粉,每亩用量 50~200 g,兑水 125 kg,或喷射 50% 托布津可湿性粉 500~800 倍稀释液,25% 多菌灵可湿性粉 250 倍稀释液,应特别注意植株中下部茎叶,尤其是主茎上不能漏喷[21]。

一般菘蓝病害的防治主要采取以农业防治为主、化学防治为辅的原则。首先,在种植时优先选用抗病品系,合理轮作,尽量避免与十字花科作物连作;由于病菌主要在土壤里越冬,所以应在冬季之前及时清理田间杂草,并进行土壤深翻,以减少菌源;加强田间管理,合理施肥,优化肥料配比以增强植株的抗病力。在化学防治方面,播种前可对种子消毒处理,在植株感病初期及时鉴别病害类型,用相应的化学药剂处理,而对于感病严重的植株,则可直接移除,以防止对周围植株的感染。

1.3.2.2 菘蓝的主要虫害

此外,在菘蓝人工栽培的过程中也要加强对虫害的鉴别和防治,其同样会对菘蓝的产量和品质造成不利影响。目前,菘蓝栽培过程中常见的害虫种类主要为白粉蝶、小菜蛾和桃蚜等。

白粉蝶(*Pieris rapae* L.):又称菜粉蝶,属于鳞翅目,其幼虫又叫菜青虫,靠啃食植物叶片为生,虫害严重时叶片仅剩叶脉;成虫为白色粉蝶,经常产卵于菘蓝叶片。白粉蝶主要危害十字花科蔬菜,尤其是芥蓝(*Brassica alboglabra* L. H. Bailey)、甘蓝(*Brassica oleracea* L.)等含有芥子油苷气味的植物。防治措施:可用90%敌百虫1:800稀释液喷杀,也可选用2.5%功夫乳油1:300稀释液,或20%杀灭菊酯乳油1:300稀释液进行防治[22]。

小菜蛾(*Plutella xylostella* L.):具有繁殖能力强、适应性强、生活周期短、躯体小等生长优势,也是危害菘蓝生长的主要虫害之一。主要危害方式为啃食叶片,影响植物的光合作用而降低产量。防治措施:可选用20%杀灭菊酯乳油1:1800~1:2000稀释液,或2.5%溴氰菊酯1:2000稀释液喷雾。此外,在生产上还应避免连作[23]。

桃蚜(*Myzus persicae* Sulzer):具有较强的繁殖力,能够传播植物病毒。此外,桃蚜分泌的蜜露为一些细菌和病毒的生存创造了条件,危害菘蓝的叶片、幼嫩组织和花果等多个部位,对其产量和品质造成较大影响。桃蚜容易对杀虫剂产生抗药性,所以对桃蚜的防治要采取不同的处理方法。在桃蚜处于幼虫阶段时抗药性较弱,是施用药剂的最佳时机,且应避免长期使用同一种药剂而产生抗药性,建议多种药剂交替使用[24]。

1.4 菘蓝的采收加工

菘蓝的花期和果期分别为5月和6月,果实采收后便可进行一次大青叶采收,春播菘蓝一般可进行2~3次采收,当植株叶片的颜色由浅绿色转为暗绿色,且还没有抽出幼茎时是采收大青叶的最佳时机。采收时一般保留植株的1/3以维持正常的光合作用,等叶片重新生长后,进行下一次割叶,可根据实际情况选择用镰刀或直接手摘。收获的大青叶及时放在阳光下干燥或者人工干燥,但不可完全晒干,否则会影响叶片的色泽,对药效也会产生一定的影响。到10月中下旬开始采根,采根时需要深挖,但要防止根部断裂而影响药材质量;不同的地区采收时间略有不同。研究表明,根中的干物质在11月之前积累最快,并在12月前达到最大积累量,因此,在11月底到12月初采收板蓝根为宜。

采收后的菘蓝经加工可制成板蓝根、大青叶、青黛等药材。板蓝根的炮制方法主要包括两个步骤:①净制:除去杂质、洗净;②切制:洗净、润透、切厚片、干燥[25]。大青叶的炮制方法也包括两个步骤:①净制:除去杂质;②切制:去杂质、略洗、切碎、干燥[26]。青黛的加工方法主要包括:采集、浸泡、加工、打靛、做血料、淘花。

菘蓝药材的质量评价,根据2020版《中国药典》要求,按干燥品计算,板蓝根中(R,S)-告依春(C_5H_7NOS)的含量不得少于0.020%。大青叶中靛玉红($C_{16}H_{10}N_2O_2$)的含量不得少于0.020%。青黛中靛蓝($C_{16}H_{10}N_2O_2$)的含量不得少于2.0%,靛玉红的含量不得少于0.13%[27]。

1.5 菘蓝的药材鉴定与质量控制

1.5.1 菘蓝药材的鉴别

我国中药材的种类繁多且分布区域广泛,随着人们对中医药认识的不断加深,其独特的保健养生优势越来越受到关注。然而长期的资源保护意识淡薄,加之市场需求的不断增加,使得近年来中药材资源呈现供不应求、价格上扬的变化趋势。中药材市场上更是出现了各种以牟利为目的的伪品和赝品,严重影响了中药材的质量和有效利用。因此,对于中药材的真伪鉴别和质量控制就显得至关重要[28]。

就常规鉴别而言,借助显微镜可以一定程度区分药材的真伪。依据板蓝根药材所特有的一些形态结构特征,可以在显微镜下对药材的横切面进行鉴别。木栓层为数列细胞。栓内层狭窄。韧皮部宽广、射线明显。形成层成环。木质部导管黄色、类似圆形,直径约80 μm;有木纤维束。薄壁细胞中含有淀粉粒。参考相关特征,可以较为准确地对板蓝根药材进行鉴别。

此外,中药指纹图谱技术也可以用来进行药材鉴别,可以对药材的一些特征进行量化描述,是国内外普遍认可的中药质量控制技术。主要包括:核磁共振法(NMR)、薄层色谱法(TCL)、紫外光谱法(UV)、高效液相色谱法(HPLC)、气相色谱法(GC)、高效毛细管电泳技术(HPCE)、X射线衍射法、红外光谱法(IR)、质谱法(MS)和DNA指纹图谱技术。在菘蓝药材质量控制的应用研究中比较常用的是薄层色谱法和高效液相色谱法。

薄层色谱法是结合了纸色谱和柱色谱优点的色谱鉴定方法,具有分离和分析的功能,可用作中药材的定性或定量鉴别,应用广泛。研究人员对江苏和甘肃两地的板蓝根药材进行了薄层色谱分析[29],结果未能从甘肃产板蓝根药材中鉴定出靛蓝和靛玉红,且其中氨基酸的种类也少于江苏产板蓝根药材,因此,不同产地板蓝根药材的有效成分组成和含量存在差别。(R,S)-告依春是板蓝根药材的指标性成分,在2010版的《中国药典》中首次加入了关于(R,S)-告依春的薄层色谱鉴别方法,但板蓝根药材的检测结果呈阴性。2019年,郑国成等对该方法进行了改进[30],主要对不同的样品溶剂和鉴别前的处理方式进行了改进,优化后的鉴别方法以水或甲醇为溶剂,再经超声提取后板蓝根中(R,S)-告依春的鉴别结果呈阳性,具体的操作过程为:先加水浸泡1 h,再加入甲醇进行超声提取,由此得到的鉴定结果清晰且重复性好,可以作为板蓝根药材(R,S)-告依春测定的有效方法。

高效液相色谱法具有稳定性好、精密度高、速度快等优点,可以分离和定量分析药材的不同组分。在构建高效液相色谱指纹图谱时,一般有等度洗脱和梯度洗脱方法,需要根据药材活性成分的具体情况进行选择,在实际应用中通常为多种仪器联用操作,通过不同仪器之间的互补,在色谱图中获得更多维度的信息。在板蓝根药材鉴定中对于选用哪种化学成分作为质量检测的指标性成分还存在较多争议,但一直以来测定分析比较多的仍然是靛蓝和靛玉红。研究人员测定了不同产地的20批板蓝根药材中靛蓝和靛玉红的含量,发现产自河北的板蓝根药材中靛蓝和靛玉红的含量明显高于其他产地[31]。

除此之外,还有研究人员针对板蓝根的药效物质基础不够明确,但临床疗效明显的特点,就其中的抗病毒和抑菌活性成分进行了分析和探究,主要包括基于流感病毒神经氨酸酶(NA)的测定、基于血红细胞凝集试验检测的抗病毒活性成分的生物测定法,还有关于抑菌活性测定的管碟法和生物热动力学法等[32]。

1.5.2 菘蓝药材的商品规格

2018年版《中药材商品规格等级》对板蓝根药材的商品规格进行了界定(图1-3):本品呈圆柱形,稍扭曲,长5~20 cm,直径0.5~1.5 cm。表面淡棕黄色,有纵皱纹、横长皮孔样突起及支根痕。根头略膨大,可见暗棕色轮状排列的叶柄残基和密集的疣状突起。体实,质略软,断面皮部黄白色,木部黄色。气微,味微甜后苦涩。无虫蛀,无霉变[33]。

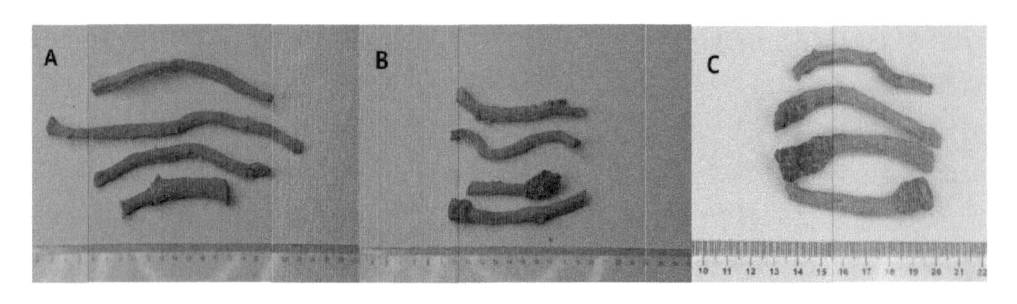

A—甘肃板蓝根选货；B—甘肃板蓝根统货；C—河北板蓝根统货。
图1-3 板蓝根药材的商品规格等级[34]

依据市场流通情况，一般将板蓝根药材分为"选货"和"统货"两个规格。统货是指对药材质量的好坏、个头大小等不加以区分，而选货则是对药材的好坏进行区分，个头大小等进行分拣，以划分出等级。目前，对于板蓝根药材的统货和选货规格有明确的标注，但不区分等级。在外观上需要对选货和统货加以区别，选货除了基本特征外，中部直径应达到0.8 cm以上，长度10 cm以上，几乎不带根头。而统货为中部直径0.5~1.5 cm，长度5~20 cm，多带有根头。

1.5.3 菘蓝药材的质量控制研究

对于菘蓝药材的质量控制，各版《中国药典》均做出了明确的要求。2020版《中国药典》规定，板蓝根药材中水分的含量不得超过15.0%（通则0832第二法）；总灰分含量不得超过9.0%（通则2302）；酸不溶性灰分含量不得超过20.0%（通则2302）。浸出物含量按照热浸法进行测定，其含量不得少于25.0%（通则2201）。有效成分含量测定按照高效液相色谱法进行测定，板蓝根干燥品中(R,S)-告依春的含量不得少于0.020%（通则0512）。饮片中各组分的含量测定方法同药材，但各组分含量要求存在区别。其水分含量不得超过13.0%，总灰分不得超过8.0%。各有效成分含量的测定方法同药材，(R,S)-告依春含量不得少于0.030%；酸不溶性灰分、浸出物含量同药材。

对于大青叶而言，其水分含量不得超过13.0%（通则0832第二法）；浸出物含量不得少于16.0%；有效成分含量测定按照高效液相色谱法测定（通则0512）；按干燥品计算，靛玉红含量不得少于0.020%。饮片检测水分含量同药材，不得超过10.0%，浸出物含量测定同药材[26]。

研究发现，盐胁迫对菘蓝幼苗的生长和抗性生理产生一定的影响。米永伟等以"定蓝1号"为实验材料，采用不同浓度的NaCl溶液对菘蓝幼苗进行处理，分析不同浓度盐胁迫处理对菘蓝幼苗生长的影响[34]。结果表明，NaCl胁迫对菘蓝幼苗的株高和根长都有一定的抑制作用,对叶和根中的干物质积累也有显著影响,并随盐浓度的递增而降低;当 NaCl 浓度低于一定水平时,菘蓝幼苗的生长并未出现明显的变化,说明菘蓝幼苗对低浓度盐胁迫具有一定的耐受性。

为研究夏播菘蓝不同居群中干物质和活性成分积累的特征,南京农业大学研究人员以采自山西、甘肃、江苏、安徽和河南的 5 个栽培居群为研究对象,采用 HPLC 法测定各居群样本中叶片、叶柄、根茎和根四个部位的靛蓝与靛玉红含量。结果表明,以靛玉红含量为质控指标,同时综合考察其他生物量指标与活性成分积累情况,夏季播种的采自山西、安徽和河南居群药材的最佳采收期为生长 100 d 左右,而甘肃与江苏居群的药材采收则以生长 90 d 为最佳[35]。

1.6 菘蓝的开发利用现状

1.6.1 菘蓝在医药领域的应用

菘蓝在我国具有悠久的栽培历史,产地较广。近年来,由于受市场经济的影响,菘蓝的栽培区发生了较大变化。传统的大产区,如江苏、河南等地近年来的种植面积明显减少。相反,黑龙江、甘肃等地的种植面积日渐增大,成为菘蓝新的种植区。

菘蓝的干燥根作板蓝根入药,干燥叶作大青叶入药。板蓝根味苦,性寒,有清热解毒、凉血、消斑等功效,主治流感、流行性腮腺炎、乙型脑炎、肝炎、咽喉肿痛等症。大青叶味咸,性寒,主治温病发斑、发热、丹毒、风热感冒、咽喉肿痛、流行性乙型脑炎、肝炎等症。板蓝根和大青叶对多种病毒感染疗效良好,对大肠杆菌、枯草杆菌、伤寒杆菌、副伤寒杆菌、肠炎杆菌等均具有较为明显的抑制作用;其提取液稀释 100 倍以上仍有杀灭钩端螺旋体的作用。除了药用,目前还出现了防护产品,如板蓝根口罩,可将抑菌率提高 70% 以上。而菘蓝提取物还可作为保健品原料、凉茶饮料添加剂、兽药原料和饲料拌料等[36]。

目前已研发的以板蓝根、大青叶和青黛为原料的相关药品包括:板蓝根冲剂、复方大青叶合剂、板蓝根滴眼剂、青黄散、板蓝根注射液、复方板蓝根注射液、蓝芩注射液、双花板蓝注射液、乙脑注射液、复方青黛片等。除成品药以外,还可搭配其他药材制成中药方剂,如一项专利公布的治疗慢性咽炎的中药方剂,其基本组成为麦冬 15 g、桔梗 15 g、胖大海 10 g、甘草 10 g、板蓝根 20 g、山豆根 15 g、蜂蜜 50 g[37]。

1.6.2 菘蓝在农业和食品领域的应用

药用植物因含有一些特殊的活性成分,使其可能具备一些农作物所不具有的抗病、抗虫、抗逆等优良的农艺性状,因而,通过有性杂交、原生质体融合和转基因操作等途径可将药用植物中有利的遗传资源导入其他农作物中,从而培育更加优良的作物品种或品系,达到:①利用药用植物的特殊抗性基因改良其他农作物;②将调控药用植物代谢产物合成的基因引入其他农作物以改良作物的品质性状;③利用农作物产量高、容易栽培等优点规模化生产珍稀濒危药用植物资源,并高效获取活性组分等目的。

华中农业大学科研人员系统开展了甘蓝型油菜(*Brassica napus* L.)与菘蓝的体细胞杂交研究[38],通过形态学、细胞学和分子生物学等方法将菘蓝的 7 条染色体分别附加到甘蓝型油菜的基因组中(遗传学上称为附加系),即全套甘蓝型油菜 - 菘蓝附加系,将甘蓝型油菜(2n = 38)与菘蓝(2n = 14)进行杂交。杨汉等创制了稳定遗传的甘蓝型油菜 - 菘蓝二体附加系[39],以改良油菜抗病性和芸薹属植物的化学成分,并进一步解析了菘蓝的基因组、确定了每条染色体上所携带的基因及其代谢产物。此外,还发现三个附加系 Dd、Df 和 Dg 对高致病性禽流感病毒 H5N6 的抗性与临床上普遍使用的流感治疗药物达菲相当[40]。其中,二体附加系 Dd 通过北京市种子管理站品种鉴定(京品鉴菜 2014032),命名为"蓝菜 1 号",其叶片对甲 1 型流感病毒 A/PR/8/34(H1N1) 表现出一定的体外抑制作用,以此揭开了菘蓝 - 油菜作为抗病毒功能蔬菜的序幕,它们作为蔬菜、饲料、饲料添加剂及制药原料等均具有重要的应用前景[41-42]。

2022 年,崔成等以"蓝菜 1 号"为父本,以细胞核雄性不育系"川 A - 3"为母本选育出"菘油 2 号",并对其进行油蔬两用产品的产量、农艺性状、营养成分、种子品质、综合效益等方面的研究。结果表明,"菘油 2 号"对高致病性禽流感病毒 H5N6 的抗性较强,其抽薹后末花期的理论生物量平均达到 124.3 t/hm²,可为无抗养殖提供饲料、饲料添加剂及制药原料等[43]。

菘蓝茎叶中含有丰富的矿质元素、维生素和多种营养成分,至少含有 17 种氨基酸,其中 7 种为人体必需氨基酸,其总含糖量、纤维素、谷氨酸、钙、钾等含量较高。此外,由于菘蓝具有很强的抗寒能力,能够在众多植物都无法存活的时候茁壮生长,故而在物质资源较为匮乏的年代,菘蓝的茎叶可作为很好的药用蔬菜,其营养丰富,吃法多样,是老百姓的重要蔬菜品种之一,不论是煮汤还是腌制成咸菜,都别具风味,即使在今天,四川、广西、云南等地区还依然将菘蓝作为蔬菜食用。鉴于菘蓝具有防病治病的功效,开发利用作为药用蔬菜将会产生较好的经济和社会效益[44]。

1.6.3 菘蓝在工业领域的应用

除了作为药用植物,还可从菘蓝中萃取蓝色染料。蓝色是传统黎族服饰中的主要元素,天然靛蓝染料在现代黎族服饰中还有应用,具有可再生和生态环保的特点。"黎族传统棉纺织技艺"中所用到的产蓝植物是多种能够提取靛蓝的植物的总称,其中包含菘蓝。历史上黎族人民进行靛染和栽培蓝草的习俗十分普遍,现在有些地区依然在种植蓝草。

云南的布依族人也经常用植物染布,蜡染是布依族最负盛名的纺织印染工艺。当地人用的染料就是一种称为"皮那(Pina)"的植物。据考证,Pina 即菘蓝,可从其叶中提取蓝色染料。当地人一直有种植菘蓝的习惯,夏季是收获菘蓝的季节,通常收割在日出前完成,这样制备的染液效果最好。蜡染的制作流程大致为:将收割下来的菘蓝经过清洗捆成小捆,置于浸泡池中,随后灌水将菘蓝淹没、浸泡,直到菘蓝的叶腐烂,然后取出杆和叶,加入适量石灰水并搅拌,经沉淀、过滤后即可得到染液。此后,将布料放入染缸中并不停搅动,使其均匀染色。经一定时间浸泡染色后,将布捞出晾干,之后再次放入染液中浸染,如此反复3~5次,可使白布着色,经脱蜡后即可得到各种花纹图案的布料(图1-4)[45]。

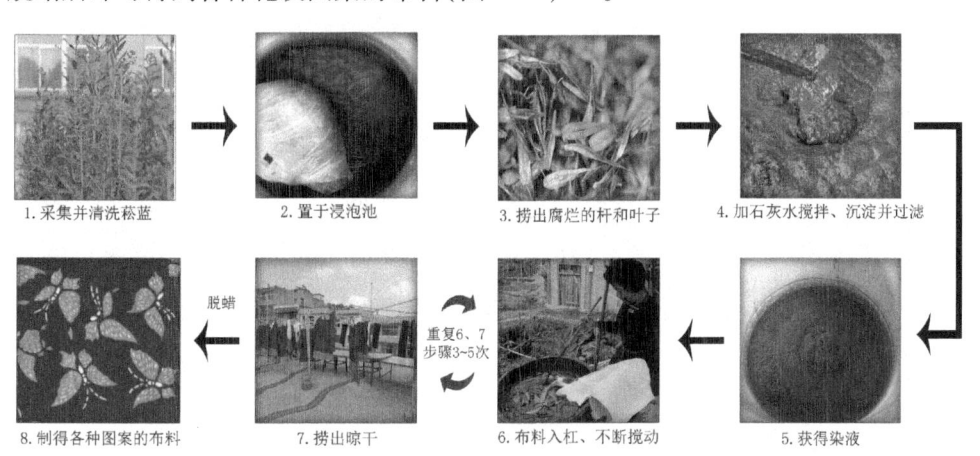

图1-4 菘蓝蜡染的制作流程

此外,菘蓝的提取物对皮肤具有良好的养护作用,其功效得到医药之父——古希腊医师 Hippocrate 的承认,早在18世纪之前的药典中便有记载。同时,科学研究还发现菘蓝种子(图1-5)油含有丰富的基本脂肪酸,对皮肤的含水状况具有调节作用。法国图卢兹的科卡尼公司首次将菘蓝应用于美容行业,并推出"菘蓝种子"系列产品,包括肥皂、洗手液、浴液油、润肤露等,市场反响较好。

图 1-5 菘蓝的角果

1.7 本章小结

菘蓝属于常见药用植物,其地上和地下部分干燥后即为应用广泛的大宗药材"板蓝根"和"大青叶",药用历史悠久。本章重点对菘蓝的生物学特性、资源的基本概况、栽培与采收加工,药材鉴定与质量控制、资源开发利用现状等进行了较为系统的阐述,以期对菘蓝的基本特征和研究开发现状进行一个基本的呈现,为菘蓝资源的保护与开发,以及产业化应用与推广奠定基础并提供思路。

第 2 章　菘蓝的活性成分及药理作用

菘蓝作为板蓝根、大青叶和青黛的源植物，其活性成分的组成及含量是决定药材质量、临床疗效、开展新药研发和资源可持续开发利用的重要依据。本章重点围绕菘蓝活性成分的基本组成和类型、提取分离技术及鉴定方法，以及相应成分的药理功能等进行阐述，以较为全面地展示菘蓝的活性成分组成和药理功能，为药材的质量评价及综合开发利用提供参考和借鉴。

2.1　菘蓝的主要活性成分

菘蓝中的活性成分丰富且复杂，多年来国内外学者对菘蓝属植物的活性成分进行了深入且广泛的研究，大致将其活性成分分为：生物碱类、有机酸类、含硫类化合物、微量元素、木脂素类、黄酮类、芥子油苷类、氨基酸类、核苷类、甾醇类、蒽醌类、香豆素类及其他化合物等[46]。

2.1.1 生物碱类

生物碱（Alkaloid），是一类包含氮原子的碱性有机化合物，菘蓝中所包含的生物碱类成分种类最多、含量最丰富，具有显著的药理活性，是板蓝根和大青叶的主要活性成分。菘蓝中的生物碱类物质主要分为吲哚类、喹唑酮类和喹啉类（图 2-1）。其中，吲哚类生物碱主要包括吲哚乙酸类、吲哚甲醛类、吲哚乙酰胺类、吲哚乙腈类、吲哚甲磺酸类，以及靛蓝、靛玉红、羟基靛玉红、靛苷、依靛蓝酮、板蓝根甲素、板蓝根乙素、(E)-二甲基羟苄吲哚酮等[47]。喹唑酮类生物碱主要包括 3-羟苯基喹唑酮、2,4(1H, 3H)喹唑二酮、4(3)-喹唑酮、色胺酮、青黛酮、脱氧鸭嘴花酮碱、indiforine C、indiforine D、isatisindigoticanine C、isaindigotone 等；此外还包括 2-(3-羟基-1-甲氧基-2-氧吲哚啉-3-基)乙酰胺、2-(4-甲氧基-吲哚-3-基)乙酰胺和 cappariloside A 等几种新型生物碱类。喹啉类生物碱主要包括

10H-indolo-[3,2-b]quinoline、isatan A、isaindigotidione、isatisindigoticanine B、isatisindigoticanine D、isatisindigoticoic acid A、3-[2-(5-htdroxymethy1)fury1]-1(2H)-isoquinolinone-7-O-β-D-glucopyranoside 等[48]。碘化钾组织化学染色结果表明,菘蓝叶中的生物碱广泛分布于叶肉细胞中,而根部的生物碱主要分布在韧皮部[49]。

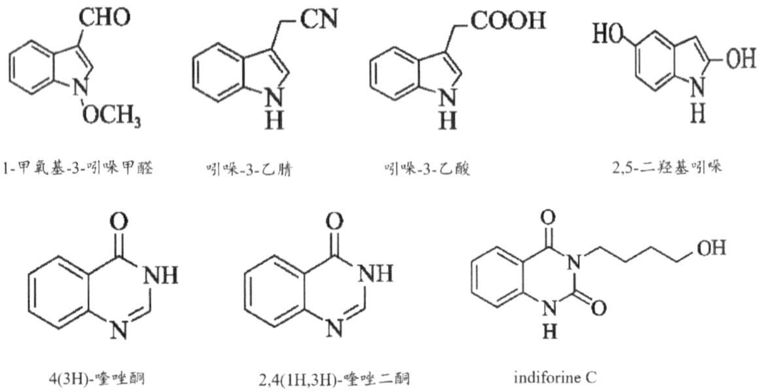

图 2-1 菘蓝属植物中常见生物碱

靛蓝和靛玉红属于菘蓝中具有重要生物学功能的生物碱类代谢产物,尤其具有显著的抗菌活性[50-51],是大青叶和板蓝根,以及板蓝根颗粒等成药的质控指标。根据2020版《中国药典》规定,大青叶和青黛中指标性成分靛玉红的含量不得少于0.02%和0.13%[52]。靛蓝和靛玉红互为同分异构体,在理化性质和生理活性方面存在显著不同。靛蓝是一种芳香族化合物,蓝色粉末,有铜样金属光泽,不溶于水、酒精和乙醚,能溶于氯仿、硝基苯等溶剂。作为一种色素染料,靛蓝广泛应用于食品、印染和纺织业中。靛玉红属于吲哚族化合物,脂溶性,能溶于乙酸乙酯,具有一定的挥发性。靛玉红不仅具有清热解毒、增强免疫、抗菌、抗炎等功效,还具有治疗慢性粒细胞白血病的功效,是临床上较好的抗癌药物。由于靛玉红分子内存在较强的氢键,其氢键强度远大于靛蓝,因而比靛蓝更稳定[53]。

2.1.2 有机酸类

有机酸(Organic acid),是指一些酸性有机化合物,板蓝根中的部分有机酸类物质具有较强的抗内毒素作用[54]。菘蓝中的有机酸类物质主要包括吡啶-3-羧酸、羟甲基糠酸、棕榈酸、琥珀酸、苯甲酸、水杨酸(SA)、2-氨基苯甲酸、芥子酸、丁香酸、2-羟基-1,4-苯二甲酸等芳香酸类有机酸,以及油酸、亚油酸、亚麻酸、甘烷酸、软脂酸、硬脂酸和二十碳烯酸等脂肪酸类有机酸(图 2-2)[55]。研究发现,丁香酸、邻氨基苯甲酸、水杨酸和苯甲酸等有机酸类成分均具有较为明显的抗内毒素作用[56]。

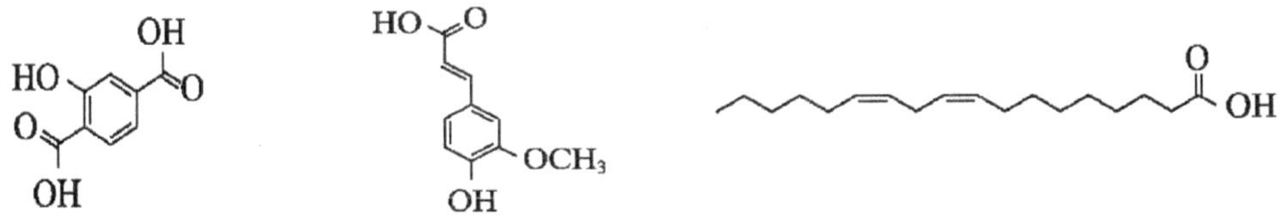

2-羟基-1,4-苯二甲酸　　芥子酸　　亚油酸

图2-2　菘蓝属植物中常见有机酸

2.1.3 含硫类化合物

含硫类化合物在菘蓝中的种类较多，其中最有代表性的是告依春、表告依春、1-硫氰基-2-羟基-3-丁烯等(图2-3)。研究人员采用鸡胚法检验菘蓝中活性成分的抗病毒活性，发现表告依春和总生物碱一样，具有较强的抗病毒活性[57]。进一步的研究发现，表告依春为板蓝根提取物中抗流感病毒的有效成分[58]。质谱法分离菘蓝中的表告依春，并对白菜叶型、甘蓝叶型、芥菜叶型与四倍体菘蓝品种中表告依春的含量进行检测，结果表明：菘蓝侧根中表告依春的含量高于主根，且根皮部表告依春的含量高于木质部，这为板蓝根药材的质量评价提供了参考[59]。此外，含硫类化合物也是板蓝根药材的重要指标性成分，依据《中国药典》规定，板蓝根中(R,S)-告伊春的含量不得少于0.02%[52]。

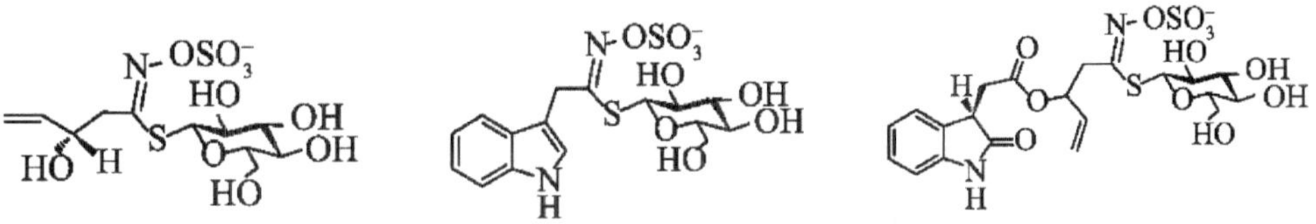

表原告伊春　　**glucobrassicin**　　**glucoisatisin**

图2-3　菘蓝属植物中常见含硫类化合物

2.1.4 微量元素

微量元素在菘蓝中的含量极低，但对植物的生长发育至关重要。作为激素、酶、核酸、维生素的重要组成成分，微量元素不仅能够保持植物生命代谢过程的有效进行，同时也是板蓝根和大青叶发挥药效的重要物质基础。研究人员采用原子

吸收光谱法对板蓝根提取物中的钾、钙、镁、锌、铁、铜、镍、锰、铅、钴等10种微量元素的含量进行了测定,结果表明:板蓝根水煎液和酸溶液中各种微量元素的含量存在差别;其中,酸溶液中镁、钙、锌、铁、锰、铜等微量元素的含量显著高于水煎液。酸溶液的测定结果反映的是板蓝根中微量元素的本体含量,而水煎液中的微量元素含量才能反映实际药效,因而板蓝根水煎剂的疗效与其本身微量元素的含量并无直接关系。此外,通过实验研究比较了当年生大青叶与板蓝根7~12月间部分微量元素的含量变化,发现在8月和10月大青叶和板蓝根中铁、铜、锌、锰等微量元素含量较高,这些微量元素含量变化规律的研究一定程度上为科学指导菘蓝的规范化种植提供了参考和借鉴[60]。

2.1.5 木脂素类

木脂素(Lignans),是菘蓝属植物中的一类重要的次级代谢产物,是由两分子苯丙素衍生物聚合而成的天然化合物[61]。截止目前,已从菘蓝属植物中发现包括双四氢呋喃类、芳基四氢萘类、四氢呋喃类、环新木脂素类和新木脂素类等多种木脂素类成分,其中,具有代表性的木脂素包括松脂醇、异落叶松脂醇、落叶松脂醇、isatiscyclonelignan A 及 isatioxyneolignoside A 等(图2-4)[62]。菘蓝属植物中的木脂素类物质通常具有良好的抗病毒活性,且同源四倍体菘蓝较二倍体包含更多的木脂素类物质,因而具有更强的抗病毒活性[63]。

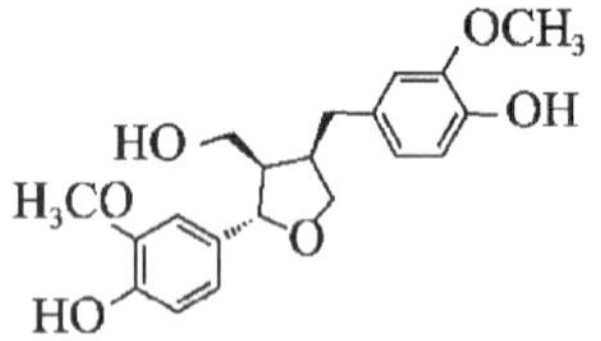

落叶松脂醇 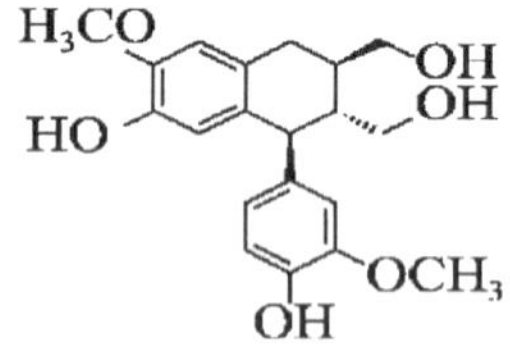　　　　　异落叶松脂醇 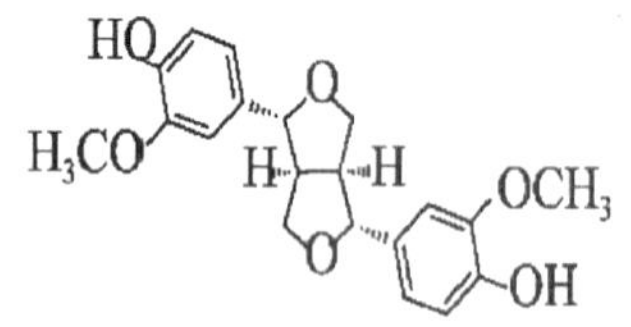　　　　　松脂醇

图2-4　菘蓝属植物中常见木脂素类化合物

2.1.6 黄酮类

此外,从菘蓝属植物中还可分离得到黄酮类化合物,它们或与糖结合形成碳苷,或以氧苷的形式存在,或以苷元的形式存在。菘蓝中具有代表性的黄酮类化合物包括新橙皮苷、蒙花苷、异牡荆素、甘草素、异甘草素及甜橙黄酮等(图2-5),主要具有抗菌、抗炎等功效[48]。

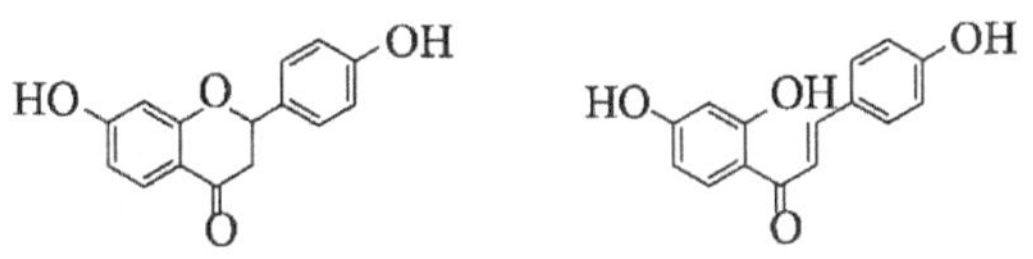

甘草素　　　　　异甘草素

图2-5　菘蓝属植物中常见黄酮类化合物

2.1.7 芥子油苷

芥子油苷(Glucosinolate,GSL),又称硫代葡萄糖苷,也是菘蓝中重要的次生代谢产物,芥子油苷及其代谢产物具有抗癌、防御病原菌和食草性害虫等多种生物学功能[64]。芥子油苷自1961年被首次命名以来,已有130多种芥子油苷的结构陆续被确定[65-66]。常见的芥子油苷主要有:黑芥子苷、1-硫代3-吲哚甲基芥子油苷、新葡萄糖芸薹素、葡萄糖芸薹素和1-磺基芥苷等(图2-6)。通过LC-MS技术从菘蓝中鉴定了17种芥子油苷类成分,其中包括6种脂肪族芥子油苷(Aliphatic glucosinolate,AGS),10种吲哚族芥子油苷(Indole glucosinolate,IGS),还有1种芳香族芥子油苷(Aromatic glucosinolate)。菘蓝不同组织部位芥子油苷的含量存在不同,在植物抽薹后处于花果同期时,对不同器官部位芥子油苷的含量进行测定,结果显示:菘蓝的花蕾、花、青果等器官中芥子油苷含量最高,主根和侧根中芥子油苷的含量次之,幼嫩叶片和茎中的芥子油苷含量较少,而成熟叶片和茎段中芥子油苷的含量最低[67]。

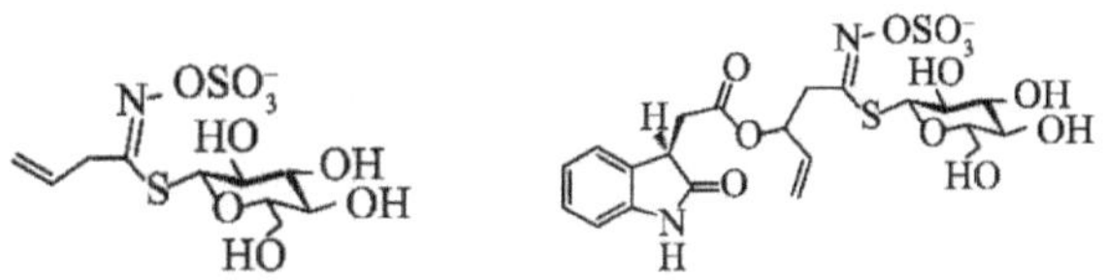

黑芥子苷　　　　　glucoisatisin

图2-6　菘蓝属植物中常见芥子油苷

2.2　菘蓝活性成分的提取分离与鉴定

对菘蓝活性成分分离提取条件的建立和优化是开展活性成分结构解析和药理研究的前提和基础。目前,对于菘蓝活性成分提取分离条件的建立和优化、含量测定,以及结构解析的研究报道较多,技术也日趋成熟,为菘蓝活性成分的药理研究和临床应用奠定了基础。

2.2.1 菘蓝生物碱类成分的提取分离与含量测定

如前所述,菘蓝中生物碱类物质主要包括吲哚类、喹唑酮类和喹啉类。生物碱的种类不同,提取分离和鉴定的方法也存在差异。目前,对于菘蓝总生物碱提取工艺的研究已有较多报道。通过溶剂法和大孔吸附树脂法,结合正交试验设计优化出板蓝根总生物碱的提取和纯化的最佳工艺,但由此提取的总生物碱含量偏低[68]。采用超声提取法结合正交试验设计考察了料液比、乙醇体积分数和超声时间对提取工艺的影响,确定了总生物碱的最佳提取工艺,并采用雷氏盐比色法进行总生物碱含量的测定,结果显示,此法操作步骤少、干扰小、重复性好、结果具有可比性[69]。另外,采用微波提取法优选出板蓝根的生物碱提取部位,具有有效成分保留率高、分离纯化成本低等优点[70]。采用色谱法对板蓝根总生物碱进行分离鉴定,可得到2,4(1H,3H)喹唑三酮、表告依春和靛玉红3个生物碱单体。采用溶剂萃取酸性染料比色法测定板蓝根中总生物碱的含量,具有准确性好、灵敏度高、重现性好等特点,可用于板蓝根总生物碱的提取分离和鉴定,以及药材的质量控制[71]。

靛蓝和靛玉红是菘蓝中具有代表性的生物碱类活性成分,相关的提取分离工艺优化的研究也较多。研究人员从不同角度和层面探讨了针对靛蓝和靛玉红的最佳提取工艺条件,主要包括索氏提取法、超声提取法、热回流提取法、渗漉提取法和微波提取法等。以靛玉红含量为评价标准,采用单因素法对各提取因素对靛玉红提取效率的影响进行分析;并进一步采用正交试验,探究各因素对超声提取效率的影响,以优化其工艺条件。结果发现,超声提取法优于索氏提取法,操作简便、省时[72]。采用正交试验设计法,以靛玉红含量为评价指标,运用超声提取法、热回流法等探究靛玉红的最佳提取工艺,结果发现:超声提取法的提取效率最高,且操作简便[73]。靛蓝和靛玉红的最大吸收波长分别为601 nm和531 nm,采用紫外分光光度法,直接测定板蓝根中靛蓝和靛玉红的质量分数,从而确定靛蓝和靛玉红的最佳提取工艺:提取时间为4 h,药材粒度为40目,乙醇浓度为75%[74]。

研究人员尝试建立以高效液相色谱法测定复方南板蓝根颗粒中靛蓝和靛玉红含量的方法,发现以甲醇-0.2%磷酸为流动相,靛蓝和靛玉红的峰形较好,二者的加样回收率分别为98.1%和101.4%,该法具有操作简便、灵敏度高等优点[75]。采用双波长分光光度法测定青黛药材中靛蓝和靛玉红的含量,具有简便灵敏、准确度高、精密性好的特点[76]。此外,对板蓝根中靛玉红和靛蓝的薄层色谱进行研究,能够快速有效地对二者的相对含量进行测定[77]。采用双波长薄层扫描法可对大青叶、板蓝根中靛玉红的含量进行准确测定[78]，不同产地大青叶中靛玉红的含量不存在显著性差异，但不同生长时期大青叶中靛玉红的含量差别较大[79]。

对比分析薄层扫描法、高效液相色谱法、双波长分光光度法对靛蓝、靛玉红含量测定结果的稳定性、精密度和加标回收率等的影响后发现，高效液相色谱法测定靛蓝、靛玉红含量的各项指标明显优于其他方法。双波长分光光度法测得结果一般偏高，主要原因是无法排除提取液中其他成分对靛蓝、靛玉红含量测定的干扰。薄层扫描法可用于大青叶中靛蓝、靛玉红的含量测定，但不适用于板蓝根中相应成分的测定[80]。

用液质联用法(HPLC-MS/MS)不仅可以监测复方板蓝根颗粒中大青叶、板蓝根的投料情况，还可以测定(R,S)-告依春和靛玉红的含量。此方法具有快速简便、准确可靠、灵敏度高等特点，适用于板蓝根颗粒中指标性成分含量的测定，同时还可以全面监测和控制复方板蓝根颗粒中原料药的投料情况[81]。

2.2.2 菘蓝有机酸类成分的提取分离与鉴定

对于菘蓝中有机酸类成分的分离提取和含量测定的方法较多。雷黎明等采用微波法从板蓝根中提取总有机酸，并以正交试验法优化提取工艺，用酸碱滴定法测定总有机酸的含量，测得板蓝根中总有机酸的提取率为水煎煮法的2倍，具有效率高、方便节能的优点[82]。采用大孔吸附树脂法也可分离纯化板蓝根中的有机酸组分，以75%乙醇(pH 2.0)索氏提取，以丁香酸为指标筛选吸附树脂，采用正交试验优化影响树脂吸附的因素，最终得到的优化工艺条件为：药液浓度为1.0 g/mL、pH 3.0及流速为2 BV/h的50%乙醇溶液可将板蓝根供试品溶液中的有机酸组分基本洗脱完全，此时其解吸率可达57.6%[83]。

此外，对于菘蓝有机酸的含量测定还可以采用其他一些方法。例如，可以采用电位滴定法测定复方板蓝根冲剂中水杨酸等总有机酸的含量，该法可有效地对板蓝根冲剂进行质量检测[84]。另外，离子色谱法也可以用于有机酸含量的测定，如采用ICS—90抑制型离子色谱仪和AS11—HC高容量阴离子分离柱，结合电导检测法测定板蓝根颗粒中的有机酸含量[85]。研究人员还建立了同时测定板蓝根药材中水杨酸、丁香酸、苯甲酸和邻氨基苯甲酸含量的高效毛细管电泳法[86]。高效液相色谱法也可以用来测定板蓝根药材及其制剂中水杨酸、苯甲酸的含量，具有简便、准确且重复性好等特点[87]。

2.2.3 菘蓝含硫类成分的提取分离与鉴定

研究发现，菘蓝中表告依春的含量在主根中较高，明显高于侧根[14]。研究人员通过三因素三水平的正交试验优化出了板蓝根中表告依春提取的最佳条件：料液比为1∶10,提取3次,每次提取0.5h[88]。HPLC-DAD法可用于板蓝根药材及其制剂中表告依春和2,4(1H,3H)-喹唑二酮的含量测定,进而实现对板蓝根药材及其制剂的质量控制[89]。

2.2.4 菘蓝中微量元素的提取分离与鉴定

采用原子吸收光谱法对板蓝根提取物中包括K、Ca、Mg、Zn、Fe、Cu、Ni、Mn、Pb、Co等10种微量元素的含量进行测定,结果表明,板蓝根水煎液和酸溶液中各微量元素的含量存在差别,但其药效与药理作用无明显差异。采用电感耦合等离子体质谱法和离子体发射光谱法,对菘蓝和马蓝的根和叶,以及土壤中 K、Ca、Mg、Sb、Li、Be、Zn、Al、Fe、Cu、Na、Cr、Co、V、Ni、Ga、Ba、Bi、Sr 和 Ti 共 20 种元素的含量进行测定,结果表明:菘蓝对 K 和 Ca 的富集作用最强,K、Na、Ca、Mg 和 Fe 的含量也相对较高,且菘蓝叶中的微量元素含量高于根部[90]。

2.2.5 菘蓝芥子油苷类成分的提取分离与鉴定

HPLC法是常用的对已知芥子油苷类成分分离鉴定的有效方法,因具有操作简单、重复性好、可批量处理样本等优点而得到广泛应用。对于未知的芥子油苷而言,通常采用 HPLC 和 LC-MS 技术联合鉴定,再结合相关参数进行定性分析。目前,对于拟南芥(*Arabidopsis thaliana*)、大白菜(*Brassica rapa* pekinensis)等植物中芥子油苷的提取分离方法已日趋成熟,但对于菘蓝中芥子油苷的提取和鉴定分析的研究报道相对有限。研究人员通过正交试验探究提取时间、提取温度、甲醇浓度(V/V)、料液比等对芥蓝(*Brassica alboglabra* L. H. Bailey)中芥子油苷(总芥子油苷、脂肪族芥子油苷和吲哚族芥子油苷)提取效率的影响,结果发现,提取温度和料液比的影响显著,综合考虑提取效率和经济成本,芥蓝中芥子油苷的最佳提取条件为:提取温度75 ℃,料液比1∶45(g∶mL),甲醇浓度70%,提取时间5 min,在此条件下,总芥子油苷、脂肪族芥子油苷和吲哚族芥子油苷的提取效率分别达到8.31、7.58和0.73 μmol/g DW[91]。T. Doheny Adams 等用芥菜[*Brassica juncea*(L.) Czern.]、白芥(*Sinapis alba* L.)、萝卜(*Raphanus sativus* L.)、云芥(*Eruca sativa* Lam.)等 4 种十字花科植物的不同器官(根、茎、叶)比较了冷甲醇提取、煮沸甲醇提取和沸水提取法提取芥子油苷的效率。结果发现,冷甲醇萃取法提取芥子油苷的效果较好,且用80%的甲醇(V/V)能钝化黑芥子酶,从而降低黑芥子酶对芥子油苷的降解作用,因而从冷冻组织样品中提取芥子油苷的效果较好。另外,在提取过程中使用冻干法可能破坏组织,从而降低芥子油苷的获得效率[92]。课题组比较了预冷甲醇提取法(-20℃)和沸腾甲醇提取菘蓝芥子油苷的差别,结果发现:两种提取方法不存在显著性差异,而沸腾甲醇法提取在安全性和操作性方面不如预冷甲醇法,故建议采用预冷甲醇法提取菘蓝芥子油苷,主要是将 T. Doheny Adams 等人的提取方法进行了改进,具体的操作步骤是:植物材料的溶解→葡聚糖凝胶装柱→过柱脱硫分离→洗脱液的收集与过滤[67]。

2.3 菘蓝活性成分的药理作用

菘蓝常以干燥的根和叶为主要原料制成饮片入药。此外,菘蓝的茎和叶也是很好的药用蔬菜,营养丰富,产量高,对其进行合理利用并不影响根的产量。菘蓝的市场需求量巨大,具有多种药理作用,应用范围广,各地均有大量栽培。

2.3.1 抗菌作用

研究表明,板蓝根具有广泛的抗菌作用,其水浸液能够不同程度地抑制革兰氏阳性和阴性细菌,如金黄色葡萄球菌(*Staphyloccocus aureus*)、表皮葡萄球菌(*Staphylococcus epidermidis*)、枯草杆菌(*Bacillus subtilis*)、八联球菌(*Sarcina lutea*)、大肠杆菌(*Escherichia coli*)、伤寒杆菌(*Salmonella enterica*)、甲型链球菌(α – hemolytic streptococcus)、肺炎双球菌(*Pneumococcus*)、流感杆菌(*Hemophilus influenzae*)、脑膜炎双球菌(*Neisseria meningitidis*)、大肠埃希菌(*Escherichia coli*)、沙门氏菌(*Salmonella*),以及真菌等。其中,板蓝根对金黄色葡萄球菌的抑制作用最为明显。据报道,大青叶和板蓝根的各极性部位提取物对大肠埃希菌、肠炎杆菌和金黄色葡萄球菌均具有显著的抑制作用[93]。

在板蓝根中发挥抗菌作用的物质主要是靛苷、有机酸、黄酮及多糖类物质等。靛苷是吲哚酚通过 UDP – 葡萄糖转移酶糖基化形成的稳定中间体,是菘蓝中重要的次生代谢产物[94]。孔维军等采用微量热法分析了板蓝根中 4 种有机酸(丁香酸、2 – 氨基苯甲酸、水杨酸和苯甲酸)对大肠埃希菌生长的抑制作用,通过分析大肠埃希菌生长的产热曲线,发现大肠埃希菌的浓度会随着有机酸含量的增加而降低,这 4 种有机酸的抗菌活性依次为:丁香酸 > 2 – 氨基苯甲酸 > 水杨酸 > 苯甲酸[95]。在菘蓝、马蓝、蓼蓝等产蓝植物中提取的色胺酮具有抗皮肤真菌的作用[96]。在青黛中提取的色胺酮对羊毛状小孢子菌(*Microsporum canis*)、断发癣菌(*Trichophyton tonsurans*)等 7 种皮肤真菌都具有较强的抑制作用。在电镜下观察板蓝根微粉对于雏鸡白痢沙门菌(*Salmonella pullorum*)的治疗效果时发现,板蓝根微粉能使沙门氏菌菌体出现溢缩、弯曲、凹陷等变化,从而达到治疗和预防的效果,并能减轻炎症反应[97]。

抗菌肽(AMP)是来源于植物的一种新型肽,近些年的研究发现,菘蓝中发现的新型抗菌肽 IiR515 和 IiR915 是有效的生物防治剂,它对多种细菌和真菌病原体表现出显著的抗菌活性,可作为临床药物开发的潜在原料[98]。吴佳等也从菘蓝中分离出一个新的抗菌肽 IiR-AMP1,其抑菌机制是通过破坏细胞壁和细胞膜的完整性,使细胞发生穿孔、皱缩,最终导致胞内物质外溢,使得细胞无法维持正常生命活动而死亡[99]。

2.3.2 抗内毒素作用

内毒素是中医"毒"邪的重要物质基础,板蓝根作为清热解毒的一味典型药材,抗内毒素是其清热解毒的一个重要方面。内毒素在急性感染性疾病的感染和发病过程中具有普遍的影响,板蓝根的抗内毒素作用早在1982年就有报道,众多学者对菘蓝抗内毒素的作用进行了深入研究,发现其化学成分水杨酸、苯甲酸、邻氨基苯甲酸、苯甲酸和4(3H)-喹唑酮等均具有抗内毒素作用。以内毒素致兔发热实验探究板蓝根的抗内毒素作用,发现板蓝根中分离出来的水杨酸、苯甲酸及4(3H)-喹唑酮的确具有抗内毒素活性[100]。

革兰氏阴性菌细胞壁上的脂多糖(LPS)可以与一些蛋白复合物组成细菌内毒素,对人体的危害很大,侵入机体后会引发一系列防御反应而产生白介素6(IL-6)、肿瘤坏死因子α(TNF-α)和一氧化氮(NO)等各种细胞因子,这些细胞因子作用于靶细胞可引起机体广泛的病理反应,如炎性反应、发热、休克等,严重者可能造成器官功能性衰竭及死亡。据研究报道,用板蓝根处理小鼠腹腔巨噬细胞,并以LPS刺激处理组,能显著降低TNF-α、IL-6和NO等多种炎性因子的表达水平,从而达到抗内毒素的效果[101]。板蓝根水提取物可显著提高LPS诱导的内毒素败血症小鼠的生存率,其调控机制主要是调节炎症指标IFN-β的转录水平,并阻断IFN-β/STAT干扰素信号传导通路,抑制下游一些促炎细胞因子的转录水平,从而减缓内毒素引起的机体损伤,保护小鼠脏器组织[102]。

汤杰等复制了家兔内毒素性弥散性血管内凝血模型(DIC),以探究板蓝根抗内毒素作用,结果发现:板蓝根抗内毒活性部位能显著降低家兔血清中脂质过氧化物(LPO)及SOD的活力,表明板蓝根通过多途径、多反应协同发挥其抗内毒素作用[103]。此外,研究人员通过体外鲎实验法和体内、半体内内毒素致兔发热法探究板蓝根四个氯仿提取部位(F021、F022、F023和F024)的抗内毒素作用,以及对内毒素导致鼠巨噬细胞分泌炎性因子(INF-α和IL-6)的影响,发现这四个部位对内毒素致小鼠死亡均有抑制作用,但F022部位的抑制作用最强[104]。林爱华等进一步探究菘蓝根部F022提取部位抗内毒素的作用机理,结果发现,F022对内毒素的拮抗作用发生在LPS激活机体免疫之前,该过程中F022可能竞争性阻断LPS与其受体结合[105]。而F022抗内毒素的分子机制研究结果表明:F022能够破坏内毒素的结构,抑制一些炎性因子的释放,从而抑制膜结构伸展蛋白的表达,以实现抗内毒素的功能[105-106]。

2.3.3 抗癌作用

癌症,是威胁人类的常见病和高发病,是仅次于心脑血管疾病的死亡率极高的第二大类疾病,近些年来癌症的死亡率呈上升发展趋势。目前,治疗癌症的手段主要是传统手术、化疗、放疗等,抗癌药物的研发已成为当今生命科学研究的热点。菘蓝作为清热解毒、凉血利咽的传统中药,其提取物具有一定的抗癌作用,其中的靛玉红是发挥抗癌作用的主要活性物质。据研究报道,靛玉红在体外对人宫颈癌、肝癌、淋巴瘤、肝门胆管癌、人白血病K562细胞株及人早幼粒白血病HL-60细胞株均具有显著的抑制作用[107]。而且,靛玉红可能通过促进GSK-3β的Ser9位点磷酸化,上调*PTGS2*基因的表达,诱导肿瘤细胞发生铁死亡来抑制乳腺癌的发生[108]。靛玉红及其衍生物可通过选择性结合CDK的ATP结合位点,诱导细胞生长停滞,并启动细胞程序性死亡,从而抑制肿瘤细胞的生长[109]。

近年来,随着对菘蓝活性物质提取工艺的优化和活性成分的进一步解析,发现除靛玉红外还有其他的一些活性成分可能也具有抗肿瘤的作用。梁永红等通过MTT实验发现,菘蓝根部的脂溶性提取物中的板蓝根二酮B具有体外抑制肝癌细胞BEL-7402和卵巢癌细胞A2780生长的作用,且抑制作用呈现一定的浓度依赖关系[110]。体外抗肿瘤试验表明,板蓝根中的高级不饱和脂肪酸对肝癌细胞BEL-7402具有较强的杀伤作用和逆转肿瘤细胞向正常细胞转化的能力。以S180肉瘤和H22肝癌作为实验瘤株,发现从板蓝根中提取的高级不饱和脂肪酸具有一定的抗肿瘤作用[111]。研究还发现,板蓝根多糖(RIP)也具有一定的抗肿瘤作用,它能够延长荷瘤小鼠的生存时间,增强荷瘤小鼠的免疫功能[112]。

此外,板蓝根活性成分衍生物的抗肿瘤功能也陆续得到报道。高明星等用MTT法和裸鼠皮下移植瘤模型分别研究了体内和体外条件下板蓝根中高级不饱和脂肪酸衍生物的抗肿瘤功能及其对肿瘤多药耐药(MDR)的逆转活性[113]。结果表明,该衍生物对裸鼠体外肿瘤无明显的抑制作用,而在体内则具有明显的抑制作用,且与细胞凋亡密切相关。化合物MSR405是板蓝根组酸的衍生物,也叫N,N′-二环己基-N-亚麻酸酰脲,体外抗肿瘤活性实验表明,在不同浓度的MSR405处理条件下,卵巢癌和肝癌细胞均受到其不同程度的抑制,且在一定浓度范围内对肝癌细胞的促凋亡作用具有浓度依赖性[114]。

2.3.4 抗病毒作用

作为清热解毒中药,菘蓝的抗病毒功效一直是研究人员关注的热点。板蓝根具有直接或间接的抗病毒作用。直接抗病毒作用是指在病毒侵入细胞前就将病毒杀死,间接抗病毒作用是通过提高机体的免疫能力,防御病毒侵入宿主细胞,从而间接发挥抗病毒作用。板蓝根抗病毒的主要活性成分是靛玉红、木脂素、表告依春、有机酸及糖类等。菘蓝提取物对乙型脑炎病毒、甲型流感病毒、乙型流感病毒、腺病毒、柯萨奇病毒、单纯疱疹病毒、巨细胞病毒、腮腺炎病毒等均具有抑制作用。

用 MTT 法检测菘蓝有效成分对流感病毒的抑制作用,结果表明,菘蓝有效成分具有较好的抗甲型流感病毒的作用,且呈剂量效应关系[115]。王玉涛等发现了板蓝根样品中抗流感病毒的活性成分,主要为板蓝根水提物 S-03 的多糖组分,其对甲、乙型流感病毒具有较为明显的抑制作用。对小鼠注射 S-03 多糖后,其免疫功能明显增加,证明板蓝根多糖在体内主要通过免疫系统发挥作用[116]。采用超滤质谱技术筛选板蓝根中能与神经氨酸酶结合的抗病毒成分,并以体外神经氨酸酶活性实验进行验证,发现板蓝根具有抗流感病毒的功效,且发挥药效的活性成分主要是精氨酸和告依春[117]。此外,木脂素可以通过线粒体抗病毒信号转导途径降低小鼠对流感病毒的易感性,延长患甲型流感小鼠的存活时间,降低病死率[118]。

赵玲敏等的研究发现,菘蓝的 4 种有效成分及其配伍组合能在体外通过抑制病毒的生物合成来发挥抗病毒作用[119]。该研究以 HeLa 细胞病变效应和抑制病毒复制指数作为考察指标,观察板蓝根水煎剂对柯萨奇病毒的体外抑制作用,结果表明板蓝根水煎剂在细胞水平上对柯萨奇病毒有明显的抑制作用,且随着药物浓度的增加,细胞病变效应逐渐减弱,病毒生物合成水平逐渐下降,表明菘蓝的 4 种单体能在体外通过抑制病毒生物合成发挥抗柯萨奇病毒的作用[120]。

研究人员还对板蓝根相关制剂的抗病毒活性进行了探究。以板蓝根注射液联合聚肌胞注射液观察其对单疱病毒角膜炎患者的治疗作用,发现板蓝根注射液能够治疗单疱病毒性角膜炎,具有安全性高、治疗周期短、治愈率高且治疗方法简便等优点[121]。观察板蓝根注射液、金叶败毒注射液和路边青注射液对人巨细胞病毒作用差异的研究发现,这三种制剂对人巨细胞病毒毒株均有抑制作用,且随着药物浓度的增加,抑制作用也相应增强[122]。此外,板蓝根对病毒性腮腺炎也具有一定的治疗作用。研究者对患有急性腮腺炎的小儿给予磷酸奥司他韦颗粒联合板蓝根颗粒治疗,发现其具有良好的临床疗效,且无不良反应,同时能降低并发症的发生概率[123]。

木脂素类成分是板蓝根发挥抗病毒活性的重要物质基础[124]。以鸡胚法进行筛选后发现,板蓝根中的落叶松脂醇和落叶松脂素苷均具有明显的抗病毒活性[125]。终南山课题组分离并探究了板蓝根中落叶松脂素-4-O-β-D-葡萄糖苷的活性,发现其对感染甲型流感病毒的人肺泡上皮细胞系 A549 具有抗流感和抗炎作用[126]。这些研究结果均表明,以落叶松脂素为代表的木脂素具有明确的抗病毒活性。

此外,板蓝根抗病毒的功效并非仅依赖于某个单独的成分,而是多个活性成分相互协同、共同作用的结果。研究人员把从板蓝根中分离得到的苯丙素、生物碱、有机酸及各成分间的不同组合进行体外抗流感病毒亚甲型鼠肺适应株(FM1)和呼吸道合胞病毒(RSV)的实验研究,发现这三个成分对 FM1 和 RSV 均有抑制作用,且这三个成分不同组合的协同作用效果更佳[127]。对菘蓝的总生物碱进行提取纯化及抗病毒药理活性研究发现,菘蓝的总生物碱具有一定的抗病毒效果,但不如板蓝根颗粒显著,说明板蓝根的抗病毒效果是通过多成分协同作用发挥疗效,符合中医药整体用药的特点。

2.4 本章小结

菘蓝中的活性成分众多,包括生物碱类、有机酸类、含硫类化合物、微量元素、木脂素类、黄酮类、芥子油苷类、氨基酸、碱基及核苷类、甾醇类、蒽醌、香豆素及其他化合物等。针对不同的活性成分类型,本章重点综述了针对菘蓝主要活性成分的分离提取方法,主要涉及溶剂法、大孔吸附树脂法、超声提取法、微波提取法、色谱法、溶剂萃取酸性染料比色法等。而高效液相色谱法、双波长分光光度法、硅胶 G 板点样法、双波长薄层扫描法、液质联用法、原子吸收光谱法等则适用于对菘蓝活性成分进行分析鉴定。菘蓝化学成分的多样性,决定了其药理作用的多样性,主要涉及抗菌、抗病毒、抗内毒素、抗肿瘤、抗炎、免疫调节、活血化瘀、镇痛等作用。然而,菘蓝在发挥临床疗效的过程中,并非单一组分发挥作用,往往是以多组分或与其他药材进行配伍来发挥药理活性,这也进一步体现了中药多成分、多靶点、多通路的作用特点。当然,对于菘蓝中活性成分的挖掘和功能评价仍有较大的研究空间,利用现代药理学研究手段对菘蓝的药效物质基础进行研究依然大有可为,希望本章内容能够为本领域的研究人员提供参考和借鉴,使之更大程度地投入到菘蓝的基础研究工作中来。

第 3 章　菘蓝的基因组学研究

基因组学技术的建立和发展为药用植物的研究注入了新的活力,越来越多的药用植物完成了全基因组测序工作,并开展了以次生代谢调控为研究目的的功能基因挖掘研究,开辟了药用植物研究的新领域,为利用生物工程技术、合成生物学手段提高药用植物的活性成分含量,培育药用植物优良品种带来了新的契机。本章重点阐述了菘蓝全基因组测序和叶绿体基因组测序的研究进展,并进一步对菘蓝的染色体结构、系统进化关系和基因注释的情况进行了展示,相关研究结果为深入开展菘蓝功能基因的挖掘和验证研究,以及利用分子育种手段提高菘蓝品质,培育菘蓝优良新品种提供了依据。

3.1　植物基因组学研究概况

基因组(Genome)是指生物体所有遗传密码的总和。基因组学(Genomics)是在基因组水平上研究一个物种的全部核酸序列结构、基因定位和功能、表达调控网络,以及代谢途径的一门科学[128]。1986 年由美国科学家 Thomas Roderick 提出后飞速发展。近年来,由于二代高通量测序技术的广泛应用和三代测序技术的开发,越来越多的物种完成了基因组测序工作。随着拟南芥和水稻(*Oryza saliva*)基因组计划的完成,植物生物学和遗传学的研究进入了基因组学研究的时代。植物基因组学在全基因组水平研究基因结构、功能和表达调控网络,揭示植物遗传进化规律,了解其生长、发育、环境适应、产量形成的分子机制等[129]。植物全基因组测序是一项非常强大的系统工程,需要借助一系列的技术来完成。

3.1.1　基因组测序技术发展历程

1975 年,Sanger 和 Coulson 开创式地提出了双脱氧核苷酸末端终止法(简称

Sanger法)为代表的第一代测序技术,完成了从噬菌体基因组到人类基因组图谱的一系列测序工作。Sanger法一直被认为是最准确的测序手段之一,研究人员以此为基础绘制了首个人类基因组图谱,并被ABI公司改进后得到更为广泛的应用。但由于该方法存在测序速度慢、通量低、成本高等缺陷,使之并未成为后基因组时代最理想的测序方法。在测序技术初期发展的过程中,除Sanger法外,还出现了一些其他的测序技术,如链接酶法、焦磷酸测序法等。这些方法分别形成了后来的二代测序技术:Roche公司的454技术,Illumina公司的Solexa测序技术,以及ABI公司的SOLID技术等[130-132]。值得一提的是,这些二代测序技术的共同核心都是利用了Sanger法的合成反应原理。

二代测序技术是对传统测序技术的一次革命性的改变,其最大的特点就是具有极高的测序通量,不同测序平台在一次运行中,可实现对几十到几百万个DNA分子的序列测定,是测序技术的重大突破。其中,454技术与其他测序技术相比,其最大的优势就是平均片段读长可达400 bp,非常适合对未知基因组进行 *de novo* 测序,而缺点是会出现对一种碱基多次重复读写时,荧光强度的读写和分配会出现偏差,导致出现碱基的缺失或增加。Solexa与Hi-seq技术的测序原理基本相同,这两项技术目前均属于Illumina公司,具有测序通量大、操作简单、自动化程度高等优势,能够解决同聚物长度的准确测量问题,边合成边测序,整个测序过程可以实现完全自动化;而不足之处在于第一碱基的替换错误率较高,且测序读长较短,因此,必须使用大量的深度测序,才能保证测序结果的准确性。Solid测序技术是ABI公司于2007年开始投入研发,现已成功应用于商业测序,其最大的优点就是每个位置的碱基均被检测了两次,测序通量更大,测序准确性更高,可以达到99.99%。目前,二代技术测序技术已得到广泛应用,测序变得相对简单。

植物基因组通常具有重复序列多、杂合度高和多倍化等特征,使得植物基因组的组装工作较为复杂[133]。三代测序技术的出现将测序技术提升到另一个高度,其最大的特点就是单分子实时测序。首先,测序过程无须进行PCR扩增,使得测序成本大幅下降;其次,序列读取达到10 kb以上,使得测序速度快速提高。同时,还可以直接检测DNA修饰,对于生物体的内在作用分子机理研究提供了有效的技术手段。目前,以Oxford Nanopore Technologies公司的纳米孔单分子测序技术(Nanopore sequencing)和Pacific Bioscience公司的单分子实时测序技术(Single-molecular real-time Sequencing,SMRT)为三代测序技术的代表[134-135]。

纳米孔单分子测序技术是基于电信号测序的技术,其原理与主流的其他采用光信号的测序技术不同。测序读长大约在 10~100 kb;错误率远低于 SMRT 技术,并且是随机错误;样品制备简单且便宜。此外,也可直接测序 RNA 和甲基化碱基,拥有广阔的应用前景。

SMRT 技术的基本原理同样是边合成边测序,可以实现超长读长,平均读长可达 10~15 kb,最高可达 40 kb;可以辅助组装出高质量的植物基因组。基于 Illumina 数据的 PacBio 基因组组装和误差修正可以极大地提高基因组组装的连续性和完整性[136-137]。但由于 DNA 聚合酶易发生错配,使得测序结果存在较高比例的随机错误,这就意味着必须通过倍数测序进行校正,以提高测序的准确度。目前,此项技术已经日臻成熟并得以广泛应用,包括各类果蔬和经济作物,如二倍体草莓(*Fragaria nilgerrensis*)[138]、红麻(*Hibiscus cannabinus*)[139]、冬瓜(*Benincasa hispida*)[140]、杜梨(*Pyrus betuleafolia*)[141]、油柿(*Diospyros oleifera*)[142],以及菘蓝的基因组同样是利用该项测序技术所获得。

3.1.2 植物基因组测序进展

我国拥有丰富的药用植物资源,其所蕴含的基因资源亟待开发和利用。2018 年,国际知名期刊 Molecular Plant 在线发表了由云南农业大学联合昆明动物研究所的研究结果。药用植物组学数据库(Herbal Medicine Omics Database)整合了 23 个药用植物的基因组数据、172 个药用植物的转录组数据、55 个药用植物的代谢组数据,以及 18 个代谢通路信息,是国际上较为全面的药用植物组学数据库。随着测序技术的飞速发展,更多的药用植物完成了基因组测序工作,检索已有文献和资料,我们将部分十字花科植物和药用植物基因组测序的研究工作汇总在表 3-1 和表 3-2 中。其中,大部分植物的基因组测序结果发表在 Nature、Science、PNAS 等知名杂志上;部分测序结果公布在 Gigascience 等专用数据库中,以利研究人员调用相关信息开展工作。表 3-2 展示了 32 种药用植物的基因组测序结果,其中包含一些药食同源的植物,如枇杷、石榴、甜橙等。此外,长春花[*Catharanthus roseus*(L.)G. Don][143]、玛卡(*Lepidium meyenii*)[144]等药用植物虽未被《中国药典》所收录,但因其所具有的重要活性成分和药理作用也被关注和报道。尽管如此,已发表植物基因组测序结果的植物种类和数量依然只是植物界的冰山一角。药用植物基因组存在结构复杂、重复序列占比高、杂合度高和多倍化等特征,使得药用植物基因组测序的工作仍面临一定的难度。目前,药用植物的基因组学研究仍处于起步阶段,相信会有越来越多的成果不断涌现,为药用植物的研究贡献力量。

表 3-1 部分已完成基因组测序的十字花科植物

植物	基因组大小 (Mb)	分类	发表杂志与时间
阿拉伯岩芥 (*Aethionema arabicum*)[145]	240	岩芥菜属	Nature Genetics, 2013.06
鼠耳芥 (*Arabidopsis halleri*)[146]	250	拟南芥属	Nucleic Acids Search, 2014.01
琴叶拟南芥 (*Arabidopsis lyrata*)[147]	207	拟南芥属	Nature Genetics, 2011.04
拟南芥 (*Arabidopsis thaliana*)[148]	125	拟南芥属	Nature, 2000.12
高山南芥 (*Arabis alpina*)[149]	375	南芥属	Nature Plants, 2015.02
欧洲山芥 (*Barbarea vulgaris*)[150]	270	山芥属	Scientific Reports, 2017.01
Boechera retrofracta[151]	227	山芥属	Genes, 2018.03
埃塞俄比亚芥 (*Brassica carinata*)[152]	1150	芸薹属	Plant Physiology, 2021.02
芥菜 (*Brassica juncea*)[153]	922	芸薹属	Nature Genetics, 2016.09
欧洲油菜 (*Brassica napus*)[154]	1130	芸薹属	Science, 2014.08
黑芥 (*Brassica nigra*)[153]	519	芸薹属	Nature Genetics, 2016.09
甘蓝 (*Brassica oleracea*)[155]	630	芸薹属	Nature Commun, 2014.05
白菜 (*Brassica rapa*)[156]	485	芸薹属	Nature Genetics, 2011.08
亚麻荠 (*Camelina sativa*)[157]	750	亚麻荠属	Nature Commun, 2014.04
荠 (*Capsella bursa-pastoris*)[158]	410	荠属	Plant Journal, 2017.04
大花荠菜 (*Capsella grandiflora*)[159]	115	荠属	Nature Genetics, 2013.06
荠菜 (*Capsella rubella*)[159]	219	荠属	Nature Genetics, 2013.06
碎米荠 (*Cardamine hirsuta*)[160]	225	碎米荠属	Nature Plants, 2016.10
天池碎米荠 (*Cardamine resedifolia*)[161]	300	碎米荠属	Molecular Ecology, 2020.09
须弥芥 (*Crucihimalaya himalaica*)[162]	265	须弥芥属	Proceeding of the National Academy of Sciences of the United States of America 2019.03

续表

植物	基因组大小（Mb）	分类	发表杂志与时间
Draba nivalis[163]	280	群心菜属	Molecular Ecology Resources, 2020.10
芝麻菜（*Eruca sativa*）[164]	560	芝麻菜属	Frontiers in Plant Science, 2020.10
小花糖芥（*Erysimum cheiranthoides*）[165]	205	糖芥属	eLife, 2020.04
密序山萮菜（*Eutrema heterophyllum*）[166]	405	山萮菜属	DNA Research, 2018.01
Eutrema salsugineum[167]	240	山萮菜属	Frontiers in Plant Science, 2013.03
山萮菜（*Eutrema yunnanense*）[166]	423	山萮菜属	DNA Research, 2018.01
菘蓝（*Isatis indigotica*）[168]	300	菘蓝属	Horticulture Research, 2020.02
冬瓜（*Benincasa hispida*）[140]	554	冬瓜属	Nature Genetics, 2019.06
玛卡（*Lepidium meyenii*）[169]	751	独行菜属	Molecular Plant, 2016.05
香雪球（*Lobularia maritima*）[170]	240	香雪球属	Horticulture Research, 2020.12
高河菜（*Megacarpaea delavayi*）[171]	900	高河菜属	Frontiers in Genetics, 2020.08
双果荠（*Megadenia pygmaea*）[172]	240	双果荠属	Molecular Ecology Resources, 2020.11
Microthlaspi erraticum[173]	170	*Microthlaspi*	Frontiers in Plant Science, 2020.07
芥菜型油菜莫利（*Moricandia arvensis*）[173]	737	芸薹属	Data in Brief, 2021.03
Moricandia moricandioides[174]	660	芸薹属	Data in Brief, 2021.03
Pachycladon cheesemanii[175]	596	*Pachycladon*	BMC Genomics, 2019.11

续表

植物	基因组大小(Mb)	分类	发表杂志与时间
野萝卜(Raphanus raphanistrum)[176]	515	萝卜属	Plant Cell, 2014.05
萝卜(Raphanus sativus)[177]	529	萝卜属	DNA Research, 2014.05
白芥(Sinapis alba)[178]	553	白芥属	Plos One, 2020.04
水芥蒜(Sisymbrium irio)[145]	262	大蒜芥属	Nature Genetics, 2013.06
条叶蓝芥(Thellungiella parvula)[179]	140	盐芥属	Nature Genetics, 2011.08
菥蓂(Thlaspi arvense)[180]	539	菥蓂属	DNA Research, 2015.01

十字花科植物的种类和数量较多,该科植物的基因组测序工作正在不断展开。目前已完成基因组测序的十字花科植物主要涉及拟南芥属、芸薹属、山嵛菜属、山芥属、荠属、碎米荠属、萝卜属等不同来源的植物;发表测序工作的时间从2000年起至今仍在不断补充和更新中;从2000年在顶级期刊《Nature》上首次发表拟南芥的基因组测序结果以来,十字花科植物的基因组测序工作持续受到重视,越来越多的十字花科植物进行了基因组测序,并进一步开展了以功能基因资源挖掘为目的的研究工作,为此后深入开展相应基因的功能验证研究奠定了良好的基础。从发表的杂志类型来看,涉及Science、Nature、Nature Genetics、Nature Plants、Plant Cell、Plant Journal、Nature Communication等;从发表的时间来看,在2010~2020年间发表的论文较集中。以模式植物拟南芥的基因组测序研究工作最具有里程碑式的意义,相关研究结果为植物学研究开辟了新时代;自此,科研人员对植物的遗传背景开始有了逐渐清晰的认识,而拟南芥的基因组测序结果也成为许多植物开展基因功能研究的重要参考依据;随着基因组测序技术和平台的不断成熟和提升,十字花科其他植物的基因组测序工作也有序推进,使得科研人员能够有效地挖掘更为有益的基因资源,并开展基因功能的深入探究,从而实现对十字花科植物资源的可持续开发利用。

表3-2 部分已完成基因组测序的药用植物

药材	源植物	基因组大小(Mb)	科属	发表杂志与时间
穿心莲(Andrographis herba)	穿心莲(Andrographis paniculata)[181]	280	爵床科穿心莲属	Plant Journal, 2018.11

续表

药材	源植物	基因组大小(Mb)	科属	发表杂志与时间
沉香(Aquilariae lignum resinatum)	白木香 (*Aquilaria sinensis*)[182]	773	瑞香科沉香属	Gigascience, 2020.03
青蒿(Artemisiae annuae herba)	黄花蒿 (*Artemisia annua*)[183]	1740	菊科蒿属	Molecular Plant, 2018.04
火麻仁(Cannabis fructus)	大麻 (*Cannabis sativa*)[184]	820	桑科大麻属	Genome Biology 2011.10
香橼(Citri fructus)	枸橼 (*Citrus medica*)[185]	407	芸香科柑橘属	Nature Genetics, 2017.04
陈皮(Citrir eticulatae pericarpium)	橘 (*Citrus reticulata*)[186]	370	芸香科柑橘属	Molecular Plant, 2018.06
枳实(Aurantii fructus immaturus)	甜橙 (*Citrus sinensis*)[187]	367	芸香科柑橘属	Nature Genetics, 2012.11
铁皮石斛(Dendrobii officinalis caulis)	铁皮石斛 (*Dendrobium officinale*)[188]	1350	兰科石斛属	Molecular Plant, 2014.12
龙眼肉(Longan arillus)	龙眼 (*Dimocarpus longan*)[189]	480	无患子科龙眼属	Gigascience, 2017.03
灯盏细辛(Erigerontis herba)	短葶飞蓬 (*Erigeron breviscapus*)[190]	1200	菊科飞蓬属	Gigascience, 2017.04
枇杷叶(Eriobotryae folium)	枇杷 (*Eriobotrya japonica*)[191]	711	蔷薇科枇杷属	Gigascience, 2020.03
杜仲(Eucommiae cortex)	杜仲 (*Eucommia ulmoides*)[192]	1200	杜仲科杜仲属	Molecular Plant, 2017.12

续表

药材	源植物	基因组大小(Mb)	科属	发表杂志与时间
芡实(Euryales semen)	芡(*Euryale ferox*)[193]	768	睡莲科芡属	Nature Plants, 2020.02
天麻(Gastrodiae rhizoma)	天麻(*Gastrodia elata*)[194]	1180	兰科天麻属	Nature Communications, 2018.04
甘草(Glycyrrhizae radix rhizoma)	甘草(*Glycyrrhiza uralensis*)[195]	400	豆科甘草属	Plant Journal, 2016.10
银杏叶(Ginkgo folium)	银杏(*Ginkgo biloba*)[196]	10610	银杏科银杏属	Gigascience, 2016.11
核桃仁(Juglandis semem)	胡桃(*Juglans regia*)[197]	606	胡桃科胡桃属	Plant Journal, 2016.05
金银花(Lonicerae japonicae flos)	金银花(*Lonicera japonica*)[198]	850	忍冬科忍冬属	New Phytologist, 2020.03
藕节(Nelumbinis rhizomatis nodus)	莲(*Nelumbo nucifera*)[199]	929	睡莲科莲属	Genome Biology, 2013.05
三七(Notoginseng radix et rhizoma)	三七(*Panax notoginseng*)[200]	2310	五加科人参属	Molecular Plant, 2017.03
人参(Ginseng radix et rhizoma)	人参(*Panax ginseng*)[201]	3500	五加科人参属	Gigascience, 2017.10
罂粟壳(Papaveris pericarpium)	罂粟(*Papaver somniferum*)[202]	2870	罂粟科罂粟属	Science, 2018.08
广藿香(Pogostemonis herba)	广藿香(*Pogostemon cablin*)[203]	1570	唇形科刺蕊草属	Scientific Reports, 2016.05
虎杖(Polygoni cuspidati rhizoma et radix)	虎杖(*Polygonum cuspidatum*)[204]	2600	蓼科虎杖属	Frontiers in Plant Science, 2019.10

续表

药材	源植物	基因组大小(Mb)	科属	发表杂志与时间
石榴皮 (Granati pericarpium)	石榴 (Punica granatum)[205]	360	石榴科石榴属	Plant Journal, 2017.06
红景天 (Rhodiolae crenulatae radix et rhizoma)	大花红景天 (Rhodiola crenulata)[206]	420	景天科红景天属	Gigascience, 2017.05
丹参 (Salviae miltiorrhizae radix et rhizoma)	丹参 (Salvia miltiorrhiza)[207]	641	唇形科鼠尾草属	Gigascience, 2015.12
檀香 (Santali albi lignum)	檀香 (Santalum album)[208]	220	檀香科檀香属	Plant Physiology, 2018.02
黄芩 (Scutellariae radix)	黄芩 (Scutellaria baicalensis)[209]	408	唇形科黄芩属	Molecular Plant, 2019.04
罗汉果 (Siraitiae fructus)	罗汉果 (Siraitia grosvenorii)[210]	420	葫芦科罗汉果属	Proceeding of the National Academy of Sciences of the United States of America, 2016.11
鸡血藤 (Spatholobi caulis)	密花豆 (Spatholobus suberectus)[211]	793	豆科密花豆属	Scientific Data, 2019.07
大枣 (Jujubae fructus)	枣 (Ziziphus jujuba)[212]	443	鼠李科枣属	Nature Communications, 2014.10

近年来,中医药理念在人类生命健康领域的地位不断提升,如何有效提高药材质量,培育活性成分含量高的药材新品种,日益成为中医药研究人员的关注热点。药用植物遗传背景的揭示有助于对其活性成分合成积累规律及调控机理的深入探究。在模式植物拟南芥基因组数据全面揭示的基础之上,对于药用植物基因组的测序工作也备受重视。目前已经对人参、银杏、青蒿、杜仲、甘草、丹参、黄芩、天麻

等进行了全基因组测序;在此基础上,科研人员对于相关药材的关键活性成分的合成积累规律及调控机理进行了探究,并进一步筛选出参与活性成分合成调控的重要功能基因,以深入开展基于现代生物技术和合成生物学为主要手段的药材新品种培育,从而开创中药材新品种培育的新纪元,而以相应药材新品种为原料进行活性成分的分离提取也同样具有重要的市场应用前景。迄今,以青蒿、人参和丹参为代表的药用植物的基因组测序研究受到了科研人员的重点关注,随着测序技术的不断优化和升级,科研人员还将继续利用比较基因组学、重测序等技术手段对其遗传背景进行更为深入地剖析,从而助力药用植物的生长发育规律、系统进化、次生代谢调控等研究,为药用植物资源的可持续开发利用奠定坚实的理论基础,而其他药用植物的基因组测序研究也将继续报道,进一步助推药用植物研究的进程,使之更好地服务人类健康。

3.2 菘蓝的基因组测序

菘蓝作为十字花科重要的药用植物,与同科的拟南芥、白菜、萝卜、甘蓝和油菜等相比,其基因组学研究报道较少。而已有的转录组测序研究只能揭示少数参与次生代谢调控过程的基因功能,且转录组的测序质量和完整性也进一步阻碍了功能基因的有效鉴别。基于基因组测序结果,关联其他组学的研究手段,可以对菘蓝的起源、进化及演变、新基因发掘、代谢产物的合成积累规律、发育调控机理和种质资源开发与保护等研究工作起到重要的推动作用。

3.2.1 菘蓝叶绿体基因组测序

叶绿体是高等植物细胞核外的另一半自主遗传系统,拥有自己的一套完整的基因组。叶绿体基因组(cpDNA)是仅次于核基因组的第二大基因组,总量约占植物总 DNA 的 10%~20%。而其结构复杂性远低于核基因组。2017 年,课题组使用 Illumina Hi-Seq 2000 平台[213],测定了大小为 156670 bp 的菘蓝完整叶绿体基因组,在 GenBank 中的注册号为:KT939360(图 3-1)。菘蓝的叶绿体基因组是双链环状 DNA 分子,包括一对 26995 bp 的反向重复区域(IR),一个 84907 bp 的大单拷贝(LSC)区和 17773 bp 的小单拷贝(SSC)区。总 GC 含量为 36.5%,LSC、SSC 和 IR 的相对含量分别为 34.2%、29.7% 和 42.3%。叶绿体基因组共包含 140 个基因,其中包括 94 个蛋白质编码基因。这与已报道的大多数高等植物的叶绿体基因组相类似。

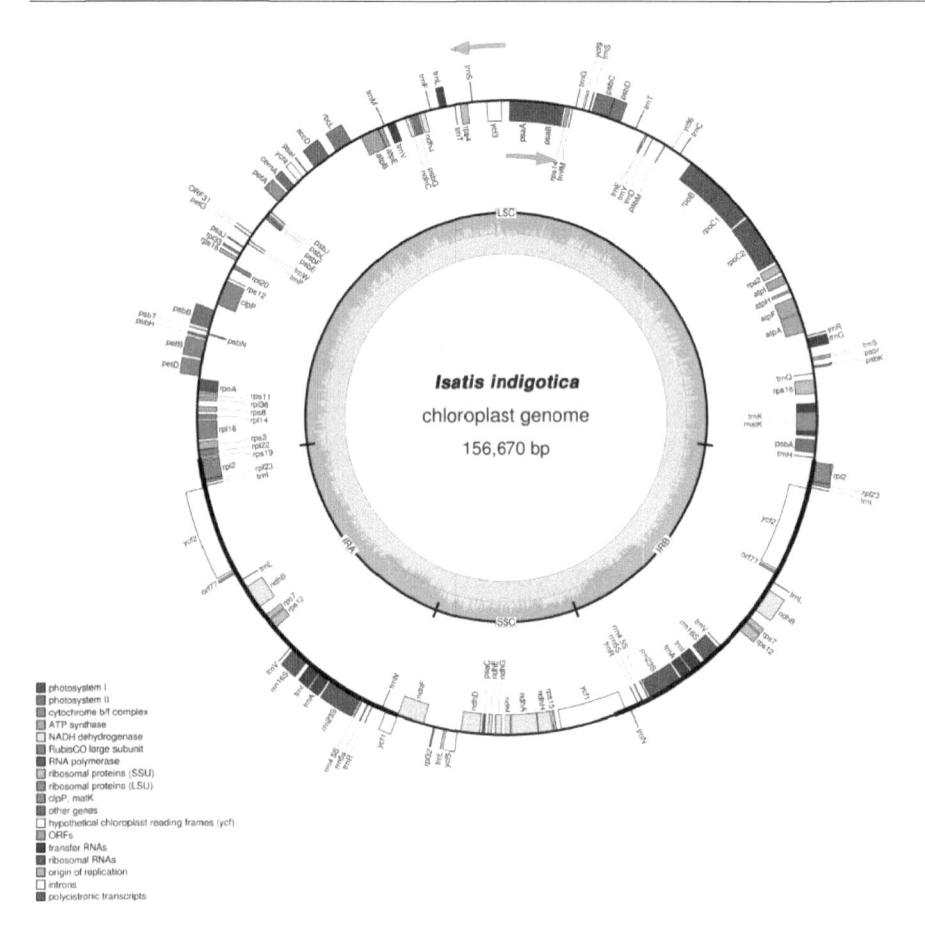

内圈基因按顺时针排布,外圈基因按逆时针排布(箭头方向);
最里圈表示 CG 含量。

图 3 - 1　菘蓝叶绿体圈图

3.2.2　菘蓝全基因组测序研究

课题组以 2 年生菘蓝植株为实验材料,在预测基因组大小的基础上,对其基因组进行了 PacBio 三代测序,利用高通量染色体构象捕获技术(High - throughput chromosome conformation capture,Hi - C),参考模式植物拟南芥,拼接出 7 个染色体的 Hi - C 图谱(图 3 - 2),共有 259.05 Mb 的基因组序列被定位到 7 个染色体上,contig N50 = 1.055 Mb,单碱基错误率为 0.0005824%。预测得到了 136 Mb 的重复序列(51.60%),34720 个基因,98.28% 的基因可以注释到 NR 等数据库中。共有 708 个特有的基因家族。此外,还测得了 697 个 tRNA,579 个 rRNA,84 个 miRNA,还有 4,606 个假基因。而 LSC、SSC 和 IR 区域的相应值分别为34.2%、29.7%和42.3%。

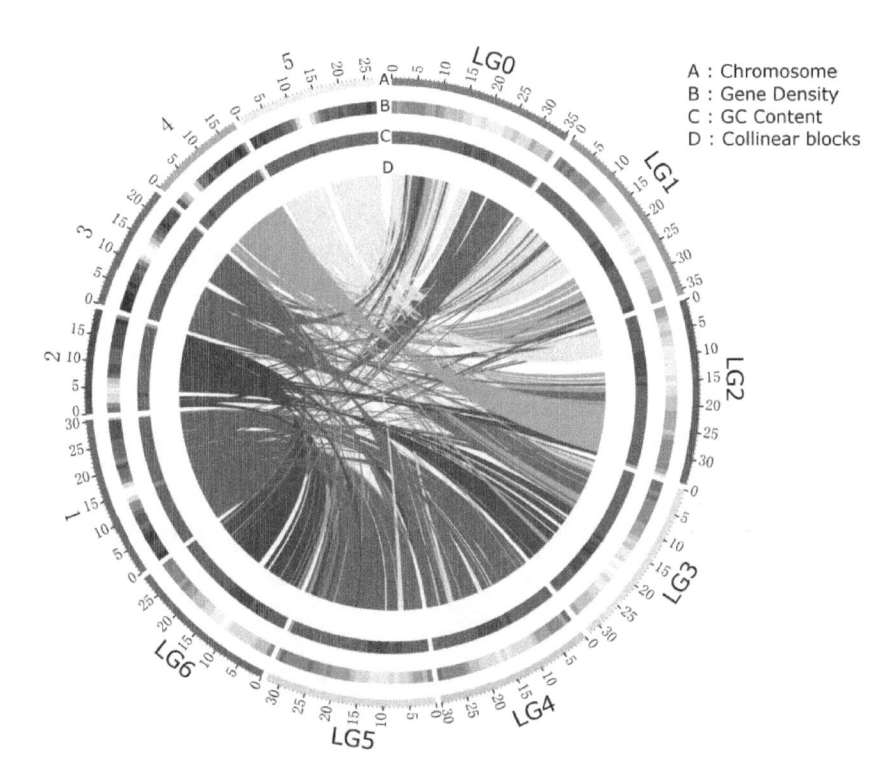

A 圈数字1-5代表拟南芥的5条染色体,LG0~LG6代表菘蓝的6条染色体;
B 圈表示1M区间内基因分布密度;C 圈表示1M区间内CG含量;
D 圈表示菘蓝与拟南芥基因的共线性统计。

图3-2 菘蓝基因组的 Hi-C 图

2020年,四川大学生命科学学院刘建全课题组与华中农业大学作物遗传改良国家重点实验室李再云课题组合作,也对菘蓝基因组进行了测序和分析[168]。该研究使用太平洋生物科学公司的 SMRT 技术对二倍体菘蓝(2n=14)的基因组进行测序和组装,同样利用 Hi-C 技术将组装的重叠群(Contigs)确定在菘蓝的7个假染色体上,最终获得了一个大小为293.88 Mb 的菘蓝参考基因组。此外,菘蓝基因组还包含1199个 Contigs(contig N50=1.18 Mb),scaffold N50 = 36.17 Mb,最大的假染色体长度为38.25 Mb。同时,菘蓝基因组还含有较多的重复序列,约占全基因组序列的53.27%。使用 BUSCO 对菘蓝基因组组装的完整性进行评估,在1440个植物特异性直系同源物中,1416个(98.33%)在组装中被确定,其中1400个(97.22%)被认为是完整的。基于 Illumina 短读映射对组装基准精度进行了评估,共覆盖99.97%的全基因组和94.55%的基因编码区。基因组组装的基础误差百分比约为0.000081%。相关评估表明该菘蓝基因组组装具有高完整性、高连续性和高碱基精度。

此外,早在2015年中国中医科学院道地药材国家重点实验室就对菘蓝基因组进行了测序[214],较前述两个菘蓝基因组测序时间更早,但由于其杂合性阻碍了高质量的组装,相关数据未见发表。其最终获得的基因组大小约为300 Mb,此外,开发了数以百计的SSR标记,被用于识别异种背景中的单个染色体[215]。

目前已知的三个菘蓝基因组在大小上均接近300 Mb,约为拟南芥基因组大小(125 Mb)的2倍。已发表的42种十字花科植物的基因组大小多集中在500 Mb左右,因此,菘蓝基因组在十字花科植物中相对偏小,但较琴叶拟南芥、荠菜、水芥蒜、阿拉伯岩芥和碎米荠等11个十字花科植物的基因组要大。目前,川大刘建全教授课题组与本课题组分别将获得的菘蓝基因组序列公开在GenBank数据库中(No. GCA_010577795.1和No. GCA_014595705.1),由此获得的菘蓝高质量基因组序列将为今后的基础与应用研究奠定坚实的基础。

3.3 菘蓝的染色体结构解析

对染色体结构的研究能够为植物的进化和系统发育研究提供有效信息。十字花科植物的染色体较小,多倍性和非整倍性现象普遍存在,但科内各物种间的染色体数目差异较大(n = 4 ~ 128),对十字花科植物染色体的研究尚存在较多空白。庹忠云等利用细胞学方法对我国乌鲁木齐地区的野生菘蓝进行了染色体计数[216],结果表明,野生菘蓝染色体数目(2n = 22)与引进的欧洲菘蓝(2n = 28)和原产我国的菘蓝(2n = 14)存在不同,染色体数目差异与植物所处的环境条件有较大的相关性,特别是在严酷而不稳定的生态因子条件下,对染色体数目必然产生巨大的影响。由于用常规的细胞学研究方法很难对十字花科植物的染色体进行研究,限制性内切酶片段长度多态性(RFLP)、简单重复序列(SSR)等分子标记技术出现后才不断有研究者涉足十字花科植物的比较基因组学研究。

刘建全课题组利用拟南芥基因组的BAC探针,通过比较染色体作图技术,对十字花科植物染色体结构的进化进行了追踪和研究,发现扩展谱系Ⅱ中包括菘蓝族在内的六个部落来自与原PCK核型(Proto - Calepineae Karyotype, n = 7)相同的祖先。在这些部落中,Eutremeae、菘蓝族和大蒜芥族在第2和第7号染色体上显示出额外的整臂易位,被预测为 tPCK 结构(translocation PCK;n = 7)。PCK 与先前提出的 ACK 核型(Ancestral Crucifer Karyotype;n = 8)共有 5 条相似的染色体。因此,它们可能来自一个共同的祖先,或者 PCK 可能从 ACK 进化而来。

为了确定菘蓝基因组序列是否也符合菘蓝族的 tPCK 结构,进一步运用 BLAST 和 MCScanX 技术比较了菘蓝的 7 条假染色体和拟南芥的基因组,确定了菘蓝中各基因模块(GB)的相应间隔和界限。与拟南芥基因组相比,菘蓝基因组在每个 GB 中具有良好的共线性,并且在顺序和方向上与 tPCK 结构一致。此外,还利用 BLAST 对菘蓝基因组与其他三种也可能显示 tPCK 结构的物种(*Sisymbrium irio*,*E. salsugineum*,*Schrenkiella parvula*)进行了序列比对。分析结果表明,这四个物种具有相似的染色体结构。然而,在 *S. parvula* 基因组中存在明显的倒位现象,而在 *E. salsugineum* 和 *S. irio* 基因组中序列的连续性较低。这些比较结果表明,菘蓝基因组在准确性和连续性方面均优于其他具有 tPCK 结构的基因组。

3.4 菘蓝基因组的功能注释分析

基因组序列完成拼接后,会得到很长的 DNA 序列,甚至是整个基因组序列。这些序列中包含许多未知的基因,将基因从这些序列中找出来是基因组注释的重要内容。基因组注释(Genome annotation)的主要工作包括:鉴定出基因组内的基因,确定基因的结构(内含子-外显子的边界等),并推断出基因可能的功能(是否编码蛋白质等)。目前主要有两类方法用来鉴定基因组内的基因,并确定它们的结构:第一类方法是把来源于同一物种或者亲缘关系较近物种的蛋白质序列、表达序列标签(Express sequence tag,EST)或者转录组序列与新组装的基因组序列进行比对,根据序列比对结果进行基因鉴定和基因结构解析;第二类方法是基于数学模型的基因从头预测,主要利用软件自带的参数文件,包括密码子使用频率、外显子-内含子的长度分布等特征来区分基因区与基因间区,确定基因的外显子-内含子结构等[217]。

基因组注释的基本步骤一般分为:第一步是屏蔽重复序列。由于重复序列的存在,在搜索数据库时可能得到许多同样的结果,而重复序列会给 DNA 序列分析带来很多干扰。所以,一般先寻找并屏蔽重复的和低复杂性的序列,然后再寻找基因及其相关的调控区域。第二步是基因预测(也称基因识别)。其核心是确定全基因组序列中所有基因的确切位置,主要目的是识别 DNA 序列上存在的特殊片段,这些片段与基因及其调控信息有关,如基因的启动子、起始密码子、转录剪切位点、基因终止序列等。第三步是基因功能注释。预测的基因序列就是基因组的编码序列,除了非编码 RNA 外,大部分编码蛋白质。因此,基因功能注释就是对新测序基因组编码蛋白质的功能进行注释。此外,还要综合基因预测、基因功能注释等结果,检查其相容性。最后,经过整理并结合所测序生物的特性,可以得到比较一致的分析结果[218]。

3.4.1 基因预测和功能注释

课题组采用从头预测、同源物种预测,以及 Unigene 预测等 3 种不同的研究策略,对菘蓝基因组测序结果进行基因结构的预测,最终得到34720 个基因。将预测得到的基因序列与 NR(Non – redundant Database,非冗余数据库)、KOG(euKaryotic Orthologous Groups)(图 3 – 3)、KEGG(Kyoto Encyclopedia of Genes and Genomes)、TrEMBL 等功能数据库做 BLAST 比对,得到基因功能注释结果(表3 – 3)。共计有 34124 个基因但序列可以注释到 NR 等数据库,占总数到 9828%。通过对菘蓝预测的基因组序列进行 KEGG 数据检索注释,共注释到 9138 条信息。值得关注的是,初生代谢的三羧酸循环中注释信息为 75 条,次生代谢中酪氨酸代谢相关信息为 41 条,苯丙烷代谢 116 条,色氨酸代谢为 55 条。此外,还有 113 条注释信息关联到谷胱甘肽的代谢途径,吲哚类生物碱代谢途径 3 条,硫代谢途径 53 条,芥子油苷的代谢途径 12 条,还有过氧化氢酶代谢相关信息 103 条。GO(Gene Ontology)功能注释累计注释到 25212 个基因(72.62%),主要富集到催化活动、代谢过程、生物调控和应对刺激反应等过程中(图 3 – 4)。

表 3 – 3　基因功能注释结果统计

Database	Annotated number	Percentage (%)
GO Annotation	25,212	72.62
KEGG Annotation	9,138	26.32
KOG Annotation	19,056	54.88
TrEMBL Annotation	22,316	64.27
NR Annotation	34,154	98.37
All Annotated	34,124	98.28

第 3 章　菘蓝的基因组学研究　✻　45

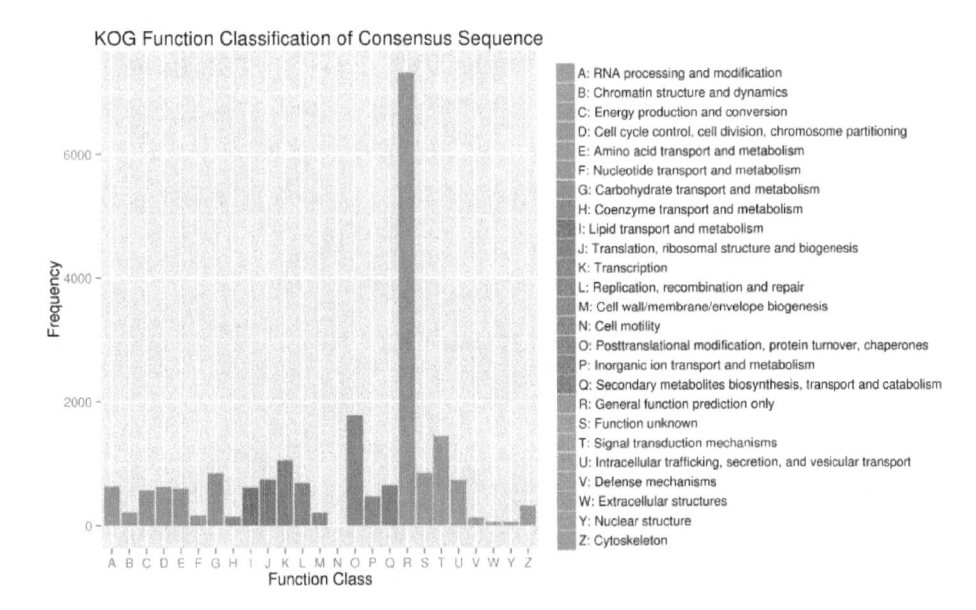

图 3-3　KOG 的聚类分析

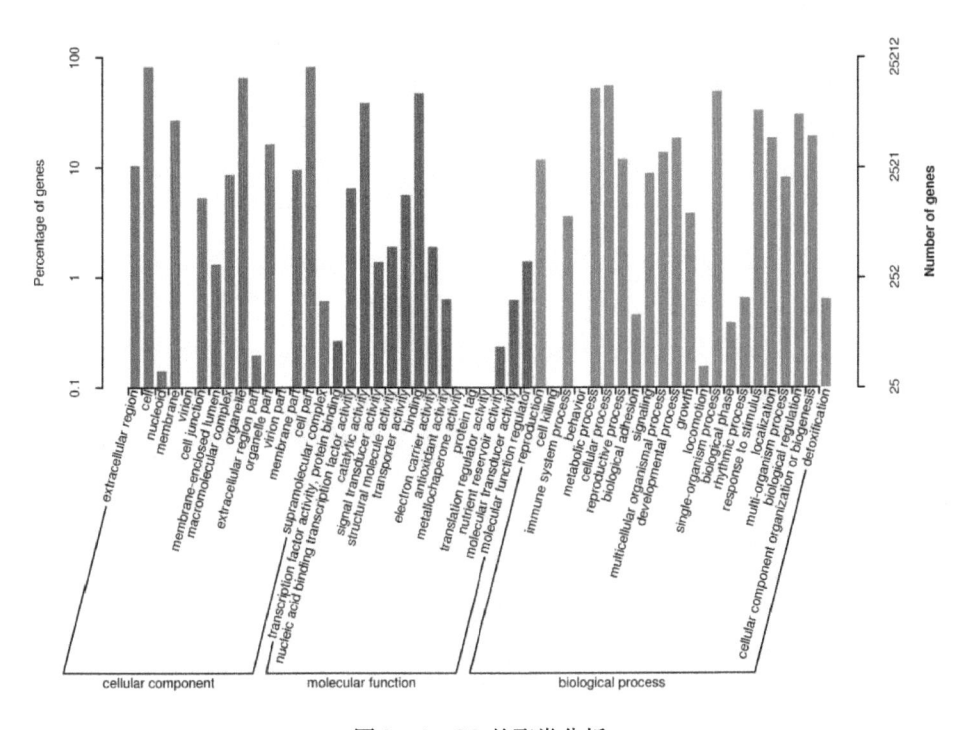

图 3-4　GO 的聚类分析

刘建全课题组主要基于转录组、同源性和从头测序来注释蛋白质编码基因。通过标记重复序列,整合三者数据,共预测到30323个高可信度蛋白质编码基因,在与Swiss-Prot(瑞士蛋白质序列及注解数据库)和TrEMBL数据库进行比对后,共有29522个基因被赋予功能。进一步分析发现,菘蓝中有3074个基因家族发生了收缩,1357个基因家族由于串联重复而发生扩张。对串联重复序列基因的GO富集分析结果表明,它们在病毒防御反应、吲哚生物合成过程、木脂素生物合成过程、黄酮合酶活性和葡萄糖基转移酶活性方面具有生物学功能。

3.4.2 菘蓝中关键代谢产物生物合成途径的分析

3.4.2.1 苯丙烷代谢途径

苯丙烷代谢途径被认为是菘蓝中需要重点关注的代谢途径之一。苯丙烷合成首先由莽草酸途径的分支酸合成而来,是木脂素类成分的上游关键途径,而分支酸又是吲哚和下游芥子油苷等的前体物质。越来越多的研究认为木脂素类成分是菘蓝发挥抗菌、抗病毒的主要活性物质。课题组对该途径的关键酶基因进行了总结和归类,其中,上游初生代谢途径中分别有2个 $EPSPS$、1个 CS 和2个 CM 基因;苯丙烷代谢途径包括4个 PAL、3个 $C4H$、16个 $4CL$、1个 $C3H$ 和1个 HCT 基因;木脂素途径中 CCR、CAD、$COMT$、$CCoAOMT$ 和 $F5H$ 分别有12、8、24、6和4个;进一步考察发现,DIR、PLR、$SIRD$ 分别为31、8和8个;推测可能有16个 LAC 漆酶基因的参与下游代谢途径,数量与其他物种相当。此外,对 $EPSPS$、CS 和 CM 进行生物信息学分析,三个基因均有其独特的保守结构域,与拟南芥和山萮菜等物种的蛋白序列高度相似,预测定位于叶绿体中,提示对菘蓝叶绿体基因组进行关注和研究。

由于黄酮类和木脂素类化合物在抗炎、抗氧化和抗肿瘤等方面均具有药理活性,刘建全课题组共注释到66个参与苯丙素类生物合成过程的基因,主要包括异牡荆素生物合成途径上的 CHS、CHI 和 $FNSI$ 基因各2个;以及落叶松树脂醇合成途径中的 $HCT(2)$、$C3H(1)$、$CCoAOMT(5)$、$CCR(1)$、$CAD(9)$、$DIR(21)$ 和 $PLR(3)$。此外,还包括两种化合物共同上游代谢途径中的 $C4H(6)$、$PAL(3)$ 和 $4CL(6)$。

与川大课题组的研究结果相类似(图3-5),Zhang等关注了苯丙烷代谢途径中的10个基因($C3H$、HCT、CCR、CAD、$CCoAOMT$、PAL、$C4H$、$4CL$、DIR 和 PLR),但仅有 $C3H$ 的数量相同(1),其他9个同源基因的数量存在一定的差别,其中差距较大的依次是 $CCR(11)$、$4CL(10)$、$DIR(10)$ 和 $PLR(5)$。导致这种差别的原因可能是植物材料来源的不同,当然可能也与测序平台不同有关。

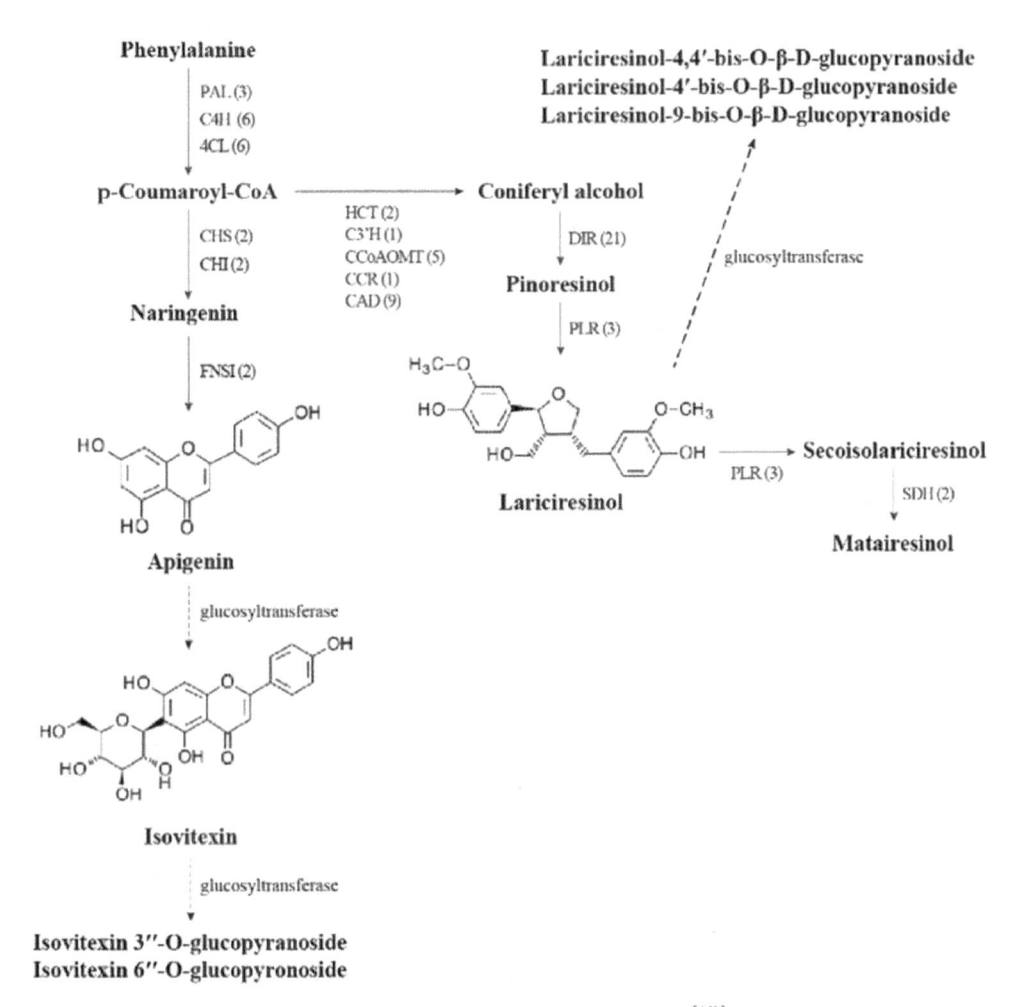

图 3-5　菘蓝中苯丙烷代谢途径预测图[168]

3.4.2.2 芥子油苷代谢途径

芥子油苷类物质在植物抗虫、抗病原体等植物防御反应中发挥着重要的作用，同时还具有潜在的抗癌活性，一直是十字花科植物研究的热点。本课题组根据预测的菘蓝基因组数据库，通过对比发现了 132 个参与菘蓝芥子油苷代谢途径的基因，同时还有 32 个序列不完整的基因与这些基因相似。在芥子油苷合成过程中有 15 个基因参与侧链延长、25 个基因参与核心结构形成、22 个基因参与侧链修饰过程；在芥子油苷分解过程中参与共底物途径、黑芥子酶和辅因子相关的基因分别为 11、29 和 16 个；在芥子油苷合成过程中参与运输的基因共 2 个；此外，还有 13 个转录因子直接参与芥子油苷的代谢调控过程。与拟南芥相比，菘蓝中未发现 *MAM2*、

MAM3、CYP79F2、UGT74C1、FMOGS - OX1/3/4/6/7、AOP3、BZO1p1、MYB76、MYB115、NSP3 和 NSP4 的同源基因。

不同类型的芥子油苷的功能存在差别,植物中芥子油苷的类型与参与芥子油苷合成过程的酶类有着密切联系。在拟南芥中,MAM 能够催化甲硫氨酸侧链的延长反应,MAM1 以 2、3、4 个碳原子侧链的甲硫烷基酮酸为底物,MAM2 以 2 个碳原子侧链的甲硫烷基酮酸为底物,MAM3 则可以催化从 2 到 7 个碳原子侧链的甲硫烷基酮酸。根据基因组分析结果,菘蓝中与 MAM1 同源的基因有 3 个,未发现与 MAM2 和 MAM3 同源的基因。

CYP79A2 是调控芳香族芥子油苷生物合成过程的关键酶之一,从菘蓝中鉴定出两个前后串联的 IiCYP79A2 基因,相似度达到 81%。其余的 CYP79 成员均只有一个。菘蓝 CYP79B1 结构域不完整,只有 93 个氨基酸残基,且可能已经去功能化。菘蓝本身缺失 MAM3 和 CYP79F2 等参与长链(6C~8C)芥子油苷生物合成过程的基因,可能是导致菘蓝中未发现长链脂肪族芥子油苷存在的原因。

AOP 缺失型植物中甲基亚磺酰基芥子油苷(MS)存在积累现象,在 AOP2 或 AOP3 存在时,MS 型芥子油苷会被进一步修饰,并且 AOP2 的过表达显著地改变了拟南芥代谢物的流向。同时,Neal 等使用 Northern blot 技术证明 AOP2 的表达存在着显著的昼夜变化[219]。与拟南芥 AOP2 相比,菘蓝 AOP2 虽然具有完整的核心区域,但 N 端长度更长,且二者相似度仅有 58%,提示功能上可能存在差异。另一方面,Jensen 等证明了 AOP3 的过表达能够影响拟南芥中芥子油苷碳链的延伸过程,使得拟南芥中短链芥子油苷的碳链延伸过程更倾向于停留在 3C 长度[220]。菘蓝中 AOP3 同源基因的缺失,可能也是造成其芥子油苷积累类型以 4C 为主的原因之一。

芥子油苷的生物合成过程中除了相关的酶基因发挥重要作用以外,MYB 转录因子还对芥子油苷的合成过程起到调控作用,且以 MYB 转录因子的第 12 亚组分支成员为主。菘蓝中存在 6 个与拟南芥该亚组成员同源的基因,除 MYB28 有两个同源基因外,MYB29、MYB34、MYB51 和 MYB122 均只有一个,且菘蓝中未发现 MYB76,这与拟南芥存在明显不同。

综上,课题组绘制了菘蓝芥子油苷的代谢通路图(图 3-6),132 个参与菘蓝芥子油苷代谢途径的基因中有 15 个基因参与侧链延长、25 个基因参与核心结构形成、22 个基因参与侧链修饰过程。相关研究结果为深入开展菘蓝芥子油苷的代谢调控研究奠定了良好的基础。

第3章 菘蓝的基因组学研究 ✱ 49

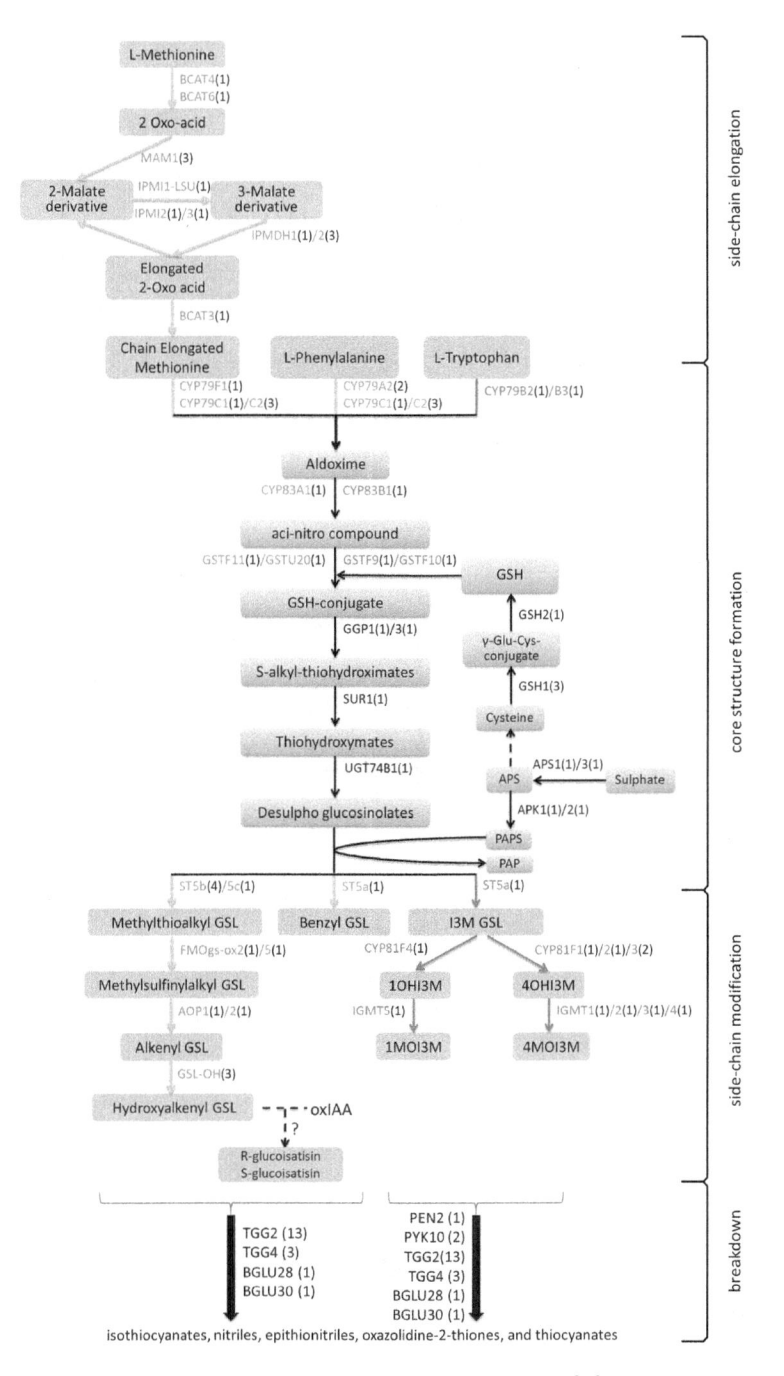

图 3-6 菘蓝芥子油苷代谢通路预测图[67]

3.4.2.3 吲哚类生物碱和萜类生物碱的合成途径

吲哚生物碱也是菘蓝中一类重要的活性成分,具有抗炎、抗流感和抑制白细胞等生物学活性。刘建全课题组共确定了参与吲哚生物碱代谢过程的 32 个基因,编码 11 种参与吲哚生物碱生物合成过程的酶(图 3-7)。以色氨酸为前体的生长素生物合成途径中的 CYP79B、CYP71A13、NIT 和 IAMT 分别为 2、1、4 和 1 个。值得关注的是,靛蓝和靛玉红作为菘蓝中特有的两种吲哚生物碱,同样以色氨酸为前体,由不同的酶催化生成。其中,靛蓝合成通路中分别有 2 个 tnaA、2 个 FMO 和 1 个 IUGT;而靛玉红代谢通路中只发现了与靛蓝共同的上游通路中的 tnaA 和 FMO。由于靛蓝和靛玉红代谢通路大体清楚,而缺乏下游途径的研究报道,尚有很多的关键酶基因无法确认,因此,二者生物合成途径中的其他功能基因仍需进一步深入探究。

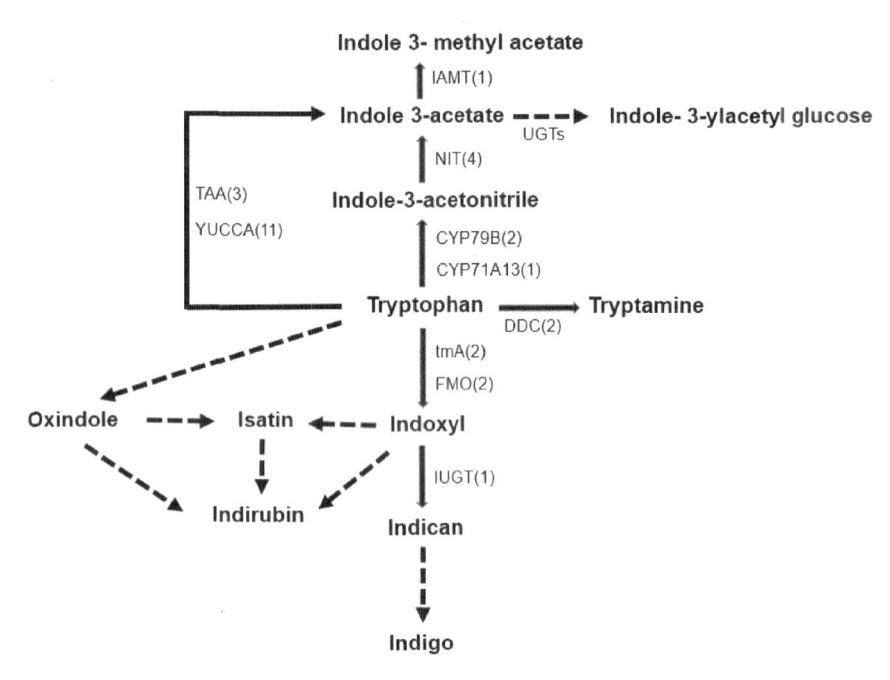

图 3-7 菘蓝吲哚类生物碱生物合成途径预测图[168]

菘蓝中的 β-谷甾醇和胡萝卜甾醇在治疗肺炎及抑制癌细胞增殖方面具有显著的药理活性。β-谷甾醇可以通过葡萄糖基转移酶进一步合成胡萝卜甾醇。中间产物牻牛儿基二磷酸盐(Geranyl diphosphate,GPP)不仅参与甾醇的合成过程,还可能参与长春花等多种药用植物的马钱子苷类(Secologanin)的单萜吲哚生物碱的合成过程。刘建全课题组发现菘蓝中参与萜类和甾醇生物合成过程的基因有 59

个,对这些基因进行功能注释,发现了具有香叶醇10-羟化酶活性的基因(*G10H*),而缺乏其他相关基因可能是导致菘蓝中缺乏马钱子苷和其他相关的单萜吲哚生物碱的原因(图3-8)。

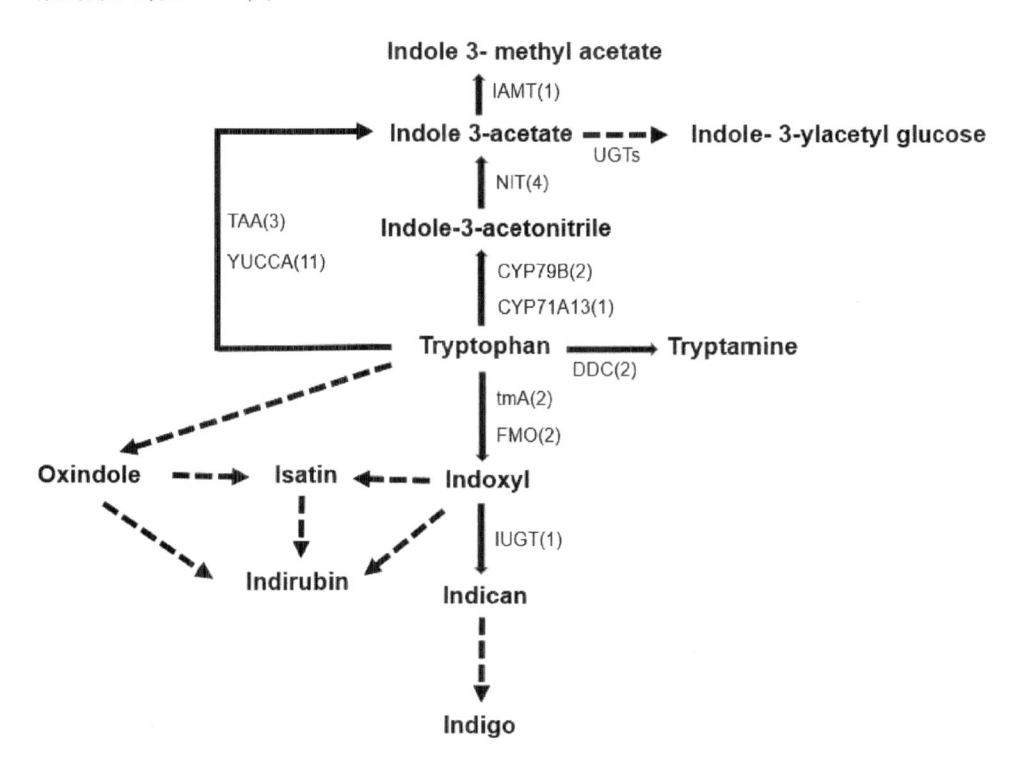

图3-8 菘蓝中萜类生物合成途径预测图[168]

3.4.2.4 生长素合成途径

植物体内包含多个过程复杂的生长素(Auxin,IAA)合成途径。IAA合成过程主要分为依赖色氨酸(Trp-dependent)和非依赖色氨酸(Trp-independent)两种途径。现有研究主要集中在依赖色氨酸的IAA合成途径。在该途径中,根据中间产物的不同,又可分为4个分支途径:色胺途径、吲哚-3-丙酮酸(IPA)途径、吲哚乙醛肟(IAOx)途径和吲哚乙酰胺(IAM)途径。

腈特异性蛋白(Nitrile-specifier proteins,NSPs),是一类能与黑芥子酶结合从而改变芥子油苷降解途径,并最终生成腈类物质的特异蛋白,经NSPs的催化可以形成单腈——吲哚-3-乙腈(Indole-3-acetoitrile,IAN),其在腈水解酶(Nitrilase,NIT)的作用下可以形成IAA,同时也是植物中重要的抗虫、抗菌活性物质植保素(Camalexins)的前体物质。菘蓝中包含9个NSPs和10个NIT。此外,在IAA

合成的另一条途径中发挥关键作用的主要有两类酶,一类是 YUCCA,另一类是 AAO。

NSPs 的降解产物吲哚-3-乙腈在 NIT 催化作用下可以形成 IAA,NIT 在生长素合成途径中具有重要作用。由于 IAA 合成和吲哚通路极为相关,因此有必要重点关注上游的 YUCCA 酶,其与 FMO 酶同属一族,虽然吲哚合成到 IAA 通路并不完全清楚,但是已经了解到 AAO 起到了关键的调控作用,对于已知基因的研究主要集中在 MYR、NSPs/ESPs/TFPs、NIT 和 AAO 上。共计注释到的 MYR 有 32 个。菘蓝中 NSPs 总共有 9 个,除 1 个基因已被注释外,其余 8 个均为新发现的基因,经过与拟南芥的序列进行比对,可以确认 9 个 NSPs 蛋白。菘蓝中仅有两个 ESPs(EVM0021294.1 和 EVM0005638.1),其序列与拟南芥 NSPs 结构相似,属于不同亚族。菘蓝中的 TFPs 仅有 1 个可能基因,但仍需要证实。而菘蓝中的 NIT 共有 10 个,均为新发现,与拟南芥 7 个相似蛋白聚为一类。AAO 总共有 8 个,均为新发现,其中与拟南芥中的 4 个相似蛋白聚为一类,该蛋白在 IAA 代谢途径中发挥关键作用,值得进一步研究。

2001 年,第一个植物 FMO 在有两个长下胚轴的拟南芥突变体中发现,被命名为"yucca",基因名为 YUCCA(Tryptophan aminotransferase of *Arabidopsis*),其编码蛋白能够催化生长素合成步骤中色氨酸生成氮羟基色氨酸(N-hydroxyl tryptamine),是整个合成途径中最为关键的限速酶。不同的 IAA 合成途径对生物体的贡献存在差异,其中由 YUCCA 和 TAA 基因家族参与的吲哚-3-丙酮酸途径被认为是植物体内最重要的一个 IAA 合成途径。课题组基于菘蓝基因组信息,共鉴定出 13 个 YUCCA 基因家族成员,基因结构中存在典型的保守基序,包括黄素腺嘌呤二核苷酸(Flavin adenine dinucleotide,FAD)结合基序和含黄素的单加氧酶(Flavin-containing monooxygenases,FMO)识别序列。不同器官(根、茎、叶、芽、角果)和发育时期(萌发后 7、21、60、150d)的 *IiYUCCA* 基因表达模式不同。

此外,课题组将菘蓝 *IiYUCCA6-1* 异源转化到烟草中,转基因植株呈现株高增加、顶端优势明显等高生长素表型,且 IAA 含量也有所升高;进一步对生长素响应基因的表达水平进行检测,结果显示:*NtIAA8*、*NtIAA16*、*NtGH3.1* 和 *NtGH3.6* 相对于对照组的表达水平均有显著性升高;进一步对阳性株系进行黑暗胁迫处理 7 d,转基因植株的叶绿素含量下降程度显著性降低、H_2O_2 含量增加值显著性减少。此外,衰老相关基因 *NtSAG12* 的表达水平也显著降低。据此推测,*IiYUCCA6-1* 能够有效延缓植物在黑暗条件下的衰老进程,具有一定程度的抗逆性(图3-9)。

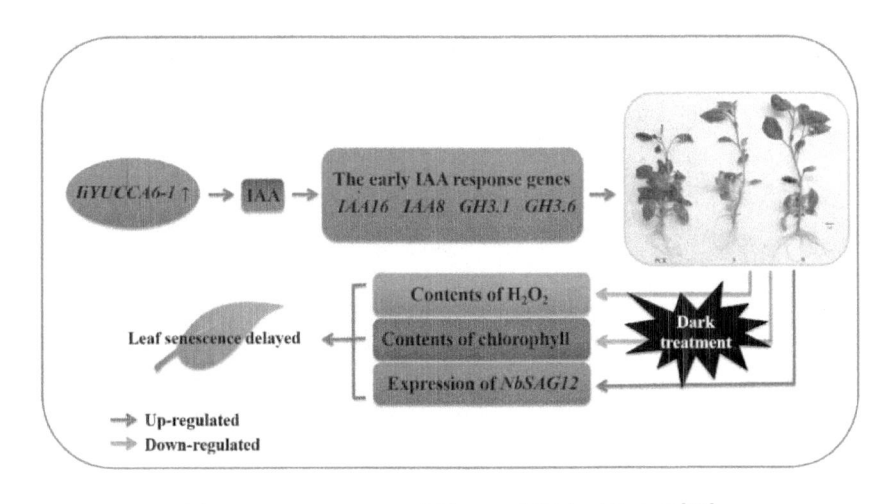

图 3-9　*IiYUCCA6-1* 调控 IAA 积累和叶片衰老[221]

由于串联重复事件的发生,参与菘蓝主要活性成分生物合成的许多基因拷贝数增加。拷贝数的增加可能促使活性成分积累,进而提升菘蓝的抗菌和抗病毒活性。菘蓝的基因组测序和基因功能注释结果将进一步补充和完善菘蓝中活性成分生物合成途径的基础信息,以从苯丙烷、芥子油苷、吲哚族生物碱、萜类生物碱和 IAA 等代谢途径中发掘重要的候选基因,为后续开展相关基因的功能研究奠定基础,同时也可利用现代生物技术提高菘蓝中重要活性成分的含量,并利用分子育种手段培育活性成分含量升高的菘蓝新品种。

3.5　菘蓝进化关系分析

植物叶绿体基因组序列具有众多优点,被广泛应用于分子进化及系统发育研究中。首先,叶绿体作为一个植物特异的细胞器,包含着大量的遗传信息。其次,各植物类群叶绿体基因组之间具有良好的共线性,便于比较分析。因此,基于叶绿体基因组的系统发育研究得到了较快的发展,丹参[222]、厚朴[223]、银杏[224]等众多药用植物已开展了叶绿体基因组测序研究。基于菘蓝叶绿体基因组测序的结果,课题组对 16 个十字花科植物的叶绿体基因组序列进行了系统进化分析(图 3-10),结果显示:菘蓝和芸薹族萝卜的亲缘关系最近[215]。李岩等基于十字花科 22 个属 22 个物种的叶绿体基因组信息,选取其中共有的 67 个蛋白编码基因进行系统进化分析,结果也证实菘蓝与萝卜有较近的亲缘关系[225]。

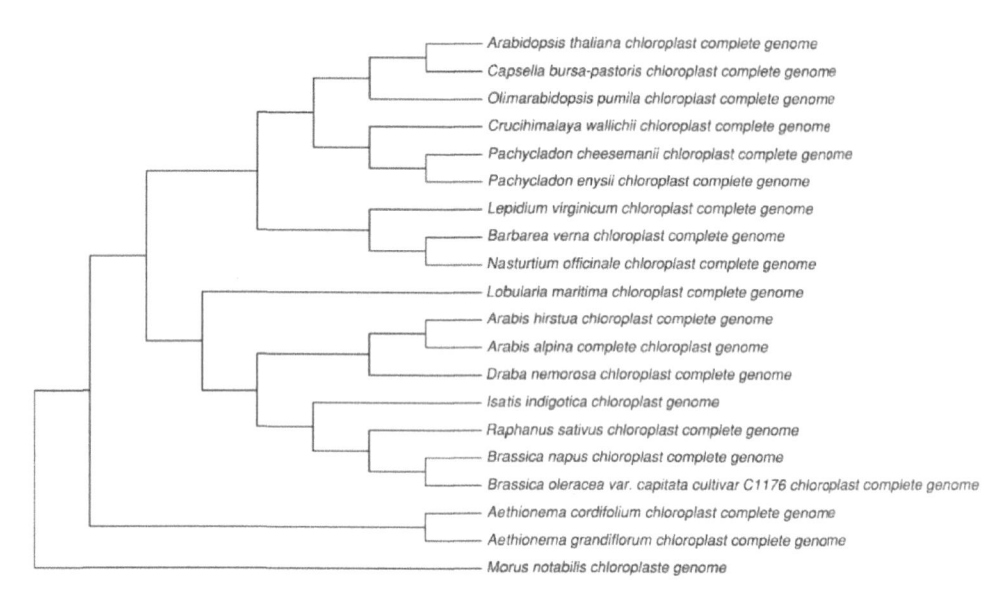

图 3-10　十字花科 16 个物种 cpDNA 序列的系统发育分析[213]

刘建全课题组基于菘蓝全基因组测序结果,以毛茛科铁线莲(*Cleome hassleriana*)为外类群对菘蓝和其他 8 个十字花科植物(欧洲菘蓝、荠菜、白菜、欧洲油菜、萝卜、水芥蒜)进行了系统进化分析(图 3-11),结果表明:共有 24382 个菘蓝基因

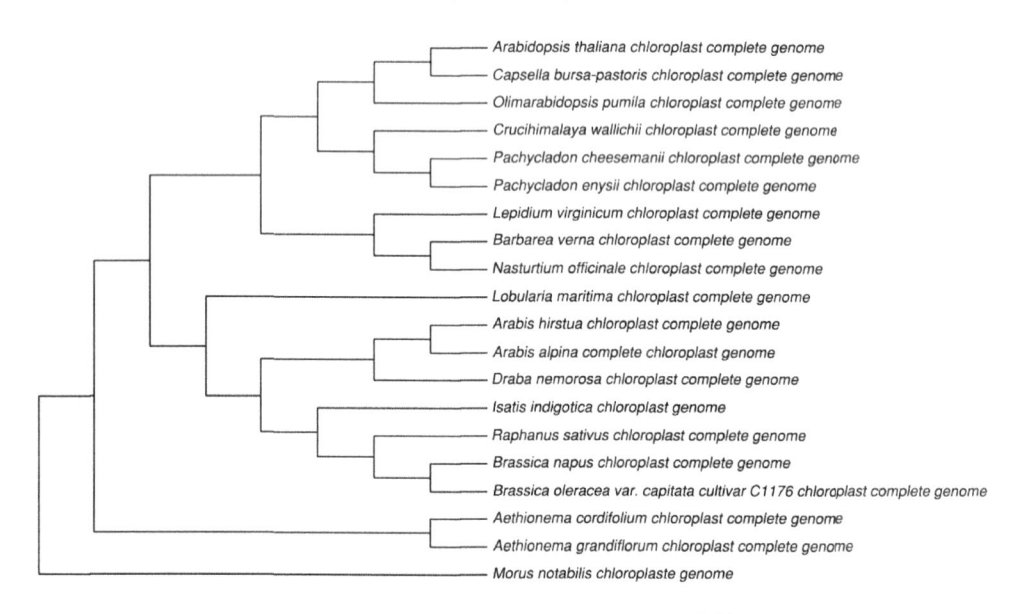

图 3-11　8 个十字花科植物系统进化树[168]

(80.41%)聚集成18900个基因家族,其中10826个(57.28%)基因家族与其他9个物种重叠,896个(4.74%)为菘蓝特异基因。从10个物种中选择了822个单拷贝基因家族构建了系统进化树,表明菘蓝与大蒜芥族水蒜芥(Sisymbrium irio)的亲缘关系较近。

由此可知,运用不同分析方法,参考不同的基因组数据库信息,菘蓝的系统进化分析结果呈现出一定的差别。在菘蓝叶绿体基因组和全基因组测序结果尚未报道之前,就有很多关于十字花科族间进化关系的报道。大蒜芥族和芸薹族与菘蓝族的亲缘关系也一直存在争议。然而,随着测序技术的不断发展,近些年来越来越多的研究认为菘蓝族与大蒜芥族的亲缘关系更近,这也与刘建全课题组基于全基因组测序的系统进化分析结果相一致。因此,尽管叶绿体基因组在系统发育研究中优势明显,但是必须认识到叶绿体系统发育基因组学并不是解决植物系统学问题的唯一证据。结合来自核基因组的数据,可以更为全面地揭示植物生命进化的全过程,并发现一些生命进化过程中有趣的现象[226]。与此同时,由于欧洲菘蓝和菘蓝在形态上具有多样性,存在种间过渡,容易混淆。Zhou等的研究将我国的菘蓝并入欧洲菘蓝,不作为两个独立的物种[227]。一些研究将欧洲菘蓝和菘蓝混淆,可能导致研究结果不一致。然而,欧洲菘蓝(2n=28)无论是从染色体数目、植物形态、次生代谢物的种类和含量等多方面都与菘蓝存在显著的差异[228-230],因此,在解决了这些由于形态变异认识不同而产生的分类学问题后,相信关于菘蓝的系统进化研究将会受到更多的关注和确认。

3.6 菘蓝基因组学的实际应用

随着中药现代化的快速发展,可以从分子水平对药材真伪进行鉴别。于英君等利用随机扩增多态性DNA技术(RAPD),对菘蓝和马蓝的基因组DNA进行了遗传差异性分析[231]。DNA指纹图谱显示了菘蓝和马蓝之间的特征性位点和遗传多样性。RAPD技术为鉴定菘蓝药材的真伪优劣提供了理论依据。

中药材道地性成因的机制研究中,环境因子对药用植物的基因表达和调控网络的影响一直是研究的重点。表观遗传是在不改变DNA序列的情况下,通过DNA甲基化、组蛋白共价修饰等机制调控基因表达。表观遗传是否参与了"道地药材形成过程"是一个值得探讨的问题。目前,有研究使用甲基化敏感扩增多态性(Methylation Sensitive Amplification Polymorphism,MSAP)技术检测到菘蓝基因组中82个CCGG位点在高温胁迫后发生了甲基化状态的改变,其中58个位点发生了超甲基化,24个位点发生了去甲基化[232]。利用相同的技术进行菘蓝基因组甲基化敏感多态性扩增,共检测到44个CCGG位点在盐胁迫后发生了甲基化改变,其中有31和13个位点分别发生了超甲基化和去甲基化[233]。这些研究结果表明:温度和盐胁迫是引起菘蓝基因组DNA甲基化模式改变的重要环境因子,为环境生态因子参与中药材品质形成的分子机制研究提供了资料和新视角。

此外,多倍体育种是提高中药材产量和品质的一个有效途径,四倍体菘蓝(4n=28)具有产量高、抗逆性强等特点。然而,多倍化过程中往往伴随着复杂的基因表达和表观遗传变化。因此,二倍体菘蓝和四倍体菘蓝之间存在哪些遗传差异是亟待解决的问题。段英姿利用随机扩增ISSR引物,对二倍体和四倍体菘蓝进行扩增分析,结果表明二倍体菘蓝与其同源四倍体及四倍体之间具有中等偏高的遗传差异性[234]。杨飞等采用MSAP技术,发现二倍体和四倍体菘蓝基因组CCGG位点存在胞嘧啶甲基化状态的差异,从而证明了在四倍体菘蓝形成的过程中,基因组在表观遗传水平、转录水平上都发生了较为复杂的变化[235]。由此可见,多倍体药用植物的优良性状具有更为复杂的分子基础。

3.7 菘蓝基因组学的研究展望

菘蓝,始载于《神农本草经》,在中国的应用历史已有几千年,为人类的健康做出了巨大贡献,然而由于传统研究手段的局限性,使得菘蓝在内的绝大多数药用植物的遗传背景、生物学特性和有效成分的研究基础还很薄弱。随着现代生物技术的蓬勃发展,尤其是高通量测序技术的突飞猛进,基因组学的研究为揭秘遗传密码提供了有力武器。近些年,药用植物基因组信息不断被建立和完善,基因组学理论和方法广泛应用于基础和应用研究领域,同时也搭建了中医药学和现代生命科学之间的桥梁,为中医药学的研究和应用揭开了新篇章。

3.7.1 药用植物抗病虫功能基因组学

病虫害是造成作物减产和质量下降的主要原因之一。近年来,越来越多的研究表明在植物体内存在着与动物类似的先天免疫反应,能够激活植物体内的抗性机制从而防御病虫害的入侵。因此,如何提高植物自身抗性以抵御病虫害的侵袭就成为植物学家关注的重点。菘蓝在国内外的需求量很大,以栽培菘蓝为主。尽管菘蓝的环境适应性很强,对气候和土壤条件的要求不高,但栽培生产过程中仍难免受到病虫危害,从而影响药材的产量和品质。如前所述,粉蝶科害虫——菜粉蝶和十字花科专食性害虫——小菜蛾所引起的虫害对菘蓝地上部分的影响极大;此外,菘蓝霜霉病、菌核病和根腐病等对植物多个组织部分均具有危害。随着植物病理学、分子生物学和基因组学等学科的交叉协同发展,有关菘蓝的抗病虫害研究也将在抗病虫理论体系的构建、抗性机理的揭示,以及研究技术的改进等方面取得不断的突破和进展。

伴随着基因组测序技术的快速发展,研究人员可以从基因组水平进行植物抗病基因(Resistance genes)的筛选和鉴定,大大提高了基因鉴定的效率。目前已从被子植物中克隆出 140 多个已知功能的抗病基因,其中 80% 都为 NBS – LRR(Nucleotide binding site – leucine – rich repeats)类抗病基因[236-237],NBS – LRR 类基因的分离和鉴定一直是抗病研究的热点。我国科学家利用两个已完成基因组测序的水稻品种的 NBS – LRR 基因家族,选育出了具有抗稻瘟病菌的水稻新品种。尽管菘蓝中 NBS – LRR 类基因的报道显著少于拟南芥、萝卜、甘蓝、白菜和欧洲油菜等十字花科植物[238],但基于菘蓝基因组分析和鉴定出的 NBS – LRR 基因家族成员,将为抗病菘蓝的筛选和培育提供研究思路。

植物在受到虫害威胁的时候,会产生一些次生代谢产物进行防御。作为十字花科植物所特有的含硫类生物碱,芥子油苷类化合物及其水解产物对抗小菜蛾的咬食过程并受到一组特殊的基因调控[239]。同时,植保素也是植物体内产生的对抗不同种类病原菌、具有毒性的次生代谢,参与植物的防御反应。到目前为止,已从植物中鉴定到了两百多种植保素,不同植物中植保素的种类和含量各有不同。探明植保素代谢调控的分子机理,对于提升植物抵御病虫害的能力具有重要意义。基于基因组研究结果,全面探究菘蓝中具有抵抗病虫害活性的次生代谢物的分子合成机理及其调控网络,将对培育优质高产和抗逆性强的菘蓝新品种具有重要意义。

3.7.2 本草基因组学

从"神农尝百草,一日而遇七十毒"的传说到现存最早的中药学著作《神农本草经》,从世界上现存最早的国家药典《新修本草》(即《唐本草》)到本草学巨著《本草纲目》,两千多年来,中药学的发展反映了我国劳动人民在寻找天然药物、利用天然药物方面积累的丰富经验。中药学是中医药学的重要分支,对世界医药学的发展做出了巨大贡献。随着现代科学技术的发展,特别是人类基因组计划(Human Genome Project)的提出和完成,对人类疾病的认识和治疗开启了全新的篇章,在此背景下,中药学研究逐渐深入到基因组水平,从而推动了本草基因组学的产生和发展。据统计,我国药用植物有 11146 余种,约占中药材资源总量的 87%,是所有经济植物中最大的一类。同时,药用植物也是许多化学药物的重要来源,目前

1/3以上的临床用药来源于植物提取物或其衍生物,而最著名的青蒿素的源植物就是黄花蒿。

2010年,中国医学科学院药用植物研究所联合多家科研单位提出本草基因组计划(Herb Genome Program,HerbGP),针对具有重要经济价值和典型次生代谢途径的药用植物进行全基因组测序和后基因组学研究。主要内容包括:全基因组序列的测定、组装和生物信息学分析,具有典型次生代谢途径的模式药用植物研究平台的建立,以及抗病抗逆等优良性状遗传机制的阐明等后基因组学研究,同时还包括利用基因组学信息进行药用植物的品种选育研究等[240]。目前,已在药用模式生物的中药分子鉴定、药材道地性成因、药用植物分子育种、药物体内代谢组学等领域取得了一系列的标志性成果。

2012年,Chen等解析了药用模式真菌灵芝(*Ganoderma lucidum* Karst)的基因组,成为本草基因组计划中关于中草药全基因组解析研究的第一项重大突破性成果[241]。此后,随着人参、甘草、铁皮石斛、青蒿和丹参等更多药用植物基因组测序工作的完成,基于本草基因组学的中药合成生物学研究也取得显著成效,包括基于组学的丹参酮合成相关新基因 *SmCYP71D375* 的克隆和功能研究[242]、通过全长转录组分析获得铁皮石斛中参与主要活性成分代谢调控的重要基因元件[243]、灯盏花素生物合成体系的构建等。此外,还包括通过各种组学技术阐明物种遗传信息、鉴定基因功能、揭示活性成分的药理作用等。中药代谢组学作为本草基因组学的重要组成部分,二者的关联分析将为中药活性成分的作用机制提供新思路和新靶标。杜涧超等从组学角度探究大花红景天发挥药理作用的分子机制,发现其中的小RNA(HJT-sRNA-m7)可显著降低肺纤维化因子的表达,在细胞和动物水平上改善肺纤维化症状[244]。李光等采用代谢组学手段分析了中国名族药中的傣药——肾茶(*Clerodendranthus spicatus*)对于健康动物基础代谢水平的影响,较为全面地阐明了肾茶的代谢调节作用,也为其他民族药的开发提供了参考[245]。而中草药DNA条形码鉴定技术体系的建立,也为解决物种真伪鉴定难题提供了新思路。通过对1万余种中药材及其混伪品的48万余份样品进行DNA条形码研究,提出以核糖体DNA第二内转录间隔区序列(ITS2)作为中草药通用DNA条形码,为中药鉴定学开启了新的方法学研究思路,目前该技术运用广泛,已在多种名贵中草药、有毒中药材及民族药的鉴定上取得突破。

本草基因组学的学科外延与本草学、中药学、基因组学、生物信息学、分子生物学、生物化学、生药学、中药资源学、中药鉴定学、中药栽培学、中药药理学、中药化学等诸多学科密切相关。借助基因组学研究的最新成果,开展中草药结构基因组、中草药功能基因组、中草药转录组和蛋白质组、中草药表观基因组、中草药宏基因组、中草药合成生物学、中草药代谢组、中草药生物信息学等理论研究,同时对基因组研究相关实验技术在本草学中的应用与开发进行评价,能够有效推动本草生物学本质的揭示,促进遗传资源、化学质量、药物疗效相互关系的认识。

如今,中药产业已进入到更高、更新的发展机遇阶段,本草基因组学的建立对于中药现代化的发展尤为重要。本草基因组学作为中药学与基因组学的交叉学科,涵盖了药用植物多组学研究和中药及人体的多组学研究,有利于从源头上保障中药的有效性和安全性。

3.8 本章小结

基因组学作为对生物体所有基因进行整体表征、定量研究及不同基因组比较研究的一门交叉学科,重点关注基因组的结构、功能、进化、定位和编辑功能,以及对机体性状的影响等。随着基因组测序技术的不断发展,已有较多药用植物完成了基因组测序工作。菘蓝作为十字花科重要的药用植物,研究人员已对其基因组大小、染色体结构、基因功能注释、系统进化关系等进行了较为全面系统的分析。基于菘蓝基因组的相关研究成果,研究人员将进一步对初选出的潜在功能基因进行功能验证,相关研究结果必将在菘蓝的生长发育、代谢调控、抗性提升、新品种筛选和培育等方面发挥重要的作用,从而为菘蓝资源的可持续开发利用奠定较为扎实的研究基础。

第4章 菘蓝的转录组学研究

转录组学作为系统生物学的一个重要分支,能够从整体水平上反映细胞或组织中基因的表达情况及其调控规律;其利用高通量测序技术开发分子标记的优势,对物种无选择性,测序灵敏度高;特别是对于尚未公布基因组序列的物种,能够快速、高效地呈现出覆盖面广、准确度高的信息,被广泛应用于植物的遗传育种、种质资源保护和开发、物种演化、系统分类等研究领域。

转录组学技术在药用植物研究领域的应用十分广泛,涉及药用植物的生长发育、系统进化、次生代谢调控等多方面的研究工作。作为常用、大宗、道地药材的源植物,转录组学技术在菘蓝次生代谢产物的合成积累规律、代谢调控机理、功能基因挖掘等方面开展了较为深入的研究。本章重点阐述转录组学技术在菘蓝各研究领域所取得的重要成果,以利相关研究人员和学习者参考借鉴。

4.1 转录组测序技术

转录组(Transcriptome),广义上是指某一生理条件下,细胞内所有转录产物的集合,包括 mRNA、rRNA、tRNA、non-coding RNA 等的集合;狭义上是指所有 mRNA 的集合[246]。转录组学,是研究基因表达的有效手段,是连接基因组遗传信息与发挥生物学功能的蛋白质组的必然纽带,基因转录水平的调控是生物体最重要的调控方式。转录组能够反映特定时间和空间水平上基因表达的情况,可用于探究基因表达水平、基因功能、结构、可变剪接和新转录本预测等相关问题。目前已在人参、丹参、青蒿等多种药用植物的生长发育、系统进化、次生代谢调控等方面得以有效应用[247-249]。

目前,转录组学研究技术主要分为两类:一类是在 20 世纪 90 年代发展起来的基于杂交技术的微阵列技术(Microarray);另一类是在 2000 年前后发展起来的基于测序技术的转录组学研究技术,主要包括表达序列标签技术(Expressed Sequence Tag,EST)、基因表达序列分析技术(Serial Analysis of Gene Expression,SAGE)、大规模平行测序技术(Massively Parallel Signature Sequencing,MPSS),以及全转录组 RNA 测序技术(RNA Sequencing,RNA – seq)等[250]。

4.1.1 基于杂交技术的微阵列技术

基因微阵列技术,也称基因芯片、DNA 芯片,是将已知序列信息的探针固定在玻璃或尼龙膜表面,然后与样品进行分子杂交,当溶液中带有荧光标记的核酸序列与探针序列互补配对时,即可形成 DNA 互补链(可依据探针序列推测靶序列组成),此时,通过杂交荧光信息的强弱可以测定目的基因的表达丰度[251]。应用于转录组学研究的表达谱芯片,依据芯片点样量和研究目的的不同,可分为高通量的全基因组表达谱芯片和低通量的功能分类表达谱芯片。前者的探针数量可以从几千到数百万,可在全基因组水平检测基因表达水平的改变,存在检测成本高、起始模板量大、假阳性率高等不足[252]。后者研制和应用的前提是对某一代谢通路或病理过程,以及涉及的基因已经较为明确,对相关基因进行有目的地筛选与分类组合,从而设计出具有针对性的表达谱芯片;一般探针数目较少(仅有几十到数百),杂交条件易于优化,具有灵敏度高、准确可靠和重复性好等优点[253]。例如,可以应用基因芯片技术筛选植物激活蛋白处理水稻的相关差异基因,建立植物激活蛋白诱导相关基因表达谱,以进一步开展功能基因的挖掘研究[254]。

此外,依据探针设计部位的不同,表达谱可分为针对 mRNA 3′端的表达谱芯片和针对全转录本的表达谱芯片两种(图 4 – 1)[255]。

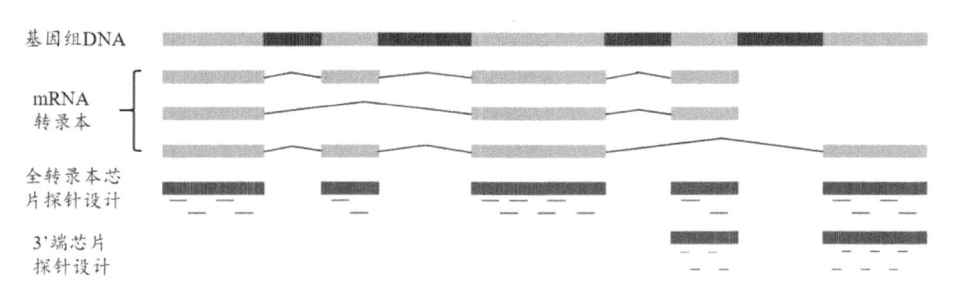

图 4 – 1 表达谱芯片技术

4.1.1.1 3′端表达谱检测芯片

主要检测 mRNA 的 3′端附近序列的表达情况,并以此推测出整个转录本的基因表达情况,适合于检测从 3′端开始转录,且只有一个转录本的表达产物。然而,由于 mRNA 前体普遍具有选择性剪接的特点,由同一个基因可能转录出包含不同外显子组合的多个转录本,仅检测3'端序列的表达情况可能会导致一定的误差,且可能无法获得基因选择性剪接的相关信息;而同一基因通过选择性剪接产生的不同转录本可能翻译出不同的蛋白质,并有可能执行不同或截然相反的功能,基因的选择性剪接在生理及病理发生过程中发挥重要作用。因此,还应进一步开展针对全转录本的基因表达分析,以利更多功能基因的有效挖掘。

4.1.1.2 全转录组表达谱芯片

针对基因的每个外显子设计探针,在全基因组表达水平检测每个外显子的表达水平,再将其转化为转录本信号,可以实现全转录本表达谱分析和mRNA剪接谱分析。由图4-1可知,基因组DNA中仅有外显子(浅灰色)被转录,而内含子(黑色)不转录。来源于同一个基因的外显子可以通过基因选择性剪接形成不同的转录本,全转录本表达谱芯片的探针设计是针对基因上的所有外显子,因而可以检测到全部外显子的表达变化,从而发现mRNA选择性剪接本的表达变化,还可能发现新的mRNA选择性剪接本。

4.1.2 基于测序技术的转录组学研究

转录组测序(Transcriptome sequencing),是对某一物种的mRNA进行的高通量测序技术,可以精确到单个核苷酸的分辨率,动态反映基因的转录水平,并能够同时定性和定量测定稀有和正常转录本,提供样本特异性的转录本序列信息[256]。结合不同组织样本的转录组测序结果,可以对一些基因的功能区域进行直观分析;结合酶基因的表达模式特征,可以获得普遍或特异表达的基因,并进行相关基因的结构鉴定、表达分析和功能注释等一系列分析,进而对相关基因进行个性化研究;同时,也可以探究特定处理条件下样本中次生代谢调控相关基因表达水平的变化,为基因功能的研究提供依据。

4.1.2.1 转录组测序技术的发展历程

1977年,Sanger发明了链终止测序法,即第一代DNA测序技术,也称为Sanger测序法,以末端终止法为主要手段,是基于T4 DNA聚合酶和大肠杆菌DNA聚合酶的快速DNA测序方法,属于传统的化学测序方法[257]。第一代DNA测序技术发展至今已经经历了四十余年的不断实践和改进创新,取得了巨大的进步与发展,但仍存在测序通量低、费时费力、成本高等不足,极大地限制了技术的发展和应用。基于对测序手段的不断优化,研究人员开发出了第二代测序技术(Next-generation sequencing,NGS)[258-259],显示出测序成本更低、速度更快和覆盖度较深等突出优势,可以同时对数百万个DNA进行测序,测序技术进入到了自动化时代,Sanger测序法逐渐被取代。第二代测序技术的核心是边合成边测序,目前主要在Roche

(454)、ABI – SOLID 和 Illumina Solexa 等3个商业平台上应用。近年来,第三代测序技术发展迅猛,主要使用纳米孔单分子测序技术,具有测序通量高、读数长等优点;应用较为广泛的是 PacBio RSII 测序平台,无须进行 PCR 扩增即可完成测序;平均读长为10~15 kb,最大读长为64.5 kb[260],序列读取错误率进一步降低。综上,我们对三代测序技术进行比较和梳理,结果如表4-1所示。

表4-1 三代测序技术的比较

测序技术	测序平台	测序仪	测序方法	测序长度	数据量
第1代	Applied Biosystems	ABI 3100/3130 ABI 3700 ABI 3730	Sanger 测序	700~1000 bp	56~96 kb
第2代	Roche	Genome Sequencer FLX	焦磷酸测序、边合成边测序	300~600 bp	400~600 Mb
	Applied Biosystems	SOLID 5500 xl	边合成边测序	250 bp/300 bp	300 Gb
	Illumina	Illumina Hi – seq 2000	边合成边测序	101 bp	600 Gb
第3代	Oxford Nanopopre Technologies	纳米孔单分子测序	电信号测序	2~5 kb	200 Mb
	Pacbio	SMRT、Pacbio RSII	边合成边测序	10~15 kb	350 Gb~1 Tb

新一代转录组测序技术可以全面、快速地获得特定细胞或组织在某一状态下几乎所有转录本的序列和表达信息,包括编码蛋白质的 mRNA、各种非编码 RNA、基因选择性剪接产生的不同转录本的表达丰度等。在分析转录本的结构和基因表达水平时,还可能发现未知和稀有转录本,可以更为准确地分析基因表达差异、基因结构变异、筛选分子标记等。此外,还可以直接对大多数生物的转录组进行分析,而无须知道其基因组信息,具有十分明显的优势。目前,已利用 RNA – Seq 技术对玉米(*Zea mays*)、拟南芥、水稻、番茄(*Solanumlyco persicum*)、连翘(*Forsythia suspensa*)、灵芝、茯苓[*Poria cocos*(Schw.)Wolf]、丹参、长春花和杜仲等多种植物进行了转录组测序研究[261]。

4.1.2.2 转录组测序技术的应用

(1) 表达序列标签技术

表达序列标签技术(Expressed Sequence Tag,EST),是从一个随机选择的 cDNA 克隆进行 5′和 3′端单次测序获得的部分序列,代表一个完整基因的一小部分,长度一般为 20~7000 bp,平均长度为 360±120 bp[262]。EST 来源于一个 cDNA 文库,由特定环境中同一组织样本的所有 mRNA 构建而成,可以显示组织中每个基因的表达水平。目前,获得 EST 的技术流程已日臻完善。首先,从组织样品中提取 mRNA,在逆转录酶的作用下用 Oligo(dT)作为引物进行 RT-PCR 扩增以合成 cDNA,再选择合适的载体构建 cDNA 文库,插入片段根据载体多克隆位点设计引物,两端自动进行一次测序,得到 EST 序列。EST 作为表达基因所在区域的分子标签,因编码 DNA 序列高度保守而具有自身的特殊性,与来自非表达序列的标记(如 AFLP、RAPD、SSR 等)相比,EST 更有可能超出科和种的限制。因此,EST 标记在远缘物种之间的比较基因组连锁图绘制和比较定性性状信息分析时特别有用。而对于一个 DNA 序列缺乏目标物种,其他物种的 EST 序列也能用于该物种有益基因的遗传作图,加速物种间相关信息的迅速转化。EST 的作用具体表现在:①用于构建基因组的遗传和物理图谱;②作为放射性杂交的探针;③用于定位克隆;④寻找新的基因;⑤作为分子标记;⑥生物种群多态性研究;⑦基因功能研究;⑧药物的开发和改良;⑨推动基因芯片技术的发展[263]。

(2) 基因表达序列分析技术

基因表达序列分析技术(Serial Analysis of Gene Expression,SAGE),是一种快速、高效地分析组织或细胞基因表达的方法,它不仅能够全面地分析特定组织或细胞表达的基因及表达丰度的数量信息,还可以比较不同时空条件下基因的表达差异[264],对于低丰度表达基因的检测更为敏感。该方法的基本原理是:在一个转录体系中,每个转录本都可用一个特异的固定长度的寡核苷酸序列(9~14 bp)来表示,这些固定长度的寡核苷酸序列被称为 SAGE 标签。将 SAGE 标签从 cDNA 中分离出来,制备成 SAGE 标签库,然后将标签多聚体连接进行克隆测序,再对生成的短序列核苷酸进行处理,就可以对数以千计的 mRNA 转录产物进行分析。每种标签在全部标签中所占的比例可以反映其所代表的转录本在整个转录体系中的表达丰度[265]。

近年来,SAGE 技术已被广泛应用于植物的功能基因研究中。SAGE 与基因芯片技术结合是一种十分高效地识别植物差异表达基因的方法。在研究水稻苗期的基因表达模式时,研究人员利用 13 bp 的 SAGE 标签序列作为引物,进行 cDNA 末端快速扩增,回收相邻位点较长的 cDNA 片段,利用该方法分析水稻未成熟子叶的基因表达情况[23]。此外,随着环境气候条件的变化,植物的生长环境也随之改变,对许多植物的生长产生不利影响,利用 SAGE 技术可以检测胁迫条件下转录产物的表达水平,通过比较基因表达的差异,找出胁迫条件下的高表达基因,进一步通过异源表达提高植物的抗逆性,以提高植物的适应性[266-268]。

(3)大规模平行测序技术

大规模平行测序技术(Massively Parallel Signature Sequencing,MPSS),是一种基于基因测序的新技术,通过标签库建立、标签与微珠的连接、酶切酶连反应、生物信息学分析等过程,最终获得基因表达序列。标签序列的长度一般为 10~20 bp。该方法具有灵敏度高、能够检测表达差异小的基因、无须获取基因表达序列、自动化程度高、通量高等特点。相应转录本的表达水平可通过定量测定获取,在 mRNA 的一端检测含 10~20 bp 的标签序列,每一标签序列在样本中的拷贝数即代表了与该标签序列相应的基因表达水平,所测定的基因表达水平以计算 mRNA 的拷贝数为基础。作为一个数字表达系统,只要将处理样本和对照样本分开测定,就可通过统计检验,测定表达水平低、差异小、且序列未知的基因[269]。

MPSS 一方面可提供标签序列在体内特定发育阶段的拷贝数,另一方面还可测定出相应 cDNA 的序列,为在转录水平上进行基因表达分析提供了有效的定性和定量分析手段。该方法可应用于不同丰度基因的表达分析和基因转录图谱的绘制,一定程度上加速了新基因发掘和基因功能研究的进程,可广泛应用于动植物分类和遗传学、功能基因组学、蛋白质组学等方面的研究[270]。Hoth 等应用 MPSS 技术从基因组水平对 ABA 响应基因在野生型拟南芥和 $abi1-1$ 突变株中的差异表达情况进行了探究,结果显示:ABA 处理后共检测到 1354 个差异表达基因,其中包含多个信号转导元件。此外,还鉴定出了一些新的 ABA 响应基因,主要编码核糖体蛋白和参与蛋白质水解过程;而在 ABA 非敏感的 $abi1-1$ 突变体中,这些基因的表达不同程度地下调了 84.5% 和 6.9%。与其他基因表达分析方法相比,MPSS 方法更具灵敏性和特异性[271]。

(4)转录组测序技术

转录组测序技术(RNA Sequencing,RNA-seq)是二代测序技术最重要的应用之一,为研究人员提供了更具创新性和更广阔的研究视野,极大地激发了新的生物学假设的提出和验证。该方法利用反转录酶将从样本中富集的 mRNA 反转录成 cDNA,依次进行建库和测序,从而获得相应 RNA 的序列、结构及表达量信息;再根据已知的基因结构和数据分析结果,完成基因功能注释。RNA-seq 数据可用于分析基因结构、鉴定新基因、鉴定非编码 RNA 等[272-275]，且不依赖于物种的基因组信息。随着技术的发展和测序成本的降低，利用 RNA-seq 获得大量基因组未知物种的转录组数据信息，可以显著地推进基因功能的研究。目前，RNA-seq 技术的应用领域涉及较多，主要归纳如下：

①基因结构注释及新基因鉴定。RNA-seq 技术允许组装小的测序片段以获得组织特异性的可变剪接位点、新基因和新转录本。这种技术可以改进现有的基因组注释结果、发现新基因，并在不依赖基因组注释的前提下进行自组装[276-278]。

②差异表达基因的鉴定分析。RNA-seq 测序结果是定量数据，通过对比序列的读长与基因组注释结果，可以鉴别和分析不同基因的表达水平和基因的结构特征，为研究生物体不同状态之间的差异提供了极佳的解决方案。研究人员基于人类基因组数据信息，利用 RNA-seq 技术对 69 个人淋巴母细胞的转录组进行测序分析，探究个体之间基因表达的差异，从而筛选到一些重要的功能基因[279-280]。

③基因突变及表达数量性状位点(eQTL)的鉴别。对转录组数据中的 SNP (Single nucleotide polymorphism，单核苷酸多态性)进行分析，可以探究由基因突变所致的生物多样性特征、生物进化机制和疾病发病机理。研究人员调查了淋巴母细胞转录组数据中的 SNP 位点[281]，认为最佳方法就是在去除重复序列后，采用 SAM 法(Significance analysis of microarrays，基因芯片显著性分析)获取 SNP，此法效率高、特异性强。传统的数量性状位点是由于基因组中存在 SNP 而检测到的生物性状的变化，如植株的高度、花色和果实重量等，而表达数量性状位点则是由 SNP 引起的基因转录水平的变化[282]。根据 SNP 位置的不同，可分为存在于增强子上的顺式表达数量性状位点和存在于转录因子上的反式表达数量性状位点。当然，由于转录本的序列和表达量都可以由 RNA-seq 确定，故可以利用该技术探究可变剪切位点上的多态性与基因表达水平之间的关系[283]。

④融合基因。随着测序通量的增大、测序长度的增加，以及双端测序技术的使用，使得 RNA-seq 可以检测到一些转录水平低的转录本。融合基因是由基因组 DNA 的易位、缺失和插入等所引起，容易诱发癌症[284]。利用 RNA-seq 技术，在乳腺癌细胞中发现 24 个新的融合基因[285]，同时也在正常细胞和组织中发现了融合基因，其对正常生理功能的发挥具有明显的影响作用[286]。

⑤非编码 RNA 的鉴定。非编码 RNA 包括 LncRNA 和 smRNA。smRNA 包括 microRNA、piRNA 等，是生命活动中重要的调控因子，参与生长发育、脂肪代谢、细胞凋亡和疾病发生等重要生命活动过程[287]。以 microRNA 测序为例，首先需要从总 RNA 中筛选出长度为 18~30bp 的序列进行测序；从而可以得到全基因组范围

内 microRNA 的序列信息及表达情况,进一步加快对 microRNA 生理功能的研究,可将 microRNA 用于癌症的分子诊断。目前,microRNA 高通量测序技术被广泛应用于较多物种中,完成 microRNA 表达谱的分析,可以筛选具有重要生物学功能的 microRNA[288]。LncRNA 是一类长度超过 200 bp 的非编码 RNA,LncRNA 转录后可与 DNA、RNA、蛋白质结合,在多个层次调控基因表达[289-290]。由于多数 LncRNA 没有 Ploy A 尾巴,所以建库时不能使用 Ploy T 进行富集。研究结果表明,LncRNA 在阿尔茨海默病中发挥重要作用[291]。此外,大量的 RNA-seq 分析结果表明,即使在人类和一些单细胞模式生物中,对于基因组和基因结构的注释结果依然不完整,这必将推动转录组测序技术进入新时代。

(5)空间转录组测序技术

单细胞转录组测序技术(scRNA-seq)改变了人们对细胞亚群的识别和表征能力,可以从另一个维度了解样本的转录组信息[292]。但 scRNA-seq 技术在样本处理时需要分解组织,易丢失细胞原有的空间位置信息,不能真实反映基因的空间分布情况。随着空间转录组学(Spatial transcriptomics,ST)的迅速发展,使得相关问题逐渐得以改进,可以从一个完整的组织样本中产生转录组数据信息,在 scRNA-seq 技术的基础上进一步定位和区分功能基因在特定空间位置的表达情况,允许单细胞转录组数据在高分辨率的组织图像上进行空间映射[293]。

空间转录组测序技术(Spatial transcriptome sequencing),旨在对细胞的基因表达水平进行定量测定,同时提供细胞在组织空间的具体位置信息。与传统的转录组测序技术相比,该技术能够获得细胞在组织生理环境下真实的基因表达特征,以及与微环境之间的关系,进一步揭示正常和病理状态下的细胞特性。近年来,空间转录组测序技术的发展取得了重要的进展,检测的细胞通量、转录本数量和质量不断提高,空间定位信息更加准确全面[294]。因此,空间转录组学也被视为第三代转录组学分析技术,包括基于原位杂交的空间转录组测序技术、基于高通量测序的空间转录组测序技术、基于原位测序的空间转录组测序技术,以及基于活细胞标记的空间转录组测序技术等。

①基于原位杂交的空间转录组测序技术。包括单分子荧光原位杂交(smFISH)、组合标记、顺序杂交、MERFISH 技术等。smFISH 及其衍生方法可应用于组织切片和体外培养细胞的基因表达测量,已成功应用于细胞间异质性[295]和疟原虫感染的红细胞基因表达的研究[296],涉及模式动物果蝇(*Drosophila melanogaster*)、秀丽隐杆线虫(*Caenorhabditis elegans*)和斑马鱼(*Barchydanio rerio var.*)等[297],其特点是检测效率相对较高,但检测的 RNA 数量有限。

②基于高通量测序的空间转录组测序技术。包括 Lcm – RNA seq 技术、HDST 和 Slide – seq、10x Genomics Visium 空间转录组测序技术。Lcm – RNA seq 技术,主要是激光捕获显微切割技术与 RNA – seq 关联,可用于分离难以分离的组织,较为直观,且应用广泛,但由于组织切片会将细胞切破,可能捕获的是非完整细胞。HDST(High definition spatial transcriptomics,高分辨空间转录组),利用磁珠的特殊处理方法,捕获对应位置细胞的 mRNA 进行反转录,并进行文库构建和转录组测序。Slide – seq 将基因表达情况可视化地比对到原始的组织切片中,结果直观,分辨率高。但 HDST 和 Slide – seq 方法磁珠的捕获效率仍有待提高。10x Genomics Visium 空间转录组测序技术,主要是利用基因芯片技术将位置信息保留在芯片上,再对组织中的 RNA 进行测序,从而生成组织切片上完整的基因表达图像,具有操作简便、周期短,高灵敏度和高分辨率的特点,缺点是无法获得全长转录本信息[298]。

③基于原位测序的空间转录组测序技术。包括原位测序(In situ sequencing,ISS)、荧光原位测序(Fluorescence in situ sequencing,FISSEQ)、STARmap 技术。ISS 技术可以在原位组织和细胞中测序单个 RNA 分子[299],适用于小 RNA 片段,但一次实验所识别的 RNA 数量较少,锁式探针易产生大量的探针特定偏差;FISSEQ 技术对于功能重要的转录本富集程度高,但 rRNA 读数仅占总读数的 40% ~ 80%,检测效率低;STARmap 技术组织经水凝胶化处理后,自发荧光背景较低,可应用于完整组织。

④基于活细胞标记的空间转录组技术。包括 TIVA(Transcriptome in vivo analysis)和 ZipSeq,可以从活细胞中获取 mRNA,且不会破坏周围结构[300],TIVA 不适用于大量细胞的分析,只能穿透活细胞,对已处理过的组织样本不适用,而 ZipSeq 的空间分辨率仍有待提高。

4.1.2.3 转录组测序的技术流程

运用转录组学研究手段,准确地探究从 DNA 向 RNA 的转录过程,是解析转录调控网络,揭示生物学复杂过程的重要途径[301]。转录组测序的技术流程主要包括以下几个方面:

首先,测序材料分为处理组和对照组,取所需的材料提取 RNA,使用 Illumina HiSeq 2500 测序平台进行高通量测序,制备 cDNA 文库,建立转录组数据库,每个样品设置至少 3 个生物学重复。

其次,利用 Base calling 将测序原始图像数据转化为序列数据,得到 Raw reads,去除重复序列和低质量 Reads,得到 Clean reads。用组装软件 Trinity 对 Clean reads

进行从头组装。将含有重叠区域的 Reads 拼接成 Contigs,再通过 Reads 比对 Contigs,利用 Paired-end 确定同一转录本的不同 Contigs,以及他们之间的距离。最后将这些 Contigs 进一步拼接得到 Unigene。对 Unigene 进行去冗余和拼接,并做同源转录本聚类,得到最终的 Unigene 序列。

再次,使用 BLAST 软件将 Unigene 序列与 NR、Swiss-Prot、GO、COG(Clusters of Orthologous Groups)、KOG、KEGG 和 Pfam(Protein family)等数据库进行比对,获得 Unigene 的注释信息。

最后,将下机数据进行过滤得到 Clean data,与指定的参考基因组进行序列比对,得到 Mapped data,随后进行插入片段长度检验、随机性检验等文库质量评估;进行可变剪接分析、新基因发掘和基因结构优化等结构水平分析;根据基因在不同样品中的表达量进行差异表达分析、差异表达基因的功能注释和功能富集等分析。对转录组测序结果的生物信息学分析流程如图 4-2 所示。

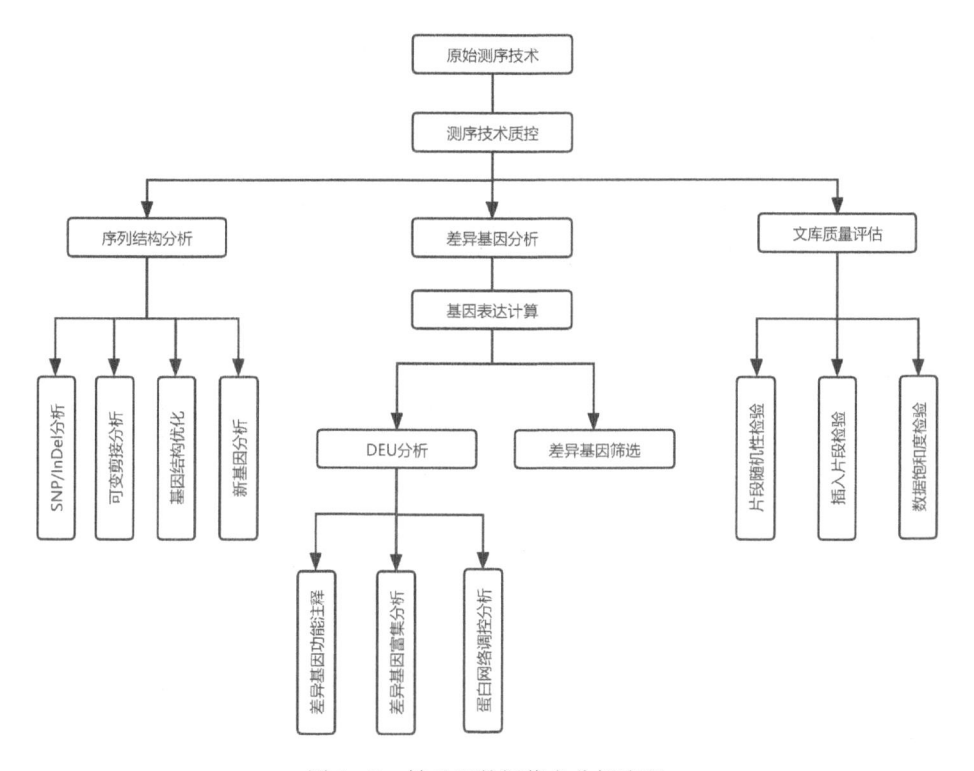

图 4-2 转录组数据信息分析流程

4.2 药用植物转录组学研究进展

随着转录组测序技术的发展,其在药用植物研究中的应用日趋深入,在揭示药用植物生长发育规律、代谢调控机理和抗逆机制方面发挥了极其重要的作用。高通量测序技术能够深入揭示药用植物基因表达与代谢调控之间的联系,为探究药用植物活性物质的合成积累规律、推进分子育种进程提供了有力的保障。目前,转录组测序技术已被广泛应用于药用植物的基础研究、临床诊断和药物研发等多个领域。

4.2.1 常见药用植物的转录组学研究

近年来,开展转录组测序研究的药用植物层出不穷,利用 RNA-seq 技术已对多种传统中药材的源植物开展了多方面的基础和应用研究,包括菊科(Asteraceae)、五加科(Araliaceae)、兰科(Orchidaceae)、百合科(Liliaceae)、唇形科(Lamiaceae)、葫芦科(Cucurbitaceae)、豆科(Fabaceae)、毛茛科(Ranunculaceae)、罂粟科(Papaveraceae)等重要的药用植物。这些植物进行转录组测序的基本情况汇总如表4-2所示。

表4-2 2009~2021年部分药用植物转录组测序研究

测序年份	测序物种	测序方式
2009	青蒿 Artemisia annua[302]	454 GS FLX
	西洋参 Panax quinquefolius[303]	GS FLX
2010	丹参 Salvia miltiorrhiza[304]	454 GS FLX
	淫羊藿 Epimedium sagittatum[305]	GS FLX System
2011	人参 Panax ginseng[306]	GS FLX Titanium
	罗汉果 Siraitia grosvenorii[307]	Illumina/Solexa
	金银花 Lonicera japonica[308]	Illumina GA II
	首乌 Fallopia multiflora[309]	Hiseq 2000
2012	红花 Carthamus tinctorius[310]	Hiseq 2000
	胡黄连 Picrorhiza kurroa[311]	Hiseq 2000
	百合 Lilium regale[312]	GS FLX Titanium

续表

测序年份	测序物种	测序方式
2012	虎杖 Reynoutria japonica[313]	Hiseq 2000
	杜仲 Eucommia ulmoides[314]	Hiseq 2000
2013	莲藕 Nelumbo nucifera[315]	Hiseq 2000
	白木香 Aquilaria sinensis[316]	Seq™ 2000
2014	阳春砂 Amomum villosum[317]	Hiseq 2000
	野三七 Panax vietnamensis[318]	Hiseq 2000
	甘草 Glycyrrhiza ualensis[319]	Hiseq 2500
	金龙胆草 Conyza blinii[320]	Hiseq 2500
	肉苁蓉 Cistanche deserticola[321]	Hiseq 2000
2015	绞股蓝 Gynostemma Pentaphyllum[322]	Hiseq 2000
	灯盏花 Erigeron breviscapus[323]	Hiseq 2000
	远志 Polygala tenuifolia[324]	Hiseq 2000
	苍耳 Xanthium sibiricum[325]	Hiseq 2000
	秀山金银花 Lonicera macranthoides[326]	Hiseq 2000
	独行菜 Lepidium apetalum[327]	Hiseq 2000
	穿心莲 Andrographis paniculata[328]	Hiseq 2000
	牛膝 Achyranthes bidentata[329]	Hiseq 2500
	连翘 Forsythia suspensa[330]	Hiseq 1500
	草麻黄 Ephedra sinica[331]	Illumina Genome Analyzer Ⅱx
2016	半夏 Pinellia ternata[332]	Hiseq 2000
	日本獐牙菜 Swertia diluta[333]	Hiseq 2000
	鹅掌草 Anemone flaccida[334]	Hiseq 2000
	苍术 Atractylodes lancea[335]	Hiseq 2000
	车前草 Plantago depressa[336]	Illumina Genome Analyzer Ⅱx
	刺五加 Eleutherococcus senticosus[337]	Hiseq 1500

续表

测序年份	测序物种	测序方式
2016	延胡索 *Corydalis yanhusuo*[338]	Hiseq 2000
	茯苓 *Poria cocos*[339]	Hiseq 2500
	冬凌草 *Rabdosia rubescens*[340]	Hiseq 2000
2017	桑寄生 *Taxillus sutchuenensis*[96]	Hiseq 2000
	番泻叶 *Cassia angustifolia*[342]	Hiseq 2000
	桔梗 *Plantycodon grandiflorus*[343]	Hiseq 2000
	凤丹 *Paeonia suffruticosa*[344]	Hiseq 4000
	冬虫夏草 *Ophiocordyceps sinensis*[345]	Hiseq 2500
	布渣叶 *Microcos paniculata*[346]	Hiseq 4000
	厚朴 *Magnolia officinalis*[347]	Hiseq 2000
	山莴苣 *Lagedium sibiricum*[348]	Hiseq 2000
	金钗石斛 *Dendrobium nobile*[349]	Hiseq 4000
	黄精 *Polygonatum sibiricum*[350]	Hiseq 2500
	酸浆 *Physalis alkekengi*[351]	Hiseq 2000
	小豆蔻 *Elettaria cardamomum*[352]	Ion Proton Sequencer
	川西獐牙菜 *Swertia mussotii*[353]	Hiseq 2000
	甘青青兰 *Dracocephalum tanguticum*[354]	Hiseq 4000
	铁皮石斛 *Dendrobium officinale*[355]	Hiseq 2000
	天麻 *Gastrodia elata*[356]	Hiseq 2000
2018	博落回 *Macleaya cordata*[357]	Hiseq 2000
	白及 *Bletilla striata*[358]	Hiseq 4000
	芦荟 *Aloe vera*[359]	Hiseq 2000
	毛鸡骨草 *Abrus mollis Hance*[360]	Hiseq 2000
	洋甘菊 *Matricaria chamomilla*[361]	Hiseq 2500

在早期的药用植物转录组学研究中,由于受到研究平台和分析手段的限制,对

不同药用植物转录组测序结果的分析呈现出一定的研究局限性。青蒿(Artemisia annua)的转录组分析仅使用了 NR 和 GO 注释分析方法,西洋参(Panax quinquefolius)仅使用了 NR 和 KEGG 注释,注释得到的基因数较少。随着转录组测序技术和方法的日趋成熟,金银花(Lonicera japonica)、丹参(Salvia miltiorrhiza)及白木香(Aquilaria sinensis)等的转录组分析全面应用了 GO、COG、NR 和 KEGG 注释等分析方法。根据有无参考基因组,转录组测序技术在药用植物上的研究可分为有参药用植物转录组测序和无参药用植物转录组测序。由于大多数中药材未进行全基因组测序,所以绝大多数药用植物的转录组测序以无参转录组测序为主,成为药用植物转录组测序研究的重要组成部分。

药用植物活性成分繁多、代谢途径复杂,代谢产物的积累受到时间、空间,以及诸多内外因素的影响。为了更全面和深入地研究天然活性成分代谢通路及其调控机制,对不同生长发育阶段、不同器官、不同生长环境的药用植物转录组数据信息的构建就显得至关重要。通过对比分析对照组和处理组植物差异基因表达情况,能够有效发现和确定药用植物天然活性成分的生物合成通路,深入了解基因的多样性,获得参与次生代谢途径的关键酶基因及其调控因子,并解析其分子调控机理。相关研究结果有助于阐明不同代谢组分的分子调控机制,从而利用分子育种手段提高有效成分的含量,培育品质优、抗性强的药用植物新品种,实现药用植物资源的可持续开发与利用[301]。

4.2.2 转录组测序技术在药用植物生长发育研究领域的应用

药用植物的生长发育对于其栽培育种、药材质量及药效评价均具有重要意义,尤其是对于市场供不应求的珍贵药材的生产更为重要,而转录组测序技术为揭示珍稀濒危药用植物的生长发育机制提供了有效的研究手段。

滇重楼(Paris polyphylla var. yunnanensis)是宫血宁、热毒清、抗病毒颗粒和季德胜蛇药片等成药的主要原料,具有清热解毒、消肿止痛、凉肝定惊的功效,通常用于痈肿、咽喉肿痛、毒蛇咬伤、跌打伤痛等症的治疗。自然环境条件下,滇重楼主要依靠种子繁殖,但其种子具有形态和生理的双重休眠特性,萌发力低下,自然繁殖能力弱。研究人员采用比较转录组学分析方法对滇重楼的种子进行分析,找出了与休眠及休眠解除过程相关的候选基因,为进一步揭示调控滇重楼种子形态和生理后熟的分子机理提供了重要的研究思路[362]。

紫金牛(Ardisia japonica),别名小青、矮茶等,具有止咳化痰、祛风解毒、活血止痛等功效。主要用于支气管炎、大叶性肺炎、小儿肺炎、肺结核等症的治疗;外用还可治疗皮肤瘙痒、漆疮等。众所周知,温度和 CO_2 是影响植物生长和发育的重要因素,研究人员利用 Hiseq 2500 高通量测序技术对紫金牛叶片进行转录组测序分析,筛选出了对温度、CO_2 浓度及其交互作用显著响应的基因,在全球变暖的大气候环境背景下,相关研究结果为紫金牛的规范化栽培提供了有力的支持[363]。

羌活(Notopterygium incisum Ting ex H. T. Chang),属于伞形科羌活属的多年生草本植物,以根或根茎入药,是我国传统珍贵中药材,具散表寒、祛风湿、利关节、止痛之功效。羌活种子存在休眠期长、不易栽培等问题,难以满足市场需求,羌活中的活性成分香豆素等主要是通过苯丙氨酸途径合成。研究人员通过转录组测序及基因功能注释分析,发现参与羌活苯丙氨酸代谢途径的重要酶基因 PAL、C4H 和 4CL 发生了差异表达,说明这些基因在羌活的香豆素生物合成过程中可能发挥重要作用,相关研究结果为提升羌活药材品质,利用分子育种手段培育药材新品种奠定了良好的研究基础[364]。

苍术,为菊科苍术属多年生草本植物,主要分布于黑龙江、辽宁、吉林、陕西等地。以根状茎入药,味辛、苦,性温。具燥湿健脾、祛风散寒、明目之功效。临床上常用于治疗脘腹胀痛、泄泻、水肿、风湿痹痛等症。研究人员对采自江苏茅山和湖北英山的茅苍术(Atractylodes lancea)进行了转录组测序分析,发现两地茅苍术的基因表达存在较大差异,相关差异表达基因(DEGs)参与了 3 条初生代谢途径(淀粉和蔗糖的代谢、糖酵解、光合作用)和 2 条次生代谢途径(包括萜类骨架的生物合成和倍半萜及三萜的生物合成),这可能是造成两地茅苍术种质资源差异的根本原因,可以作为苍术种质资源鉴定的参考依据[365]。

4.2.3 转录组测序技术在植物抗逆生理方面的应用

植物的抗逆性,是指植物所具有的抵抗不利环境的某些特性,如抗寒、抗旱、抗盐、抗涝、抗病虫害等,植物对于逆境环境的响应可以启动抗逆基因的表达及自身的防御机制,是一个多因素、多信号的调控网络。转录组测序技术在建立植物抗逆基因库,揭示植物的抗逆调控网络的分子机理方面具有重要作用。

乌拉尔甘草(Glycyrrhiza uralensis)为豆科多年生草本植物,具有很强的防风固沙能力,是西北干旱地区常见的植物。研究人员对乌拉尔甘草进行干旱胁迫处理后进行转录组测序分析,发现干旱处理会导致 ERF、bHLH、MYB、WRKY 等转录因子的差异表达,并进一步影响次生代谢产物的生物合成过程。相关研究结果为发掘甘草耐旱基因,从分子水平提高其抗旱性提供了有效的参考,也为培育其他抗旱植物品种提供了可能[366]。

栀子(Gardenia jasminoides Ellis),又名黄栀子、山栀等,是茜草科栀子属植物。

其果实是传统中药,属药食两用的植物资源,具有护肝、利胆、降压、镇静等功效。临床上主要用于治疗黄疸型肝炎、扭挫伤、高血压、糖尿病等症。栀子富含番红花色素,可作黄色染料。对栀子进行不同程度的干旱与淹涝胁迫处理,利用高通量测序技术得到干旱与淹涝胁迫处理下的转录组数据,通过对差异表达基因进行鉴定和分析,发现了与干旱胁迫密切相关的 MAPK 激酶样丝氨酸/苏氨酸激酶催化基因、*MYB12*、*PP2C* 等基因,与苯丙烷代谢、植物昼夜节律及植物与病原菌互作等途径密切相关。此外,还发现了与淹涝胁迫密切相关的蛋白脂质膜电位调节剂、*PP2C*、*EIN3*、*WRKY65PE* 等基因,与苯丙烷、黄酮、黄酮醇的合成及糖酵解/糖异生途径密切关联,由此,初步分析了栀子参与干旱与淹涝胁迫的差异表达基因,并揭示了栀子响应干旱与淹涝胁迫的分子机制[367]。

金银花,是忍冬科忍冬属植物忍冬(*Lonicera japonica* Thunb.)的干燥花蕾或带初开的花,属常见的大宗药材,具有清热解毒、疏散风热的功效,临床上主要用于治疗风热感冒、喉痹、丹毒等症。RNA－seq 分析结果表明,金银花的 TRINITY_DN16988_c0_g14 基因与拟南芥的 *AtPAL1* 和 *AtPAL1* 具有高度同源性,预测该基因在金银花抗盐胁迫和酚类物质的生物合成过程中发挥重要作用,可作为金银花活性成分代谢途径的靶基因。此外,还发现 MYB 家族成员参与金银花抗盐胁迫的应答过程,相关研究结果有助于阐释盐胁迫条件下金银花品质形成的分子机制,为采用分子育种手段培育金银花抗逆新品种提供了依据[368-369]。

4.2.4 转录组测序技术在植物次生代谢调控方面的应用

药用植物发挥药理作用的化学物质基础主要是各类次生代谢产物,包括生物碱、黄酮类、萜类、多酚、香豆素、皂苷等,而明确参与活性物质代谢调控过程的酶基因和调控因子,对于提高活性成分含量、促进药用植物的品质提升、开展药材的品种改良研究等均具有重要意义,因此,有必要开展转录组学技术在药用植物次生代谢调控方面的理论和实践应用研究。

蓼蓝,为蓼科蓼属一年生草本植物,是常见的产蓝植物,主要用作染色及药用,属于清热类中药材。其主要活性成分为靛蓝和靛玉红,具有抗菌、抗炎等活性。临床上可用于治疗白血病、骨髓瘤等症。对蓼蓝叶片进行转录组测序,并对处理后的差异表达基因进行功能注释,发现了参与靛蓝和靛玉红代谢途径中的重要功能基因,为提高蓼蓝中该类物质的含量和药材的质量控制提供了有力的参考[370]。

全萼秦艽(*Gentiana lhassica* Burk.),属于龙胆科龙胆属的多年生草本植物,是传统藏药"解吉那保"的基源植物之一,其干燥的花或根都可入药,富含多种活性物质,其中环烯醚萜类(iridoids)是其中的一类重要的代谢产物,具有清热、消炎、治疗风湿性关节炎等功效。研究人员对全萼秦艽进行了转录组测序和功能注释分析,从环烯醚萜类成分代谢通路上选定了参与该类物质生物合成的关键酶基因 AACT、DXS、MCS、HDS、IDI、GPPS、GES、G10H、7 - DLNGT、7 - DLGT 和 SLS 等,相关研究结果为揭示全萼秦艽中萜类物质的合成代谢与调控机理提供了重要的参考[371]。

大戟(Euphorbia pekinensis),为大戟科大戟属的多年生草本植物,其干燥的根为药材京大戟。现代药理研究发现,京大戟含有抗肿瘤活性的萜类化合物,如二萜、三萜类等,还有部分具有毒性的萜类化合物。通过对大戟根进行转录组测序,发现有 161 个差异表达基因(约 0.53%)参与到 5 条萜类物质的生物合成途径。由此,不仅筛选出了参与萜类物质生物合成的相关基因,也为通过生物工程手段增加具有药理活性的萜类物质的含量、减少有毒萜类物质的生物合成研究奠定了重要的基础[372]。

灯盏花,是菊科植物短葶飞蓬[Erigeron breviscapus(Vant.) Hand - Mazz]的干燥全草,又名灯盏细辛、东菊等,主要分布于湖南、广西、贵州等地区,尤以云南分布较多。灯盏花中的有效成分——类黄酮具有扩张血管、减少血管阻力和抗血小板凝集等作用。研究人员利用 Illumina Hiseq 2000 测序平台,对低氮处理的灯盏花进行转录组测序、组装和基因注释研究,分析结果显示,差异表达基因主要富集在磷酸戊糖还原环路,推测可能是低氮胁迫引起了灯盏花体内 C、N 元素的重新分配。相关研究结果对于揭示灯盏花的生长发育规律、建立更为科学规范的灯盏花种植技术等具有重要的参考价值[373]。

4.2.5 转录组测序技术在植物亲缘关系研究领域的应用

药用植物亲缘学(Pharmacophylogeny),是对药用植物的亲缘关系 - 化学成分 - 疗效(药理活性及传统疗效)之间的相关性进行研究的一门新兴的边缘学科,其研究对象涉及多个学科领域,具有多学科交叉、相互渗透的特点,对于药用植物资源的开发利用具有重要意义。转录组测序及其相关分析技术是探究不同物种之间亲缘关系的一个重要工具。植物的亲缘关系越近,含有的化学成分越相似,越可能具有相似的功能。基于此,参与调控相似化学成分生物合成过程的基因也可能具有类似的功能、表达模式或调控机理等。药用植物亲缘学研究的思路如图 4 -3 所示。

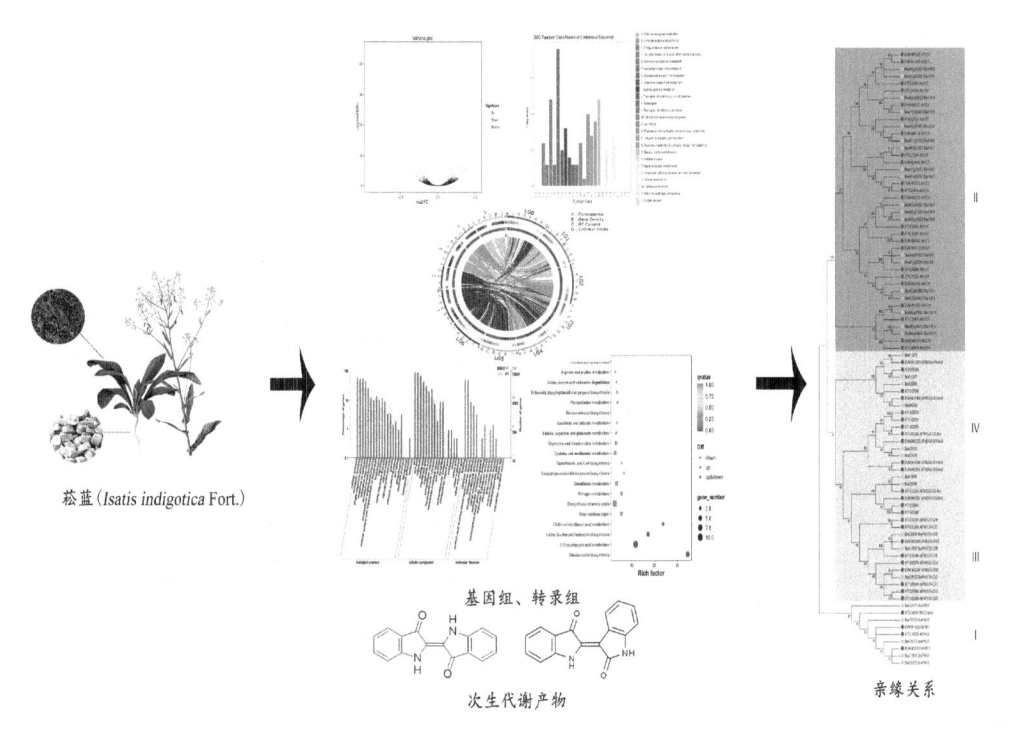

图4-3 药用植物亲缘学的研究策略

人字果(*Dichocarpum dalzielii*),是毛茛科唐松草亚科多年生草本植物,具有重要的药用价值。研究人员对麻栗坡人字果(*Dichocarpum malipoenense*)和裂瓣人字果(*Dichocarpum lobatipetalum*)进行了全长转录组测序分析,发现二者的基因表达模式十分相近,且转录组和化学水平上具有一定的相关性,表明二者具有非常相近的亲缘关系,相关研究结果对于该属植物进行资源发掘和开发利用等具有重要的研究意义[374]。

三叶崖爬藤(*Tetrastigma hemsleyanum* Diels et Gilg)属于葡萄科崖爬藤属的草质藤本植物,是我国特有的民间药用植物,俗称"三叶青",具有清热解毒,活血祛风之功效。其化学成分主要包括黄酮类、三萜及甾体类、酚酸类、脂肪酸类化合物等,可通过抑制肿瘤细胞增殖、诱导细胞凋亡、调节机体免疫功能等途径发挥抗肿瘤作用,在抗肿瘤药物开发方面具有良好的应用前景。研究人员对三叶崖爬藤的西南谱系和中东部谱系的个体进行转录组测序,通过比较转录组学分析,共鉴定出6692对谱系间的直系同源基因,不仅为全面了解物种的分子进化特征提供了大量高准确度的基因资源,也为后续对该物种的适应性进化研究提供了有效的基因标记,为从分子水平阐明三叶崖爬藤的遗传进化关系奠定了基础[375]。

4.3 转录组学技术在菘蓝活性组分鉴定与分析中的应用

近年来,以菘蓝为研究对象,开展转录组学研究的工作日渐增多。涉及菘蓝活性成分的代谢调控、菘蓝对生物或非生物诱导子处理的响应机理研究、菘蓝不同基因家族的鉴定分析、菘蓝多倍体的转录组学研究等,相关研究结果为揭示菘蓝的遗传背景、开展功能基因的挖掘、实现菘蓝资源的可持续利用等奠定了较为坚实的研究基础。

4.3.1 菘蓝活性成分的代谢调控研究

4.3.1.1 靛蓝与靛玉红的代谢调控研究

靛蓝和靛玉红是板蓝根和大青叶的指标性成分,也是药材质量评价的重要指标。课题组系统研究了菘蓝中靛蓝和靛玉红的合成积累规律,主要包括不同生长发育阶段、不同组织部位、不同诱导子处理条件下靛蓝和靛玉红的含量变化等(参见第5章)。研究结果表明,在MeJA、YE、Ag^+处理条件下,菘蓝中靛蓝和靛玉红的含量表现出不同程度的升高;进一步结合RNA-seq技术,对相应处理条件下菘蓝叶片的基因表达情况进行研究,发现P450家族成员以及调节吲哚代谢相关的基因呈现差异表达。其中,P450家族基因在三个诱导子处理前后的变化非常明显,具体表现为:MeJA处理后表达显著上调的基因有37个,下调的基因有11个;YE处理后显著上调的基因有8个,下调14个;Ag^+处理后显著上调的基因有29个,下调8个。此外,我们还对三个诱导子处理条件下差异表达的共有基因进行了研究,结果表明:MeJA与Ag^+处理后上调的相同基因最多,共有10个;YE与Ag^+处理后上调的相同基因有4个;MeJA与YE处理后上调的相同基因只有一个;而c38505.graph_c0基因在三种诱导子处理条件下均上调,经与拟南芥基因组数据库进行比对,将该基因命名为*IiCYP81D1*。由于靛蓝与靛玉红的合成积累变化,以及*IiCYP81D1*基因的表达上调均显著响应MeJA、YE和Ag^+诱导子的处理,推测*IiCYP81D1*基因在靛蓝与靛玉红的生物合成过程中具有重要的功能,课题组后续将继续开展*IiCYP81D1*基因的功能研究,以阐明该基因在靛蓝与靛玉红合成积累过程中的重要作用。

研究表明,CYP2A6具有体外催化前体物质吲哚形成靛蓝的功能[376],课题组将菘蓝P450家族基因和*CYP2A6*的保守结构域TIGR04538进行同源性比对并构建系统进化树,筛选出与*CYP2A6*同源性最高的基因EVM0005059.1,且该基因与山崙菜属盐芥(*Eutrema salsugineum*)中*CYP71B2*的同源性最高。此外,还发现菘蓝中的 3 个基因:EVM0002573.1/ EVM0028087.1/EVM0019340.1 与 CYP2A6 的保守结构域 TIGR04538 的同源性也相对较高,且与产蓝植物甘蓝的 CYP81D11 同源性较高,达到 90%以上,推测这三个基因可能也参与了靛蓝与靛玉红的生物合成过程。据此推测,菘蓝 P450 家族成员 IiCYP81D1,还包括 EVM0005059.1、EVM0002573.1、EVM0028087.1、EVM0019340.1 可能在靛蓝和靛玉红的生物合成过程中发挥重要的生物学功能,课题组目前已经成功克隆了相应基因,并进一步采用正向和反向遗传学的手段,分别从体外和体内两方面验证这些基因在靛蓝与靛玉红生物合成过程中的功能,为最终科学阐明菘蓝中靛蓝类物质合成积累过程的分子调控机理奠定基础。

4.3.1.2 芥子油苷的代谢调控研究

芥子油苷合成通路的研究已在拟南芥、芜菁(*Brassica rapa* L.)、甘蓝、蔊菜等物种中相继开展,尤以拟南芥芥子油苷代谢通路的研究工作较为全面和深入。课题组对菘蓝芥子油苷的合成积累规律进行了研究,阐明了菘蓝中芥子油苷在不同生长发育阶段、不同组织部位,以及不同诱导子处理条件下的含量变化规律(参见第 6 章)。同时,参考拟南芥等十字花科植物芥子油苷代谢调控的研究工作,课题组绘制了菘蓝芥子油苷的代谢通路,为后续开展其芥子油苷的代谢调控机理研究提供了依据(参见第 3 章)[377]。基于菘蓝的基因组和转录组数据信息,课题组对菘蓝芥子油苷代谢通路上的酶基因和调控因子进行了研究,共有 132 个基因参与了芥子油苷的合成和分解过程,其中有 70 个基因参与芥子油苷的生物合成过程,38 个基因参与芥子油苷的降解过程,2 个基因的表达产物作为转运蛋白,另有 22 个转录因子调控酶基因的表达。目前,课题组已相继开展菘蓝芥子油苷代谢通路上相关酶基因和转录因子的功能研究,旨在进一步阐明菘蓝芥子油苷代谢调控的分子机理,为提升菘蓝品质,开展菘蓝的分子育种研究奠定基础。

此外,课题组还发现,与拟南芥相比,菘蓝中缺失了 *MAM3*、*CYP79F2* 和 *AOP3* 等数个关键酶基因,这可能也是菘蓝中积累的芥子油苷类型与拟南芥存在显著差异的主要原因。我们将 132 个,结果显示:有 33 个基因定位到 4、6 号染色体上;5 号染色体上的基因数量相对最少,只有 13 个。在 4 和 6 号染色体上存在三个基因集中分布的区域,这些区域中分布的基因可能参与菘蓝芥子油苷的代谢过程。菘蓝拥有多达 13 个与拟南芥 *TGG1/2* 同源的基因,是已完成基因组测序的十字花科植物中最多的,同时,菘蓝有 11 个与拟南芥 *TGG4/5* 同源的基因,而其中 8 个基因可能已经去功能化,这在十字花科植物中也是数量较多的。

4.3.1.3 木脂素类成分的代谢调控研究

木脂素是一类结构和功能多样的化学物质,可在多种植物中合成积累。李彬等测定了 12 个地区菘蓝中落叶松脂素和落叶松脂素苷的含量,平均值分别为 47.14 μg/g 和 84.67 μg/g[378]。松脂素 - 落叶松脂素还原酶(PLRs)是两个单体二聚化后,参与木脂素生物合成的酶,也是合成 8 - 8'木脂素的关键节点,能够促进木脂素结构多样性的改变。为确定这种酶对不同底物催化的特异性,研究人员分析了菘蓝的 *Ii*PLR1 和拟南芥的 *At*PrR1 和 *At*PrR2 分别处于 apo、底物结合和产物结合状态的晶体结构,结果发现:每个晶体结构都包含一个首尾相连的同源二聚体,催化口袋由两个单体的结构元素共同组成。β4 环覆盖口袋顶部,该环的第 98 位氨基酸残基控制催化特异性。*Ii*PLR1 和 *At*PrR2 的底物特异性的变化可以通过结构引导的诱变来实现。进一步深入了解 PLRs/PrRs 底物特异性的分子机制,为大规模商业化生产具有药物价值的落叶松脂醇提出了有效的策略。

虽然含量较低,但木脂素对菘蓝发挥抗病毒活性具有重要作用。因此,阐明菘蓝木脂素的生物合成途径及其代谢调控机理,可为后续通过系统生物学和代谢工程技术提高菘蓝木脂素含量提供参考。RNA - seq 可用于测定转录产物的数量和丰度,可以提供一个完整的转录组视图,现已广泛应用于植物分子生物学的研究[379]。

Chen 等用 454 RNA 深度测序技术建立了菘蓝的转录组基础数据库,经 Blast 分析、公共数据库检索共获得了 30601 个基因注释结果,进一步通过 GO 和 KEGG 数据库对这些基因进行聚类分析,结果表明,16032 个基因在生物合成过程、分子功能和细胞组分中的分配比例分别是 34.8%、50.6% 和 14.6%。在这些基因中,葡萄糖基转移酶家族基因(UGT)在菘蓝木脂素代谢中起着重要作用[379]。UGT 的功能是催化糖基活化转移。目前,在菘蓝中发现了 9 种新的 UGT,其中 UGT71C1、UGT71C2、UGT71D1、UGT72E3、UGT84A4 属于木脂素葡萄糖基转移酶类。

Xiao 等利用 MeJA 在不同时间处理菘蓝毛状根,分别进行转录组和代谢组检测,创建了基因表达与木脂素含量之间的比较矩阵,发现 *IiPLR1* 的表达量与落叶松树脂醇含量的积累呈正相关,具有高的相关系数值(r = 0.98)。实时荧光定量 PCR 分析 *IiPLR1* 的转录水平,发现其在很大程度上促进了落叶松脂醇的积累。通过 RNAi 进行基因沉默,证明 *IiPLR1* 确实影响了落叶松脂醇的生物合成过程,而抑制 *IiPLR2* 或 *IiPLR3* 的表达,未能明显改变落叶松脂醇的含量。相关结果表明,*IiPLR1* 在影响菘蓝落叶松脂素合成积累过程中发挥了主要的作用[380]。

Zhang 等进行了转录组差异基因的共表达网络分析,发现多种转录因子在调控菘蓝木脂素的生物合成过程中具有核心作用,16 个螺旋-环-螺旋(bHLH)转录因子响应茉莉酸(Jasmonic acid,JA)的处理[381]。另外,Ma 等在菘蓝根中发现 AP2/ERF 家族转录因子 *IiO49* 受 MeJA 诱导表达,且 *IiO49* 可直接与菘蓝木脂素合成基因 *IiPAL* 和 *IiCCR* 的启动子结合;而抑制 *IiO49* 表达后,落叶松脂素的含量显著降低;而过表达 *IiO49* 的转基因株系中木脂素类化合物的含量显著增加(424.60 μg/g),与对照相比提高了 8.3 倍,证实了 *IiO49* 对菘蓝木脂素合成具有重要的调控作用[382]。

4.3.2 菘蓝对茉莉酸信号的响应机理研究

茉莉酸化合物是植物中普遍存在的激素,JAs 感知触发广泛的转录重新编程导致整个代谢途径的激活;主要包括茉莉酸及其衍生物茉莉酸甲酯(Methyljasmonate,MeJA),可以模拟病原微生物、草食性昆虫的攻击,协调植物生长、抗性、衰老和防御基因的表达,从而产生防御反应。

课题组系统研究了 MeJA 对菘蓝的生长、基因表达和代谢物积累的影响,通过检测菘蓝的生理生化指标、基因表达变化和代谢物积累的变化等,较为全面地展示了菘蓝对 MeJA 的应答过程。研究发现,MeJA 处理后,菘蓝中干物质的含量、叶绿素及胡萝卜素的含量显著升高,而可溶性糖的含量则有所降低;此外,PAL、LOX、PPO、POD、CAT 和 SOD 等酶的活性显著升高,表明植物的抗性有所增强。基于 RNA-seq 技术,共注释到 31769 个 Unigene,平均长度为 918 bp(201~17347 bp),包含 2725 个差异表达基因,其中有 57 个基因参与到茉莉酸、芥子油苷和苯丙烷类物质的生物合成过程中。此外,采用 GC-MS 和 LC-MS 技术对 MeJA 处理的菘蓝进行代谢组分析,共检测到 175 个差异代谢物的变化,其中有 53 个差异代谢物被注释到 37 个不同的代谢通路中,且以苯丙烷类代谢通路中涉及的差异代谢物的数量最多。相关研究结果对于 MeJA 的功能研究是有益的充实和拓展,同时也有助于进一步发掘菘蓝生长和代谢调控过程中重要功能基因资源。

此外,bHLH 转录因子在 JA 信号通路中也发挥重要作用。海军军医大学课题组通过转录组测序研究发现,MeJA 处理菘蓝毛状根 1 h 后,16 个 *IibHLHs* 呈现明显的差异表达,表明这些基因参与了 JA 介导的转录的早期调控过程,且 10 个 *IibHLHs* 在次生代谢物合成中发挥重要的调节作用[384]。

植物中的色氨酸代谢途径主要包括 4 个支路,分别为吲哚苷(Indole gluosinolate,IG)、萘乙酸(Indole-3-acetic acid,IAA)、萜类吲哚生物碱(Terpene indole alkaloids,TIA),以及生成靛蓝、靛玉红代谢途径(图 4-4)。陈军峰等以成熟菘蓝叶片为研究对象,对 MeJA 诱导的菘蓝叶片进行了转录组测序分析,分别获得了参与色氨酸代谢途径中色氨酸、吲哚乙酸、吲哚苷和萜类吲哚生物碱合成代谢支路中 16 个催化步骤的 38 个编码基因[130]。转录组分析结果表明, MeJA 可以通过调控相应代谢途径的基因转录水平引起吲哚类化合物积累的显著变化, 且菘蓝的吲哚途径存在其特殊性。在微生物的色氨酸代谢途径中, 色氨酸可在色氨酸酶(Tryptophanase)的催化下逆向生成吲哚, 而菘蓝中并没有注释到该基因, 说明这个催化步骤在菘蓝中或不存在, 或可能在特定的条件才会产生。通过共表达网络分析, 推测转录因子 bHLH125 可能对吲哚代谢途径具有核心调控作用; 且 CYP2A6-1 和 CYP735A2 等蛋白可能催化生成靛蓝、靛玉红、色胺酮前体的羟基化反应, 对这两个蛋白与底物分子的结合进行了分子对接建模, 显示对吲哚分子具有较好的结合力。

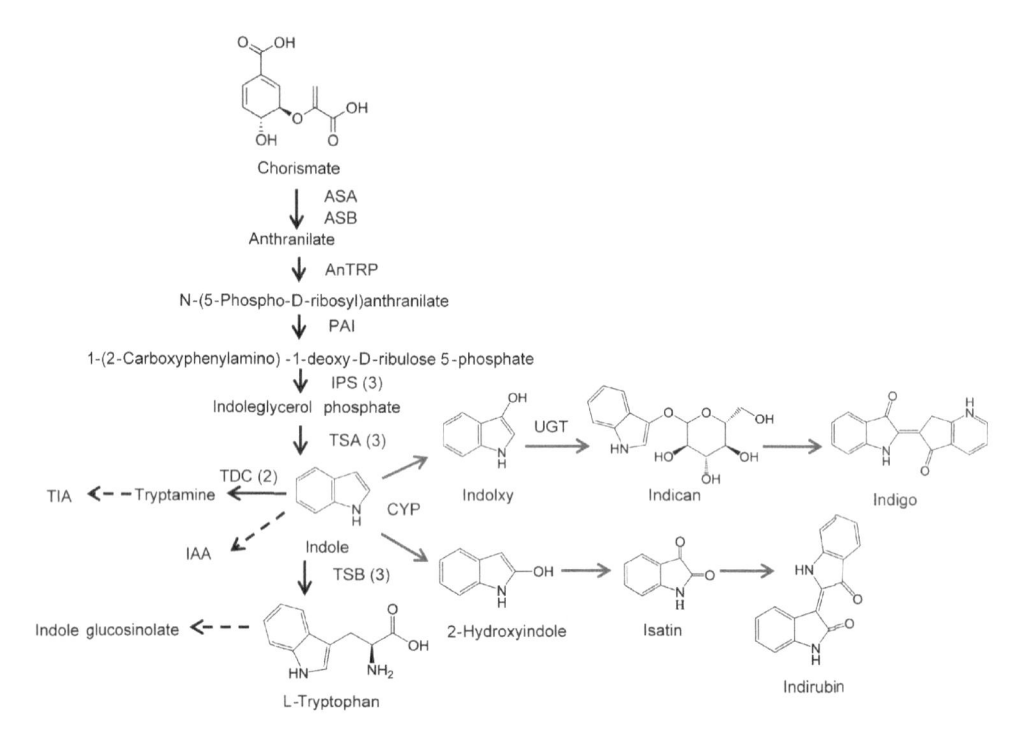

虚线箭头表示多步催化反应, 基因名后数字为同源异构体数目。
图 4-4 预测的菘蓝中吲哚类化合物生物合成途径[376]

4.3.3 菘蓝对 YE 和 Ag⁺ 处理的响应机理研究

采用 RNA-seq 技术, 本课题组还研究了 YE 和 Ag⁺ 处理条件下菘蓝的基因表达情况, 以阐明植物在生物诱导子和重金属离子处理条件下的应答机理。研究结果表明,YE 和 Ag⁺均能够对植物的生长、生理生化、次生代谢过程产生不同程度的影响。在 YE 处理条件下,共注释到 2150 个 DEGs,其中 1255 个基因(58%)表达下调,895 个基因(42%)表达上调;而在 Ag⁺处理条件下,共注释到 1923 个 DEGs,其中 454 个基因(24%)表达下调,1469 个基因(76%)表达上调(图 4-5)。而共同响应两个诱导子处理的 DEGs 有 637 个,包含 161 个下调基因(25%)和 476 个上调基因(75%)。有较多 DEGs 参与了植物与病原体相互作用、植物激素信号转导等生物学过程,提示相应基因可能在这些生物学过程中发挥重要作用,而具体的基因功能还有待于进一步研究探讨。

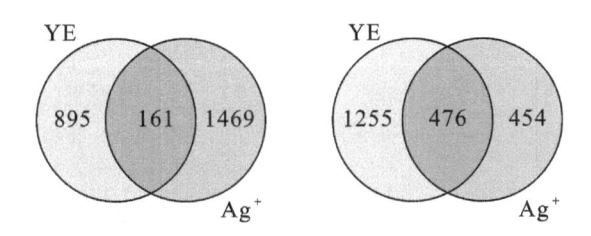

图 4-5 菘蓝在 YE 和 Ag⁺处理条件下的差异表达基因韦恩图

4.3.4 菘蓝的基因家族鉴定与分析

4.3.4.1 菘蓝 CYP450 基因家族鉴定与分析

细胞色素 P450(CYP450)在植物体内具有重要的催化活性,广泛参与萜类、黄酮类、生物碱类及芥子油苷类等多种次生代谢产物的生物合成过程。课题组基于菘蓝转录组测序结果,对菘蓝 CYP450 基因家族成员进行了分类、鉴定及系统进化分析。共鉴定了 108 个 CYP450 基因家庭成员,其中 42 个具有完整编码序列(CDS),分别属于 23 个基因家族和 31 个亚家族。基因注释结果显示:在 COG、GO、KEGG、KOG、Pfam、Swiss-Prot,以及 NR 等 7 个数据库中,分别获得同源比对信息的 Unigene 分别有 72、105、53、75、91、108 和 107 个,分别占到基因注释总数的 66.67%、97.22%、49.07%、69.44%、84.26%、100%和 99.07%。其中,72 个 Unigene 被注释到 COG 数据库中,且被划分至"次生代谢产物生物合成、运输和代谢(Secondary metabolites biosynthesis, transport and catabolism)"功能分类中。GO 注释结果展示了菘蓝 CYP450 基因在"生物学过程(Biological process)""细胞组成成分(Cellular component)"和"分子功能(Molecular function)"三个功能类别中的分布状况。总体而言,菘蓝 CYP450 基因家族成员分布最多的分别是"单个组织的过程(Single-organism process;97 个)"和"代谢过程(Metabolic process;102 个)"两个功能分类,表明菘蓝中参与代谢过程的CYP450基因家族成员较多,后续可在菘蓝次生代谢调控研究过程中挖掘更多的功能基因资源。

KEGG注释结果显示,菘蓝中有53个CYP450基因家族成员属于一级通路中的"代谢(Metabolism)"功能类别。在二级通路(Pathway Hierarchy)层次上,"其他次生代谢产物的生物合成(Biosynthesis of other secondary metabolites)"和"萜类和酮类化合物代谢(Metabolism of terpenoids and polyketides)"被注到的CYP450s数目最多,分别为51个和39个。因此,菘蓝CYP450s可能主要参与次生代谢物的合成与积累过程(表4-3)。

表4-3 CYP450的KEGG通路注释结果

一级通路 Pathway Hierarchy1	二级通路 Pathway Hierarchy2	三级通路 Pathway Hierarchy3	数目 Number
代谢 Metabolism	氨基酸代谢 Amino acid metabolism	苯丙氨酸代谢 Phenylalanine metabolism	4
		色氨酸代谢 Tryptophan metabolism	3
	其他次生代谢产物的生物合成 Biosynthesis of other secondary metabolites	苯丙素的生物合成 Phenylpropanoid biosynthesis	6
		类黄酮生物合成 Flavonoid biosynthesis	4
		芪类化合物,二芳基庚烷化合物和姜辣素的生物合成 Stilbenoid, diarylheptanoid and gingerol biosynthesis	35
		芥子油苷的合成 Glucosinolate biosynthesis	6

续表

一级通路 Pathway Hierarchy1	二级通路 Pathway Hierarchy2	三级通路 Pathway Hierarchy3	数目 Number
代谢 Metabolism	萜类和酮类化合物代谢 Metabolism of terpenoids and polyketides	柠檬烯和蒎烯降解 Limonene and pinene degradation	31
		二萜类化合物的生物合成 Diterpenoid biosynthesis	1
		类胡萝卜素生物合成 Carotenoid biosynthesis	4
		玉米素的生物合成 Zeatin biosynthesis	1
	脂质代谢 Lipid metabolism	油菜素内酯的生物合成 Brassinosteroid biosynthesis	2
		甾体合成 Steroid biosynthesis	2

4.3.4.2 菘蓝MYB基因家族分析

MYB转录因子是植物中成员众多的转录因子家族之一,具有十分保守的DNA结合基序MYB binding domain。由于MYB保守结构域种类及数目不同,MYB转录因子家族通常被分为四个亚家族:1R – MYB/MYB – related、R2R3 – MYB、3R – MYB和4R – MYB。MYB转录因子参与调控植物次生代谢、对外源植物激素和环境因子的应答反应、植物生长发育及形态建成等多方面的生理过程,具有广泛且重要的生物学功能。

课题组从MeJA、YE及Ag^+处理后的菘蓝转录组数据库中共检索到110个具有完整CDS的MYB转录因子,手动删除重复及冗余序列后,获得100个具有MYB保守结构域的基因。按照MYB转录因子所具有的DNA保守结构域类型将其分为3大类,包括79个MYB – related、17个R2R3 – MYB及4个3R – MYB亚家族成员。

如表4 – 4所示,进一步对MYB转录因子的注释结果进行分析。KOG注释结果表明,62 个 MYB 转录因子被划分为 6 个功能类别,其中归为"转录因子(Transcription)"的基因有 37 个,归为"转录后修饰、蛋白代谢、伴随蛋白(Posttranslational modification,protein turnover,chaperones)"的基因有 12 个,"染色质结构与动力学(Chromatin structure and dynamics)"的基因有 5 个。对 GO 注释的结果进行分析,菘蓝 MYB 转录因子在"细胞组成成分"聚类中,集中分布于"细胞核(Nucleus)"这一类别,体现了转录因子主要在细胞核中发挥调控作用的特性;在"分子功能"这一聚类中,主要分布在"DNA 结合(DNA binding,81 个)""特异序列 DNA 结合转录因子活性(Sequence-specific DNA binding transcription factor activity,77 个)"及"染色体结合(Chromatin binding,76 个)"类别中;而在"生物学过程"的功能聚类中,分布较多的类别是"转录调控(Regulation of transcription,61 个)""响应水杨酸(Response to salicylic acid,25 个)""响应茉莉酸甲酯(Response to jasmonic acid,23 个)",以及"响应盐胁迫(Response to salt stress,21 个)"。菘蓝 MYB 转录因子在植物的多个生物学过程中发挥重要的调控作用,在"细胞组成成分"功能聚类中,集中分布于细胞核中;在"分子功能"这一功能聚类中,主要参与 DNA 的结合;而在"生物学过程"功能聚类中,主要参与转录调控过程,对水杨酸、茉莉酸甲酯及干旱的应答反应等。相关研究结果体现了 MYB 转录因子主要在细胞核中与 DNA 的结合中发挥调控作用,并且广泛响应生物及非生物胁迫的应答过程。

表 4-4 *Ii*MYB 转录因子注释结果统计

注释数据库	基因数目(个)	百分比(%)
Annotated in KOG	62	62
Annotated in GO	98	98
Annotated in KEGG	36	36
Annotated in COG	38	38
Annotated in Pfam	98	98
Annotated in Swiss-Prot	92	92
Annotated in NR	100	100
Annotated in All	100	100

4.3.4.3 菘蓝 bHLH 基因家族分析

bHLH 蛋白广泛分布于真核生物中,属于植物中的第二大类转录因子家族,在诸多的生命活动中执行转录调控功能,包括胁迫耐受、器官发育、激素反应和代谢调控等过程。根据系统发育关系、DNA 结合基序和功能特性,将植物 bHLHs 分为 15～25 个子类群,MYC 型蛋白是植物中研究最为深入的 bHLH 蛋白。研究人员比对拟南芥的全基因组从头测序结果和对 AtbHLH 基因家族的分析结果[384],对 MeJA 处理 0～24 h 后六个时间段内菘蓝毛状根的转录组测序结果进行注释分析,识别了 78 个假定的 IibHLH 序列,共检测到 69 个 IibHLH 基因的转录本。其中 44 个基因的表达下调,16 个基因的表达上调,9 个基因的表达不变;进一步的表达模式分析结果显示,这些 bHLH 转录因子可能参与了 JA 介导的转录调控过程的早期阶段[382],相关研究结果为进一步探究 IibHLH 基因的功能提供了依据。

4.3.4.4 菘蓝 WRKY 基因家族分析

基于转录组测序技术,研究人员首次在蓝菘中鉴定到 64 个 IiWRKY 基因(IiWRKY1～64)。根据其 WRKY 结构域的特征共分为 I(12)、II(43) 和 III(9) 三个大类群,而 II 组的 IiWRKYs 根据不同的保守基序又可分为 5 个不同的亚组。研究进一步以 64 个菘蓝的 IiWRKYs 和 72 个拟南芥的 AtWRKYs 构建系统发育树,结果表明:IiWRKYs 由第一类群到第二类群,最后到第三类群,与其他几种植物(葡萄 Vitis vinifera L.、毛果杨 Populus trichocarpa、黄瓜 Cucumis sativus L.)的 WRKY 转录因子的进化过程是平行的。此外,还发现 IiWRKY34 在四倍体菘蓝中的表达量明显高于二倍体,且与落叶松树脂醇的积累呈正相关。进一步对 IiWRKY34 过表达和 RNAi 的分析结果表明,IiWRKY34 能够调节落叶松树脂醇的生物合成过程,同时明显促进菘蓝根的发育,增加植株对盐和干旱胁迫的耐受性。相关研究结果为四倍体菘蓝的遗传优势提供了新的见解,同时也为菘蓝的遗传改良提供了潜在的靶基因[385]。

4.4 菘蓝同源多倍体的转录组学研究

随着中药现代化进程的不断推进,仅依赖药用植物的天然野生资源已经不能满足市场的需求,获得高产、高品质的中药材资源就显得十分迫切和必要。多倍体药用植物一般都具有巨大的营养器官,如根、茎、叶、花、果实增大,抗逆性增强,药用活性成分含量升高等特性。多倍体育种技术具有诱导频率高、方法相对简单、见效快、易获得等特征,因此,药用植物多倍体育种具有特殊的应用价值和较好的增产潜力。

周影影等通过转录组测序技术,获得了菘蓝的同源多倍体(3x,4x)的转录组数据,并与二倍体(2x)供体共同鉴定其表型和转录组水平的变化[139]。研究利用

Blastx 公共数据库对转录组数据进行检索,对 70136 个 Unigene 进行了重新比对,并对 56482 个 Unigene 进行了注释(80.53%)。通过对二、三、四倍体植株的差异表达基因进行两两比较,结果表明:菘蓝二倍体相较于四倍体有 1856 个差异基因(2.65%)、二倍体相较于三倍体有 693 个差异基因(0.98%)、三倍体相较于四倍体有 1045 个差异基因(1.48%)。同时,还发现这些差异表达基因主要的功能是参与细胞生长、细胞壁形成、次生代谢物的生物合成、应激反应和光合作用等途径。而且,在诱导的同源四倍体中,某些功能化合物代谢途径差异表达基因的上调表达进一步提高了植物的生物量和目标代谢物的产量,相关研究结果为采用分子育种技术开展菘蓝新品种的培育奠定了基础。

4.5 本章小结

本章主要梳理了转录组的基本概念、转录组测序技术的发展、测序的基本流程,以及多种药用植物的转录组学研究进展,并重点介绍了转录组测序技术在菘蓝中的应用现状和进展。目前,利用转录组测序技术在菘蓝的生长发育、次生代谢调控、功能基因挖掘等方面已经开展了较多深入的研究,相关研究成果在菘蓝品种改良、新品种培育等方面提供了重要的研究思路。随着转录组测序技术的不断发展,该项技术已日渐成为生命科学领域中的常规研究手段,后期研究人员依然可以利用转录组测序技术不断拓展菘蓝的研究方向,增加研究的深度,以进一步揭示菘蓝的遗传背景,明晰菘蓝发挥抗病毒、抗内毒素、免疫调节的化学物质基础,以及调控相关活性物质代谢的关键酶基因和调控因子,为提高菘蓝的活性成分含量,开展菘蓝的分子育种研究等提供有效的研究思路和技术保障。

第5章 菘蓝中靛蓝和靛玉红的代谢调控研究

靛蓝和靛玉红是菘蓝的主要次生代谢产物,具有重要的生物学活性。靛蓝为常用色素,广泛应用于食品、医药和印染工业,同时也具有一定的抗菌活性;靛玉红具有抗菌、抗炎、抗肿瘤、增强免疫等作用,是临床上治疗慢性粒细胞白血病的著名抗癌药物。靛蓝和靛玉红因其重要的生物学活性,被认为是评价板蓝根和大青叶药材质量的指标性成分,长久以来受到人们的广泛关注。近年来,关于菘蓝中靛蓝和靛玉红类物质的基本组成、提取分离方法、生物活性评价、合成积累规律与调控机理等方面的工作一直是研究的热点。本章主要对菘蓝中靛蓝和靛玉红的基本性质和生物学功能进行阐述,并对其合成积累规律和调控机理的研究现状进行归纳整理,以期为开展相关研究的科研人员提供参考。

5.1 靛蓝和靛玉红的理化性质与生物学功能

靛蓝和靛玉红互为同分异构体(图5-1),但其理化性质和生物学功能存在较大差别,使得靛蓝和靛玉红在实际应用中发挥的功能也各不相同。

图5-1 靛蓝(A)和靛玉红(B)的分子结构

5.1.1 靛蓝和靛玉红的理化性质

靛蓝(Indigo),别名蓝靛、靛青,为深蓝色粉末,分子式为$C_{16}H_{10}N_2O_2$,最大吸收波长为610 nm左右,微溶于水、乙醇、甘油和丙二醇等,可溶于氯仿、硝基苯等溶剂,不溶于油脂;有铜样金属光泽,是一种双吲哚生物碱。靛蓝在浓硫酸中为深蓝色,稀释后变为蓝色,其水溶液在碱性环境下呈绿色或黄绿色。靛蓝作为染料具有独特的色调,容易着色,在食品、轻工业领域的使用十分广泛。靛蓝耐热、耐光、耐碱、耐氧化,但耐盐性和耐菌性相对较差;次硫酸钠或葡萄糖可将靛蓝还原成靛白。

靛玉红(Indirubin),别名2-(2-氧代-1H-吲哚-3-亚基)-1H-吲哚-3-酮、玉红片、炮弹树碱B等,与靛蓝互为同分异构体,不溶于水,微溶于乙醇,溶于乙酸乙酯等,是具有挥发性,有一定极性的生物碱。常见为紫色针状晶体,性质比较稳定,一定条件下会部分升华。靛蓝和靛玉红分子呈平面构型,结构上靛蓝与靛玉红分子均为刚性平面,存在π共轭体系,靛玉红分子具有更高的氢键强度,故更加稳定。靛蓝呈中心对称结构,而靛玉红没有相应结构[386-387]。

5.1.2 靛蓝的生物学活性

靛蓝被广泛应用于食品、轻工业和医药领域,具有丰富的药理活性与经济价值。靛蓝具有抗紫外线、抗氧化、抗菌、抗炎、免疫抑制等生物学活性。了解靛蓝的基本理化性质,充分认识其生物学活性和实际应用价值,对于靛蓝的开发利用具有十分重要的意义。

(1)抗紫外线作用

皮肤暴露于紫外线会造成角质化、癌变等损伤。研究发现,轻工业中应用靛蓝不仅可以染色,还可以有效阻挡紫外线,增强服装的抗紫外能力[388]。Wang等研究发现,白色棉T恤防紫外能力较弱,但染为蓝色可以有效降低紫外线对皮肤的损伤[389-390]。Sarkar等研究证明,深色染料——靛蓝对紫外线的防护效果十分显著[391]。

(2)抗氧化作用

本课题组对菘蓝的抗氧化活性进行了研究,发现菘蓝提取物中的靛蓝对1,1-二苯基-2-苦基肼自由基(DPPH free radical)和超氧自由基(Superoxide radical)具有较强的清除效果,且靛蓝对羟自由基的清除和还原能力也较强,在食品或医药工业中可用作抗氧化剂[392]。此外,Farias-Silva E等研究发现,靛蓝可显著减小经乙醇诱导的大鼠胃溃疡的面积,且胃黏膜DNA断裂的状况也有所减轻,提示靛蓝可以通过发挥抗氧化特性降低胃溃疡损伤面积,从而实现临床治疗的作用[393]。

(3) 抗菌作用

靛蓝在一定光谱区域内表现出光学吸收特点,具显著的光动力学抗菌活性,是光动力疗法的重要材料。靛蓝对革兰氏阳性和阴性菌均具有抑制作用,而金黄色葡萄球菌和白色念珠菌等对靛蓝敏感性更高,抑制效率可达90%以上[394-395]。部分添加剂如$CaCl_2$和$MgCl_2$等,可通过增加革兰氏阴性菌外膜的渗透性来增强靛蓝的抑菌效果。

(4) 抗炎作用

靛蓝对急性非特异性炎症具显著的抑制作用。通过向小鼠腹腔注射靛蓝,可显著减轻小鼠的组织肿胀程度;且靛蓝对小鼠的炎症性疼痛疗效显著,其作用机制可能与靛蓝通过抑制IKKβ(IκBβ激酶)/IκB(核因子-κB蛋白抑制剂激酶)/NF-κB(核因子-κB)信号通路中IKKβ的磷酸化,进而抑制两种重要的炎性介质——前列环素(PGE2)和环氧化酶-2(COX-2)的合成相关[396]。此外,靛蓝对溃疡性结肠炎具有一定的治疗作用,临床中常用青黛进行对症治疗,而青黛的主要活性成分就是靛蓝。靛蓝可显著改善小鼠溃疡性结肠炎症状,缓解小鼠体重减轻和结肠缩短等症状,明显降低其组织病理学评分[397]。

(5) 免疫抑制作用

自身免疫性疾病是机体对自身抗原发生免疫反应,导致组织损害所引起的疾病,T细胞的过度活化与增殖通常为自身免疫性疾病发生的主要表现。T细胞活化与增殖过程中蛋白激酶C(PKC)扮演着重要的角色,是多种信号蛋白的调节者与多种信号通路的枢纽。研究发现,靛蓝对CD69分子的表达具有显著的抑制作用,其可能使PKC途径受阻,从而抑制CD69 RNA的合成[398]。

5.1.3 靛玉红的生物学活性

靛玉红与靛蓝互为同分异构体,具有抗炎、抗菌、免疫抑制等生物学活性;此外,还具有抗病毒、抗肿瘤等重要的临床疗效。

(1) 抗炎作用

粒性白细胞在趋化细胞因子激活下可以进入炎症部位,进而发挥抗炎作用。研究证明,靛玉红可阻断小鼠脾细胞分泌白介素-6(IL-6)和干扰素-γ(IFN-γ)等细胞因子[399]。同时,靛玉红可抑制神经小胶质细胞分泌肿瘤坏死因子(TNF-α)、白介素(IL-1)、前列腺素E(PGE),并产生一氧化氮(NO)和活性氧(ROS)[400]。进一步研究证明,靛玉红-3-肟对白三烯介导的血管平滑肌细胞迁移具有阻断作用,可有效抑制血管平滑肌的炎性反应[401]。此外,靛玉红可修复小鼠的结肠损伤,具有治疗胃肠疾病的潜力。赖金伦等研究了靛玉红抑制脂多糖(LPS),诱导小鼠乳腺上皮细胞(MMECs)和小鼠乳腺炎的 toll 样受体(TLR4)、NF-κB(核因子 κB)和 MAPK(丝裂原活化蛋白激酶)信号通路,验证了其对 LPS 诱导的小鼠乳腺炎的防治作用;同时也阐明了靛玉红具有防治炎症相关疾病的作用,为靛玉红应用于临床奶牛乳腺炎,甚至其他炎症相关疾病的防治奠定了理论基础[402]。

(2)抗菌作用

耐甲氧西林金黄色葡萄球菌(MRSA)是临床上常见的毒性较强的细菌。林健等的研究发现,靛玉红对 MRSA 的最低抑菌浓度为 128 μg/mL。靛玉红具有抑制 MRSA 生长的作用,其机制是破坏 MRSA 的菌膜结构或功能。通过膜通透性的改变,使菌体内外物质失衡,最后抑制或杀死耐甲氧西林金黄色葡萄球菌。有研究结果表明,靛玉红对细胞周期蛋白依赖性激酶(CDKs)和 DNA 聚合酶具有较强的抑制作用,主要影响细菌正常的增殖分化[403-404]。低剂量的靛玉红可显著抑制白念珠菌(Candida albicans)混合菌形成生物膜,可有效治疗外阴阴道念珠菌病。同时,该研究为靛玉红治疗白色念珠菌引起的口腔炎、阴道炎、菌血症和胆道感染等病症提供了理论基础,也为研究其他细菌、真菌性疾病等提供了依据[402]。

(3)免疫抑制作用

靛玉红通过抑制免疫性血小板减少性紫癜(ITP)小鼠的脾细胞增殖,减少小鼠脾淋巴细胞(CD4、CD8、CD25、Foxp3)的数量,提高 $CD4^+$、$CD25^+$、$Foxp3^+$ 调节性 T 细胞的相对比例,从而有效改善 ITP 的症状。而混合淋巴细胞培养(MLR)显示,靛玉红并不抑制调节性 T 细胞的功能,但可有效抑制过强的免疫应答,为治疗自身免疫性疾病提供了新的可能[405]。

细胞损伤、缺氧、炎症等病理条件可使 ATP 从细胞内释放到组织间,而胞外 ATP 对机体是一种"危险信号",可通过活化 P2 类受体等方式引发各种免疫反应。研究人员在监测吞噬功能和钙离子内流实验中,以巨噬细胞内钙离子的浓度变化和细胞膜对 EB 染料的通透性来反映胞外核苷酸受体($P2X_7$)的活化作用,发现靛玉红对 $P2X_7$ 受体活化的抑制作用强于其特异性抑制剂考马斯亮蓝。相关研究结果表明,靛玉红能够抑制巨噬细胞内钙离子的浓度和细胞膜通透性的增加,从而抑制 ATP 引起的巨噬细胞免疫反应[406]。

(4)抗病毒作用

据报道,靛玉红可调节正常 T 细胞的表达和分泌因子在甲型流感病毒诱导细胞中的表达。目前,靛玉红对病毒的预防与治疗作用大多集中于对于流感病毒的研究中,尤其是许多靛玉红的衍生物具有辅助抗病毒的功效,而进一步认识靛玉红对病毒性疾病的作用机制有利于其更广泛地应用于对该类疾病的防治过程[407]。

Chang 等研究发现,靛蓝和靛玉红对乙脑病毒表现出有效的抗性[408]。靛蓝和靛玉红主要通过抑制病毒复制、降低病毒附着和直接灭活病毒颗粒等方式显著降低机体内乙脑病毒的含量。靛玉红对致命剂量的乙脑病毒攻击具有较强的保护作用,其效果优于靛蓝和靛蓝提取物,为抗乙脑病毒药物的研发提供了思路。此外,靛玉红还可调节流感病毒引发的细胞免疫活性,显示出广谱抗病毒活性,其对伪狂犬病病毒也有类似的活性[409]。

Mok 等证明了靛玉红衍生物在原代细胞培养模型中延缓了病毒的复制[410]。实验结果表明,靛玉红衍生物具有作为抗病毒治疗的辅助药物的潜力,可用于治疗流感病毒引发的疾病,如高致病性甲型禽流感(H5N1)等。

(5)抗肿瘤作用

浸润和转移是肿瘤治疗的难点,也是肿瘤治愈判定的关键,因此,目前的研究主要集中于抑制肿瘤细胞的侵袭与转移。已有研究证明,靛玉红可显著抑制慢性粒细胞白血病病变细胞的侵袭和转移,而对骨髓没有明显的抑制,毒害作用小,经临床验证可作为一种有效的抗癌药物[411]。曹婧等研究证明,靛玉红可抑制膀胱癌细胞转录因子的表达,并能够诱导一种胚胎干细胞自我更新所必需基因 Nanog 的表达,具有预防与治疗膀胱癌的潜质,且靛玉红类衍生物在癌症防治研究中也表现出优异的功效[412]。此外,研究还发现靛玉红可选择性地抑制细胞周期蛋白依赖性激酶 -2(CDK -2)的活性,可有效减少放射治疗引起的黏膜损伤[413-414]。

靛玉红及其衍生物在疾病预防与治疗方面的研究不断取得进展,目前已被广泛用于慢性疾病防治。相对而言,靛玉红衍生物的研究与开发进度缓慢,其发挥功能的分子机制及作用机理还有待进一步探究,包括靛玉红及其衍生物预防或治疗相关疾病的作用机理和靛玉红对不同肿瘤的作用差异等,这些研究结果对于完善菘蓝资源的开发与利用,加快其药物研发等均具有积极作用。

5.2 靛蓝和靛玉红的分离鉴定研究

随着靛蓝和靛玉红生物学功能的不断揭示,对于板蓝根和大青叶药材中两种成分的分离鉴定工作愈发受到重视。一般而言,板蓝根中靛蓝和靛玉红的质量分数很小,仅为几微克到几十微克,而传统提取分离方法的效率低、耗时长,制备得到的产物纯度不高,无法满足对靛蓝和靛玉红在纯度与产量方面的需求。因此,优化靛蓝和靛玉红的分离提取方法是提高其使用效率的前提和基础,随着近年来各种技术的不断革新,一些针对靛蓝和靛玉红分离提取的技术方法也不断涌现。

5.2.1 靛蓝和靛玉红的分离提取方法

传统意义上,提取靛蓝和靛玉红的方法主要为水煮醇沉法,由此得到的产物中有效成分的损失较大。随着技术的不断发展,适宜于靛蓝和靛玉红分离提取的方法主要包括回流提取法、索氏提取法、微波提取法等。

(1) 回流提取法

主要是利用有机溶剂加热提取,通过回流加热装置,可以有效避免因溶剂挥发而造成的损失。小量操作时,可将药材研磨后的粗粉放入适宜的烧瓶中(药材的用量约为烧瓶容量的1/3~1/2),加入溶剂,使其浸过药粉表面1~2 cm,烧瓶上连接冷凝器,使用水浴加热,沸腾后的蒸汽经冷凝后又流回烧瓶中。如此往复提取约1 h,收集提取液,过滤,烧瓶中重新加入溶剂继续回流1~2 h。重复该步骤两次,合并提取液,再通过蒸馏回收溶剂得到浓缩的提取物。刘依等通过正交试验确定了板蓝根中靛蓝和靛玉红的最佳提取工艺参数为:药材粒度40目,提取时间4 h,乙醇体积分数75%。在该优化的提取工艺条件下,靛蓝和靛玉红提取物的得率可以达到1.74%[415]。

(2) 索氏提取法

索氏提取法是一种从固体物质中萃取化合物的方法,实验室常用于粗脂肪的分离提取。目前,索氏提取法已成为国内外普遍采用的经典方法,也是我国分析粮油品质的首选方法。索氏抽提法通过溶剂反复回流,以及虹吸现象的原理而设计,具有操作简单、能耗低等优点;缺点为反应时间较长,难以分离性质相似的目标物质。

唐晓清等在研究菘蓝不同部位的靛蓝和靛玉红含量差异时,采用索氏提取法、HPLC法测定,具体提取工艺为50 ℃烘干至恒重,过60目筛,将适量粉末置于索氏提取器中,氯仿热回流提取[416]。

(3) 微波提取法

通过微波进行萃取,使用适合的溶剂在微波反应器中从动植物组织及矿物中提取活性成分的一种技术。邓锐等优化了微波法对大青叶中靛蓝和靛玉红进行提取的工艺条件,其最佳提取工艺条件为:温度60 ℃、时间3 min、微波功率1000 W、提取溶剂为90%甲醇溶液、30倍溶剂量(g/mL),靛蓝的提取率为6.20 mg/g,靛玉红的提取率为2.42 mg/g,提取效率较高[417]。

综上所述,回流提取法、索氏提取法、微波提取法各有优劣。比较而言,微波提取法和回流提取法的提取效率显著优于传统提取方法;且微波提取法的提取效率高于回流提取法、所需时间较短、操作更简便;而索氏提取法则更为经济,溶剂使用效率更高。此外,还需要对药材采取适宜的干燥处理方法,并不断优化参数以提高提取效率。以索氏提取法为例,以氯仿为提取溶剂,50~80 ℃烘干或晒干是最适宜的干燥方法,而低温或高温的处理方式会降低菘蓝有效成分的含量,最后辅以水浴温度80~85 ℃进行回流提取,此条件下靛蓝和靛玉红的提取率最高[418]。

课题组在探究靛蓝与靛玉红的最佳提取工艺条件时,发现各因素对靛蓝与靛玉红提取率的影响不同(图5-2)。同时发现,75%甲醇与氯仿相比,甲醇提取效率相对较高,但差距不大。考虑到安全性问题,也可考虑以75%乙醇作为提取溶剂,提取4 h,该提取方法相对安全且成本较低[419-421]。在单因素实验的基础上,继续利用响应面法对超声辅助提取靛蓝与靛玉红的工艺条件进行了优化。采用Design - Expert. V8.0.6 软件对相关提取参数进行二次回归拟合,得到靛蓝与靛玉红的得率对四个提取参数的二次多项回归方程为:

$$Y = 95.14 + 11.12A + 2.44B + 5.48C + 3.19D - 2.73AB - 0.41AC - 1.71AD - 4.18BC + 3.40BD - 0.96CD - 10.9A2 - 7.6B2 - 6.03C2 - 7.5D2$$

各因素对靛蓝与靛玉红得率的影响程度依次为:甲醇浓度 > 料液比 > 提取温度 > 提取时间。优化后的最佳提取工艺条件为:甲醇浓度80%,料液比1∶34,提取温度41 ℃,提取时间25 min。通过对最佳工艺条件的验证,靛蓝和靛玉红的综合评价指标为102.81,与综合评价指标的理论值(99.25)基本吻合,说明预测值和实际值拟合度良好,表明该数学回归模型合理、可靠,可有效应用于菘蓝中靛蓝和靛玉红的超声辅助提取过程。经与相同条件下的索氏提取法和热回流提取法相比,本提取工艺具有提取效率高、能耗低、用时短等优点,是靛蓝与靛玉红提取更为高效的工艺方案,也可应用于菘蓝中其他有效成分的分离提取研究和实践。

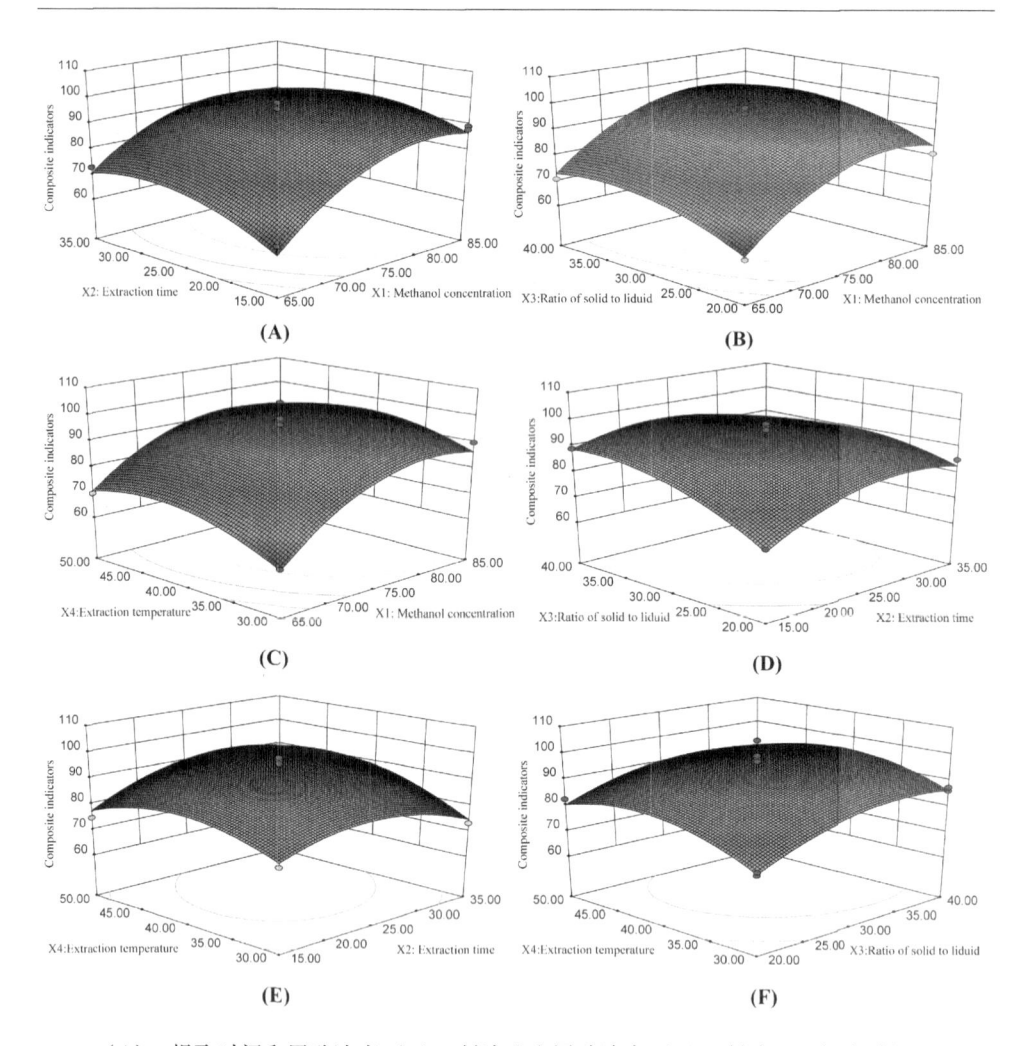

(A)—提取时间和甲醇浓度；(B)—料液比和甲醇浓度；(C)—料液比和提取时间；
(D)—提取温度和提取时间；(E)—提取温度和料液比；(F)—提取温度和甲醇浓度。

图 5-2　各因素交互作用对靛蓝与靛玉红提取率的影响

5.2.2 靛蓝和靛玉红的含量测定

靛蓝与靛玉红是菘蓝的主要活性成分，建立有效的分析鉴定方法十分必要。目前已建立了针对菘蓝有效成分的分析鉴定方法，常见的有紫外分光光度法、薄层层析法、薄层扫描法和高效液相色谱法等。

(1) 可见-紫外分光光度法

该法是在 190~800 nm 波长范围内测定物质的吸光度，用于定性和定量测定待测物质的方法，是测定靛蓝和靛玉红含量最为简单便捷的方法，提取靛蓝和靛玉红后直接以提取溶剂为空白,在靛蓝和靛玉红对应的波长下测得吸收峰。但是其他化合物在相同测定波长下也可能有吸收,故可能存在一定的误差。常宝勤等采用可见-紫外分光光度法测量板蓝根中靛蓝和靛玉红的质量分数。在对靛蓝和靛玉红提取物进行全波长扫描后,确定靛蓝的最大吸收波长为601 nm,而靛玉红的最大吸收波长为531 nm[422]。

(2) 薄层层析法

通常在覆有一层吸附剂(包括硅胶、三氧化二铝或纤维素等)薄片状的玻璃、塑胶或铝箔纸上进行,是一种用来分离混合物的固液层析技术。该法分离更加精确,能够快速高效分离脂肪酸、类固醇、生物碱等物质。朱玉琛等采用薄层层析法对板蓝根中靛蓝和靛玉红的含量进行测定,并进一步优化了相关工艺条件,获得的最佳薄层色谱条件为:以硅胶G板为吸附剂,以石油醚、氯仿及乙酸乙酯的比例为1:8:1为展开剂,可使靛蓝和靛玉红保持较优的最低检出量[423]。

(3) 高效液相色谱法

高效液相色谱法和其他分离方法相比,柱效和灵敏度更高、适用范围更广、分离速度也较快、重复性好且操作方便。随着HPLC方法的不断发展和完善,其在中草药化学成分鉴定和分析研究中已经取得了广泛的应用。为筛选菘蓝中靛蓝和靛玉红最有效的检测方法,董娟娥等对比分析了HPLC法、双波长分光光度法和薄层扫描法的稳定性、精密度及加标回收率等参数。在固定波长测定下,双波长分光光度法不能排除其他化合物在该波长下的吸收,而HPLC法不仅可避免这一缺点,且灵敏度高,能够检测出含量极少的靛蓝和靛玉红,而薄层扫描法则无法测出[424]。因此,针对菘蓝中靛蓝和靛玉红的测定需要结合其在不同部位的积累规律,选择合适的方法以满足不同精度测定的要求。

课题组采用HPLC法,依次对靛蓝和靛玉红的检测条件,包括柱温、甲醇与水的比例、磷酸水中磷酸的添加量、流速及检测波长等因素进行了综合考察,最终确定了靛蓝与靛玉红HPLC检测条件的最佳参数分别为:色谱柱为Agilent TC-C18(5 μm×4.6 mm×50 mm);流动相:A(甲醇):B(0.2%磷酸水) = 75:25;柱温:25 ℃;流速:1.0 mL/min;检测波长:289 nm;进样量:10 μL(图5-3)。

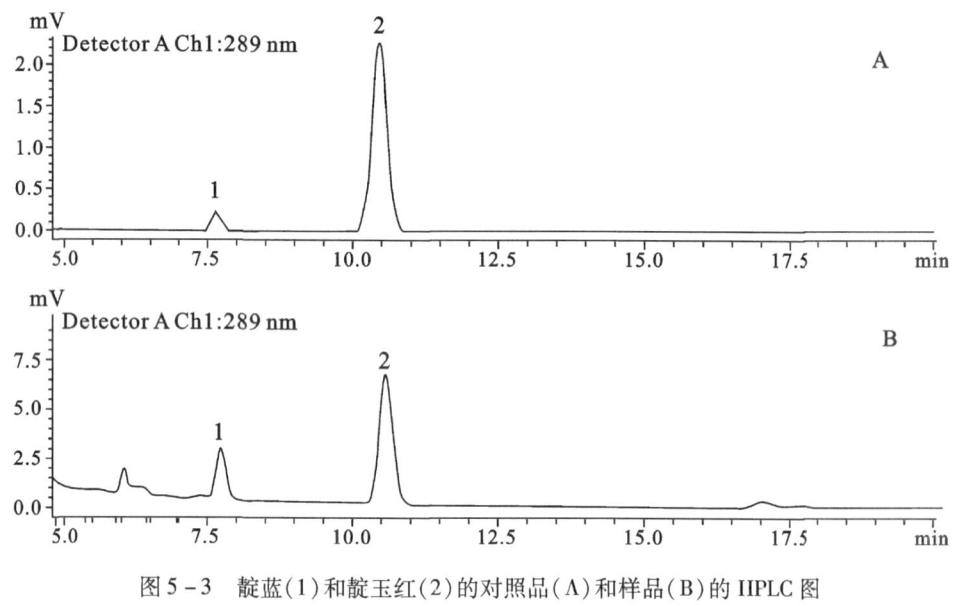

图 5-3　靛蓝(1)和靛玉红(2)的对照品(A)和样品(B)的HPLC图

5.3　靛蓝和靛玉红的合成

靛蓝和靛玉红具有十分重要的药用和经济价值,高效获得靛蓝和靛玉红是对其进行开发应用的前提。早期对于靛蓝和靛玉红的获取途径主要是直接从植物中提取分离,然而相应方法工艺复杂、提取效率低,同时受到材料的生长条件、地域环境、气候变化等因素的影响;随着工业发展与科技的进步,靛蓝和靛玉红的获取逐渐转向化学合成与微生物合成等方法来实现,化学合成法虽然提高了靛蓝和靛玉红的合成效率,但也带来了一系列不可逆的环境污染问题;随着生物技术的飞速进步,人们又转而关注利用植物体系来获得靛蓝和靛玉红的制备方法,同时,微生物合成技术也凭借绿色、高效等优点而获得研究者的青睐。

5.3.1　靛蓝和靛玉红在植物体内的合成

药用植物在植物资源中占据了相当重要的地位,是中医药传承和发展的物质基础和宝贵财富,具有巨大的市场潜力。药用植物体内的代谢活动可分为初生代谢和次生代谢两种。初生代谢为所有植物都具有的代谢途径,包括合成糖类、核酸类、氨基酸类及普通脂肪酸类等生命活动所必需的物质[425]。而次生代谢主要是合成植物生命非必需的代谢产物,一般分为萜类化合物、酚类化合物、含氮有机物等三大类。通常认为,次生代谢产物是植物在长期的进化过程中,不断适应外界环境,并以渐变或突变方式生成的产物[426]。对于药用植物而言,次生代谢产物往往是其活性成分来源,因此,提高药用植物的次生代谢产物含量是促进药用植物资源高效开发利用的重要途径。

已知能够产生靛蓝和靛玉红的植物主要包括:木蓝、菘蓝、蓼蓝和马蓝等,它们在我国和印度等地广为栽培。目前这些植物产生次生代谢产物的过程不够稳定,产量普遍较低,且野生资源破坏严重,故要提高此类植物中靛蓝和靛玉红的产量,可以从优化植物的培养条件,提高其生物量;或者在明晰靛蓝和靛玉红代谢调控机理的基础上,利用分子育种技术培育相应产物含量升高的植物新品种等途径入手。

靛蓝和靛玉红均为吲哚类化合物,在植物体内吲哚化合物的生物合成过程是色氨酸代谢途径的分支。靛蓝和靛玉红在植物中的合成途径如图 5-4 所示。由图可知,靛蓝和靛玉红的合成过程主要分为三个环节:①色氨酸合成途径分支中产生的吲哚-3-甘油磷酸(Indole-3-glycerol phosphate,IGP)由吲哚-3-甘油磷酸裂解酶(Indole-3-glycerol phosphate lyase,IGL;Indole synthase,INS)催化形成吲哚,该反应是吲哚生物合成的关键步骤[427]。吲哚是芳香族杂环有机化合物,也

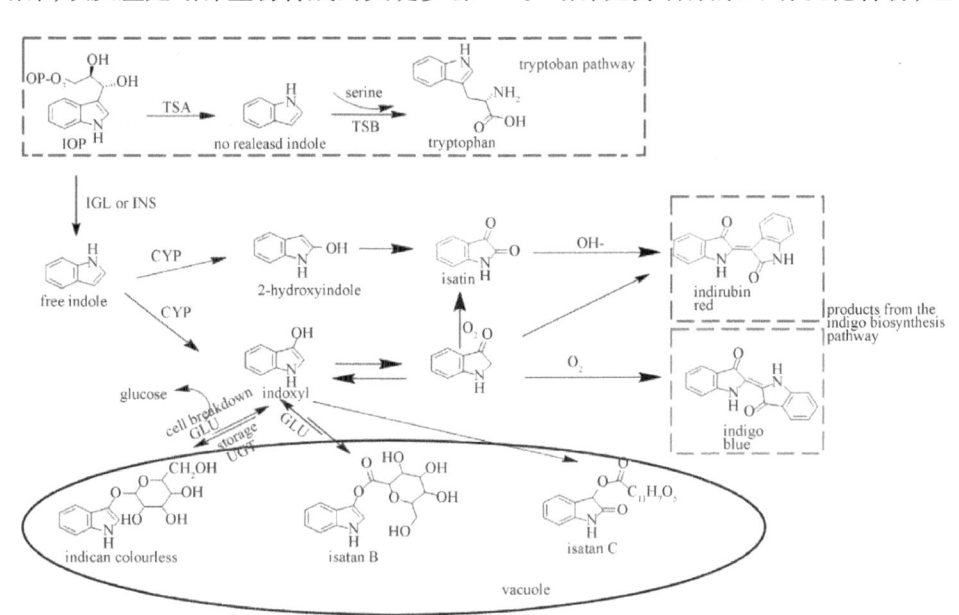

Isatin:靛玉红;indoxyl:吲哚酚;indican:靛苷(无色);isatan B:大青素 B;isatan C:大青素 C;indigo:靛蓝(蓝色);indirubin:靛玉红(红色);TSA:色氨酸合酶 α;TSB:色氨酸合酶 Beta;serine:丝氨酸;tryptophan:色氨酸。

图 5-4 菘蓝中靛蓝和靛玉红的生物合成过程[432]

是色氨酸生物合成途径中的衍生物。研究表明,吲哚是靛蓝生物合成的前体物质[428]。在植物中吲哚是受到天敌采食时所分泌的挥发性成分之一,同时也是苯并恶唑类物质的前体(一种抗病原体的防御化合物)[429],故多用途的吲哚也是靛蓝合成研究中的热点。②吲哚在CYP450单加氧酶催化下形成吲哚酚(3 - hydroxyindole,indoxyl)[430]。吲哚酚在植物体内中有一套特有的储存与利用机制。首先,吲哚酚在UGT - 葡萄糖基转移酶(indoxyl - UDPG - glucosyltransferase,UGT)催化下与UDP - 葡萄糖基结合形成一系列的无色糖苷,并储存于液泡中[431]。这种储存方式使得靛苷、大青素B(isatan B)与大青素C(isatan C)都可能成为靛蓝合成的前体。在植物受到损伤后,叶绿体中的β - D葡萄糖苷酶(GLU)可以与液泡中的无色糖苷结合并催化其糖苷键的断裂,还原成不稳定的吲哚酚。③不稳定的吲哚酚迅速氧化形成吲哚氧基。吲哚酚一部分形成靛红;大部分的吲哚氧基二聚化形成靛蓝;而少部分吲哚氧基和靛红聚合形成靛玉红[432]。

5.3.2 靛蓝和靛玉红的化学合成

在中国、埃及、秘鲁和印度等地,考古学家发现了使用靛蓝染色的丝织品,足见人们使用靛蓝染料的悠久历史。靛蓝染色最早应用于纺织业,古人发现深色服饰具有经济、耐脏等优点,靛蓝成为常用染料之一。19世纪随着牛仔服的兴起,人们对靛蓝染料的需求更是大大提高,从植物中提取靛蓝的方法一时无法满足商业的需求,从而推动了靛蓝的化学合成研究。迎着工业技术的发展浪潮,化学合成靛蓝的方法逐步建立成熟。十九世纪下半叶,德国化学家拜耳首先实现了靛蓝的化学合成,并于1905年因其在合成靛蓝与氢化芳烃等方面的重要贡献而获得诺贝尔奖[433]。1987年,德国成功建立工业化生产靛蓝的产业,迄今已有一百多年的历史。最早工业生产靛蓝的方法是邻氨基苯甲酸法,由此获得的靛蓝收率达到70%以上,且靛蓝含量、色光强度都符合规定,与苯胺法相比工艺简单、操作方便、经济效益也显著增加。20世纪末,甘氨酸法被有效开发,随着制造工艺条件的不断改进,靛蓝得率也进一步上升。然而,此法涉及剧毒物质氰化氢的使用,为了避免氰化氢的使用,后面又逐步开发出非氰化氢法制造甘氨酸。近年来,研究者开始关注以吲哚为原料的靛蓝合成路线,可以避免金属钠等危险化学品的使用,但迄今尚未实现工业化。综合来看,化学合成虽然有效提高了靛蓝的生产效率,极大地降低了成本,但是这些方法普遍存在着有害副产物的问题,容易对环境造成污染,且难以达到食品和制药行业严格的安全要求。因此,人们开始更加关注天然生物合成靛蓝的途径。

1990年,涂小军等尝试通过多步化学反应完成靛玉红的化学合成[434],其大致步骤包括:①N-苯基甘氨酸制备;②反应生成3-吲哚酚盐;③加入适量吲哚醌反应;④使用脱水剂脱水得到靛玉红。此方法需要消耗大量的能量,副产物也相对较多。顾梅英等将靛玉红进行拆分:首先合成N,N′-二苯氰甲脒,将其环化、水解得到3-14(C)吲哚醌,然后吲哚醌与吲哚酚钾缩合得到靛玉红,此法操作简便,获得产物纯度较高[435]。目前,比较常用的化学合成靛玉红的方法是靛红和吲哚乙酸酯缩合反应。Wang等尝试了一步合成靛玉红的方法,获得靛玉红的产率颇高,优点在于:操作简单、适用范围广,比传统的化学合成方法更具潜力[436-437]。

5.3.3 微生物及基因工程技术合成靛蓝和靛玉红

由于化学合成法所固有的缺陷,人们开始意识到化学合成的安全性问题,于是开始探索绿色、可持续应用的生物合成方法。微生物具有繁殖速度快、周期短、安全性高、生长条件可控等优点,利用微生物生产靛蓝具有广阔的应用前景。自20世纪初,人们发现微生物可将吲哚转化合成靛蓝以来,对该领域进行了大量的研究,并取得了一定的研究成果[438]。微生物合成靛蓝的研究大致经历了三个阶段,如图5-5所示。

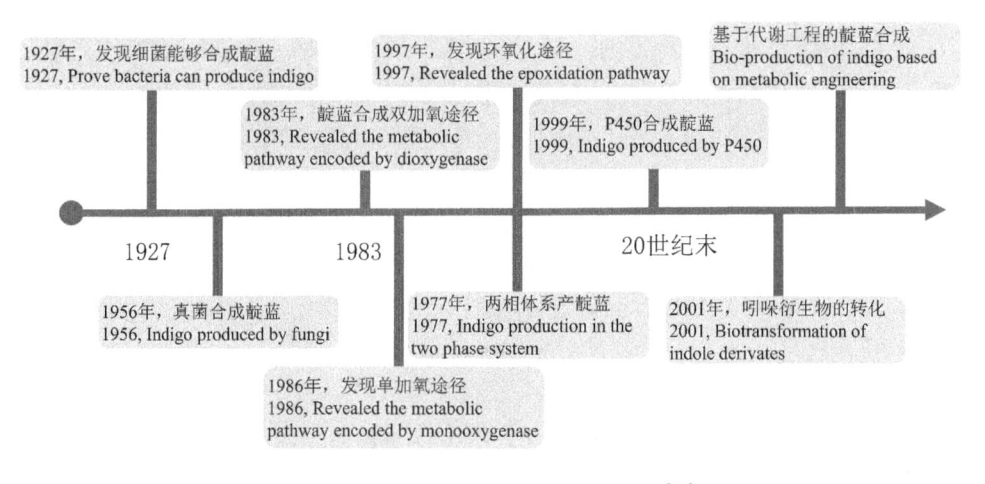

图 5-5 靛蓝的微生物合成研究历程[55]

(1)野生型微生物催化合成

1928年,首次在土壤微生物中发现有微生物在降解吲哚过程中合成靛蓝的现象。

(2)基因工程菌全细胞催化转化

1983年,美国Ensley等利用基因工程技术将萘双加氧酶和色氨酸酶编码基因重组到同一菌株中,并成功选育出了生产靛蓝的菌株,可将自身色氨酸转化为吲哚酚,再将其氧化、二聚化生成靛蓝[439]。自此,关于微生物合成靛蓝的研究得到长足发展。研究者选育出基因工程菌,并利用定向技术等进行优化,但其工业化进程依然缓慢。

(3)代谢工程调控转化

随着分子生物学、基因组学、蛋白质组学、代谢组学等组学技术,以及系统生物学的快速发展,为靛蓝的生物合成研究提供了新的理论指导和技术支持,加快了实际工业应用的进程[440]。

李阳等利用蛋白质工程技术改造苯基丙酮单加氧酶(PAMO),使其具有氧化吲哚合成靛蓝及其衍生物的能力,进一步通过代谢工程改造大肠杆菌的糖代谢途径,增加细胞内 NADPH 浓度。通过这种方法可以设计出高效合成靛蓝和靛玉红的全细胞催化剂[441]。Yin 等通过对吲哚倍半萜化合物生物合成途径的优化,构建了一种高效全新的靛蓝和靛玉红生产体系[442]。引入黄素还原酶(Fre)、色氨酸裂解(TnaA)和导入酶(TnaB)、过氧化氢降解酶(KatE);优化反应的发酵温度、IPTG 浓度、色氨酸浓度等,使得重组菌株大肠杆菌 BL21(DE3)(XiaI-Fre-TnaA-TnaB-KatE)的最终产率明显提高到 101.9 mg/L,总计提高了约 60 倍。当反应体系扩大到 1 L,48 h 后测定各类物质的产量,其中靛蓝产量为 26.0 mg/L,靛玉红产量为 250.7 mg/L,这是截止到目前合成靛蓝和靛玉红产量最高的方法。

综上,通过微生物合成法获得靛蓝不仅有利于对合成工艺流程的改造,且产品质量稳定、成本更低,副产物中有害物质少,对环境保护具有重大意义。然而,微生物的代谢体系与植物仍然存在较大差别,致使由微生物合成获得的靛蓝类物质的色泽与从植物中提取获得的染料存在较为明显的不同,这对于一些极具观赏和收藏价值的艺术品加工而言,无疑存在着缺憾和不足;因此,对于植物来源的天然色素的需求也日渐成为植物学研究人员探究靛蓝类物质生物合成机理的动力源泉。

对于菘蓝而言,开展靛蓝和靛玉红在体内合成积累规律的研究,对于有效获取靛蓝和靛玉红具有重要的参考价值,同时也有助于进一步全面揭示靛蓝类物质合成积累途径,挖掘参与该途径的关键酶基因和调控因子,以利借助现代生物技术提升靛蓝类物质在植物体内的合成效率,或利用分子育种手段培育靛蓝类物质含量升高的菘蓝新品种,实现资源的可持续利用。

5.4 靛蓝和靛玉红的合成积累规律研究

从代谢通路和分子调节机制的层面深入研究活性物质在植物体内的合成积累

规律,对于活性物质的开发利用无疑是更为高效的研究思路和策略。近年来,研究人员对菘蓝在自然环境和离体培养条件下靛蓝和靛玉红的合成积累规律进行了较为系统和全面的研究,丰富了靛蓝和靛玉红合成积累规律的研究数据,对于开展该类物质的代谢调控研究具有十分重要的意义。

5.4.1 菘蓝不同生长阶段靛蓝和靛玉红的合成积累规律

在自然环境条件下,板蓝根和大青叶的生长年限与有效成分的合成积累规律之间具有一定的相关性。菘蓝为一年或两年生草本植物。课题组以种植于试验田的菘蓝为材料,定时采样,采用 HPLC 法检测其靛蓝和靛玉红的含量变化,旨在阐明自然生长条件下菘蓝中靛蓝与靛玉红的合成积累规律,以期为药材的质量控制、合理采收、规范化生产及资源的合理开发利用提供依据。

研究发现,当年生板蓝根中有效成分的含量比次年低,而大青叶中有效成分的含量比次年生的高。对当年种植菘蓝中有效成分的含量进行检测发现:板蓝根中靛蓝和靛玉红的含量差别不大,且在花期(3 月)和果期(4~5 月)出现较为明显的升高;其中,靛蓝的含量在次年 3 月达到最高值,靛玉红在当年 11 月达到最高值。而菘蓝叶中两种成分的积累情况有所差异,靛玉红的含量明显高于靛蓝,且在当年 12 月底左右二者的含量差距最大。在当年 10 月底靛蓝和靛玉红的含量均可达到最高值。总体而言,菘蓝中靛蓝和靛玉红的积累变化规律较为相似。此外,不同地区、不同气候条件也会影响菘蓝中有效成分含量的积累,如北亚热带板蓝根中有效成分积累高峰比南温带早 1 个月;南温带大青叶有效成分积累在 7 月和 10 月出现两次高峰;北亚热带 8 月初、9 月初和 10 月中旬分别出现三次积累的高峰[443]。

5.4.2 菘蓝不同组织器官中靛蓝和靛玉红的合成积累规律

菘蓝的根和叶为其主要的药用部位,研究发现,其他组织部位也有靛蓝和靛玉红的积累,且靛蓝和靛玉红在各部位的含量积累规律也较为一致,即在营养生长阶段,靛蓝与靛玉红的含量表现为逐渐降低的变化趋势;而当植物进入生殖生长阶段后,靛蓝和靛玉红的含量积累分别在花期和果实成熟阶段出现峰值,且二者的最高值均出现在花期。菘蓝各组织部位中靛蓝与靛玉红的总体含量由高到低的顺序依次为叶>花>果>茎>根,叶中靛蓝与靛玉红的含量最高,根中最低。除根以外,菘蓝叶、茎、花和果中靛玉红的含量均高于靛蓝,而根中除了生殖生长阶段靛蓝的含量略高于靛玉红外,其他仍以靛玉红的含量较高[419]。

课题组考察了菘蓝不同组织部位在不同生长发育阶段的靛蓝与靛玉红的合成积累规律。研究结果表明,菘蓝根中靛蓝与靛玉红含量的最低值为 10.14 μg/g 和

6.24 μg/g,最大值为 32.98 μg/g 和 19.78 μg/g,且分别在 3 月和 5 月出现峰值,其中,3 月靛蓝的含量明显高于靛玉红,此时正是菘蓝的花期,说明生殖生长并未影响到其代谢产物的积累。此外,菘蓝叶中靛玉红的含量始终明显高于靛蓝,且二者合成积累的趋势较为一致。而菘蓝茎中二者的合成积累规律与叶中较为类似,但含量相对略低。总体而言,菘蓝生殖生长阶段靛蓝与靛玉红的变化趋势基本一致,二者的最高值均出现在 3 月的盛花期(82.97 μg/g 和 455.32 μg/g),而在果实逐渐发育成熟的过程中,靛蓝与靛玉红的含量呈现先上升后下降的变化趋势。

总体而言,在研究所考察的生长发育阶段,菘蓝中靛蓝与靛玉红的含量均表现为叶中最高,根中最低,且叶中靛蓝的含量最高可达根中含量的 6.64 倍,而靛玉红更可高达 64.36 倍。菘蓝各部位靛蓝与靛玉红的含量由高到低的顺序均表现为叶>花>果>茎>根,且以靛玉红的含量明显高于靛蓝。

5.4.3 离体培养条件下靛蓝和靛玉红的合成积累规律

植物组织或细胞培养方法,具有生长快、生产周期短、不受自然环境影响、条件易于控制、可避免病虫害干扰等优点,故可用于靛蓝和靛玉红的生产。现有研究比较了毛状根、植株、愈伤组织和悬浮培养条件下靛蓝和靛玉红的合成积累变化,研究结果表明:靛蓝和靛玉红在毛状根中的含量最高,其次为原植物的叶,而原植物根中含量较低,最低为愈伤组织和悬浮细胞[444]。菘蓝脱分化形成愈伤组织和再分化成芽的培养过程中,靛蓝与靛玉红的含量有一个逐渐降低、随后又升高的变化过程[445]。此外,愈伤组织继代培养过程中,随着继代次数增加,靛蓝含量不断下降,而靛玉红含量则先上升后下降;不定芽的培养则是随着继代次数增加,靛蓝和靛玉红的含量先升高后下降[419]。相关研究结果为利用体外培养生产靛蓝和靛玉红等次生代谢产物提供了参考。

课题组研究了离体培养条件下,菘蓝中靛蓝与靛玉红的代谢积累情况。结果表明,愈伤组织中靛蓝的含量随着继代次数的增加而减少,而靛玉红的含量则表现为先上升后下降的变化趋势。不定芽增殖培养过程中,靛蓝与靛玉红含量的变化趋势基本一致,即随着继代次数的增加而逐步升高,并在培养至第 4 代达到最高值,分别达到 138.88 μg/g 和 529.54 μg/g,此后逐渐下降。总体而言,菘蓝不定芽中靛蓝与靛玉红的含量高于愈伤组织,并接近于实生苗中二者的含量。鉴于不定芽培养的生长周期短、增殖指数高、不受环境条件影响等特点,可以考虑从菘蓝的组织培养物中获取靛蓝和靛玉红等次生代谢产物。

5.5 影响靛蓝和靛玉红含量积累的因素研究

5.5.1 生物因素对靛蓝和靛玉红含量积累的影响

菘蓝体内可产生多种次生代谢产物,其含量积累过程受到多种因素的影响和调控。研究发现,在植物生长过程中添加一些微生物或细胞组分会显著影响靛蓝和靛玉红等次生代谢产物的合成与积累。而目前研究较多的生物诱导因素主要包括真菌、细菌、病毒、酵母及植物细胞成分等。YE 是 Yeast Extract 的英文缩写,是以食品用酵母为主要原料,以酵母自身的酶或外加食品级酶的共同作用下,酶解自溶后得到的产品,富含氨基酸、肽、多肽等酵母细胞中的可溶性成分。研究发现,YE 作为生物诱导物质对多种植物次生代谢产物的积累有积极的促进作用,毕宇等发现添加 YE 可提高过氧化物酶活性,从而增加黄芪悬浮细胞系中的黄芪苷含量[446];Sanchez - Sampedro 等发现 YE 可在丹参毛状根培养物中提高丹参酮的含量[447]。

课题组将 YE 喷施到菘蓝植株上,观察 YE 对靛蓝与靛玉红含量积累的影响作用(图 5-6)。结果表明,在低浓度条件下,靛蓝含量随着 YE 处理时间的延长呈现先升高后下降的变化规律,而较高浓度 YE 处理时则表现为短时间内上升,随后下降至对照水平;而靛玉红的含量积累受 YE 影响的变化规律与靛蓝较为类似,在高浓度处理时含量变化不大[419]。总体而言,不同浓度 YE (5、10、15 mg/mL)均具有促进菘蓝中靛蓝与靛玉红含量积累的作用,且以低、中浓度的 YE 处理效果较好,5 mg/mL 的 YE 处理 4 d,可使靛蓝和靛玉红的含量分别升高至对照的 1.3 和 1.8 倍。

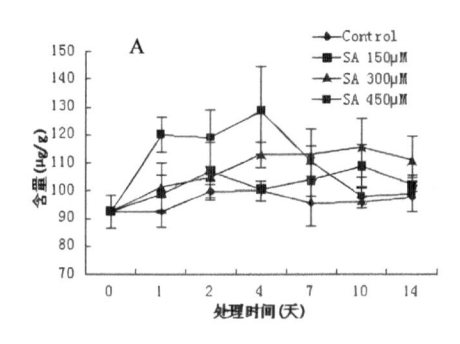

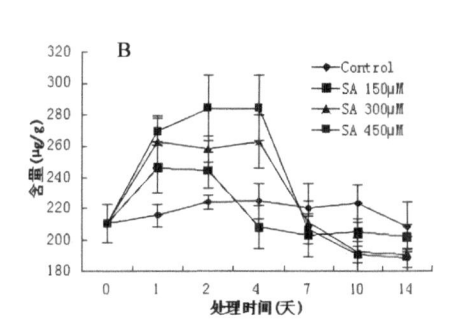

图 5-6 不同浓度 YE 处理对靛蓝(A)和靛玉红(B)含量积累的影响

5.5.2 非生物因素对靛蓝和靛玉红合成积累的影响

非生物诱导因素,主要是指参与植物代谢过程的相关化合物或离子,可直接参与代谢过程或调控相关酶的活性,以引发植物自身的防御机制,从而影响次生代谢产物的积累[448]。如植物生长过程中所需的各类营养物质条件,包括氮素、硫素、水分、矿物质等,在其缺乏或富集时均会影响植物的代谢过程。而在营养条件适宜的情况下,许多诱导子也可通过调节植物的次生代谢途径,有效提高次生代谢产物含量。这些诱导因素包括水杨酸、茉莉酸甲酯等化学物质和 Ag^+、Cu^{2+} 等金属离子,通过刺激植物不同类型的防御反应,促使其产生植保素,从而提高代谢产物含量。

(1)氮对靛蓝和靛玉红含量积累的影响

氮素是植物生长发育与生理代谢过程必不可少的营养元素之一,参与构成蛋白质、核酸、磷脂和一些生长激素,对植物形态建成、光合特性及营养品质形成等起到关键作用。充足的氮素可以满足植物初生代谢的需要,以维持植株的健壮生长。自然界中的氮素来源主要包括:空气中的 N_2、土壤中的有机含氮化合物,以及无机氮源等。对大多数植物而言,主要氮素的来源为土壤中的无机氮源,即铵盐和硝酸盐。

靛蓝和靛玉红都属于含氮化合物,氮素水平显著影响靛蓝和靛玉红的含量积累。通过减少氮源配置的培养基营造缺氮环境,在氮素水平较低的逆境条件下发现靛蓝和靛玉红的含量更高,而在氮素充足的营养环境中其含量反而较低,说明氮素的缺乏一定程度上会促进靛蓝和靛玉红的积累[449-450]。靛蓝和靛玉红的含量在低氮营养下的响应不一致,推测可能是由于这两种生物碱的代谢途径不同,不同生物碱受氮素水平的调控特点具有差异性[451]。

(2)硫对靛蓝和靛玉红含量积累的影响

硫是构成蛋白质的元素之一,同时参与植物的光合作用、呼吸作用、碳水化合物代谢等过程,也是合成叶绿素的必需元素,在植物中的作用不可或缺。研究发现,硫素对植物次生代谢产物积累的影响与氮素相似,硫素缺乏时,靛蓝和靛玉红含量显著升高[452]。此外,其他营养元素的影响表现出的结果相类似,在营养元素充足时植物主要表现为初生代谢,且生长旺盛;当营养条件过于恶劣则影响植物的正常生长,只有在营养元素适当缺乏时靛蓝和靛玉红含量表现出明显的积累,这也与植物通过次生代谢提高其抗逆性以适应环境的特性相符。

缪雨静等分别用 6 种不同形态的硫素(空白、Na_2SO_4、Na_2SO_3、$NaHSO_3$、Na_2S 和 $Na_2S_2O_3$)处理菘蓝,结果表明:以 S^{2-} 形式的硫素能显著提高靛蓝和靛玉红的含量[453],说明硫素的不同形态也会一定程度上影响植物的生理、生长过程,并影响其次生代谢产物的积累过程。而在营养物质充足的情况下,菘蓝对外界提供的硫素利用水平不同,S^{2-} 更加易于被植物吸收利用,从而有效地促进了菘蓝中靛蓝和靛玉红含量的积累。因此,在菘蓝的栽培过程中,可以 S²⁻ 形态的硫素促进靛蓝和靛玉红含量的积累。

(3) 干旱对靛蓝和靛玉红含量积累的影响

干旱胁迫严重影响植物的生长发育和繁殖等生命活动。干旱条件下,植物的形态结构与生理功能都会受到严重影响。通过向培养基中施加聚乙二醇(PEG),模拟干旱环境,菘蓝中靛蓝和靛玉红的含量会明显增加[454]。

段飞等将 30 d 龄的无菌菘蓝幼苗放置在 25 ℃ 的光照培养箱中干旱处理 9 h 后,靛玉红的含量持续升高,并达到最大值 211.94 μg/g;然后继续干旱处理 12 h,其含量基本保持不变[455]。相关研究结果表明,短时间的干旱处理,可以有效提高靛玉红的含量。植物在受到逆境胁迫后可能会做出应激反应,从而提高体内次生代谢产物的含量。

(4) 盐胁迫对靛蓝和靛玉红含量积累的影响

盐分是植物体内重要的营养成分,但是高盐条件会导致细胞内外渗透压显著变化,从而改变植物的生长状况。目前,随着盐碱地的不断增多,盐胁迫对植物生长与产量的不利影响日渐突出。盐胁迫主要造成植物发育迟缓、抑制植物组织的生长与分化,迫使植物发育进程提前,但也可能促进其次生代谢产物的有效积累。研究人员通过向培养基中过量添加 NaCl,以模拟高盐环境,结果发现,菘蓝中靛蓝和靛玉红的含量均有所升高[456]。

段飞等将菘蓝无菌幼苗放置在 250 mmol/L 的 NaCl 溶液中,发现靛玉红的含量随着胁迫处理时间的延长而不断增加,处理 12 h 后,靛玉红的含量达到最大值 348.69 μg/g[455]。研究结果表明,短时间的盐处理,可以显著提高靛玉红的含量,可能是植物受到逆境胁迫做出的应激反应,从而促进了靛玉红的积累[456]。此外,影响植物生长的营养因素还有很多,包括光照、水分、微量元素等,它们既是对植物生长十分重要的因素,同时这些营养因素的缺乏或富集引起的胁迫环境还可能会促使植物更多地转向次级代谢,相应的代谢产物也随之增加。

(5) 茉莉酸甲酯对靛蓝和靛玉红含量积累的影响

茉莉酸甲酯(MeJA),是已知高等植物中的内源生长调节物质,能够调节植物体内的多种生理过程[457]。在 MeJA 处理下,菘蓝中靛蓝和靛玉红的含量随着处理时间的延长先升高再降低,在 2~13 d 内比对照组显著增高,但并未呈现浓度依赖变化。课题组考察了 MeJA 浓度为 250、500、750 μM 时,在 0~14 d 的时间范围内菘蓝中靛蓝和靛玉红的含量积累情况,结果如图 5-7 所示。由图可知,不同浓度 MeJA 处理均能够在一定程度上提高靛蓝与靛玉红的含量,且高浓度 MeJA 能够有效促进靛蓝和靛玉红含量的升高,随着处理时间的延长靛蓝和靛玉红的含量呈现先增加后降低的变化趋势。750 μM 的 MeJA 处理菘蓝,最高均可使靛蓝和靛玉红的含量升高至对照的 1.7 倍。

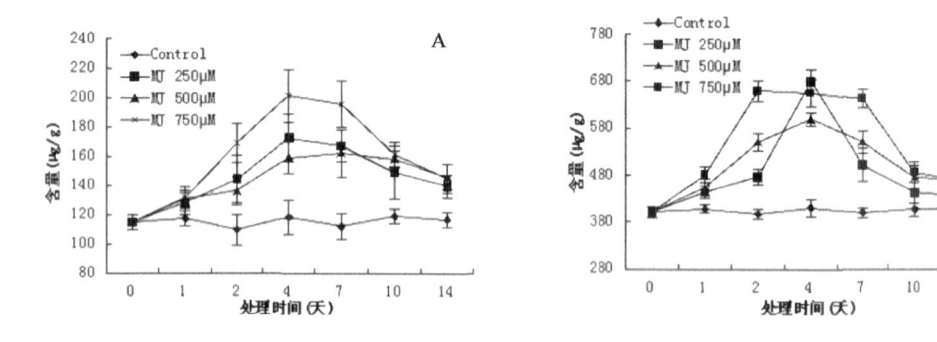

图 5-7　不同浓度 MeJA 处理对靛蓝(A)和靛玉红(B)含量积累的影响

(6)水杨酸对靛蓝和靛玉红含量积累的影响

SA 属于酚类化合物,是一种植物内源性信号,常用于植物代谢途径关键酶活性与抗逆性相关的研究[458-459]。菘蓝在 SA 处理条件下,其代谢产物的含量随 SA 浓度变化的依赖性更加明显,一定范围内 SA 的浓度增加,靛蓝的含量也随之增加,不过在达到峰值后迅速下降,很快与对照组水平相当。而靛玉红含量受 SA 的影响更加明显,达到峰值的时间也更早,随后也很快下降至与对照水平相当[53,419]。

课题组重点考察了 SA 浓度为 150、300、450 μM 时,在 0~14 d 的时间范围内菘蓝中靛蓝与靛玉红含量的变化规律,相关结果如图 5-8 所示。由图可知,不同浓度 SA 处理菘蓝后,对靛蓝与靛玉红含量积累的影响效果不同。对于靛蓝而言,高浓度的 SA 促进靛蓝积累的效应明显,能够在短时间内迅速且较大幅度地促进靛蓝含量的升高;而对于靛玉红而言,随着 SA 浓度的升高和作用时间的延长,其对靛玉红含量的影响作用由初期的明显促进转而变成显著的抑制效应。因此,在以 SA 作为诱导子调控菘蓝中靛蓝和靛玉红的积累研究时,可以选择 450 μM 的 SA 处理 4 d,相应条件下,靛蓝和靛玉红的含量均可达对照的 1.3 倍。

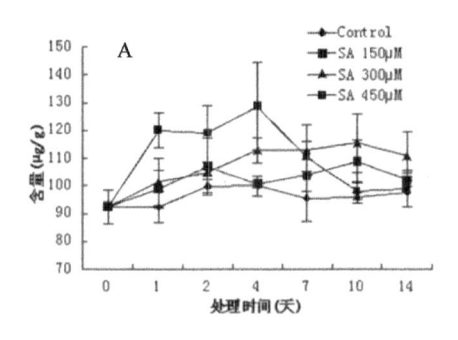

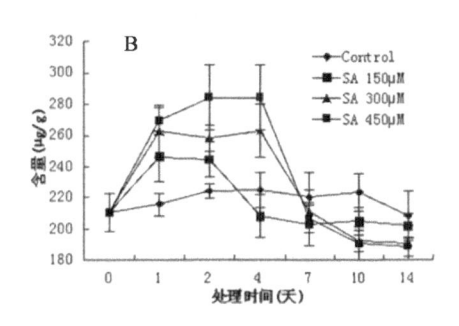

图5-8 不同浓度SA处理对靛蓝(A)和靛玉红(B)含量积累的影响

(7) 重金属离子对靛蓝和靛玉红含量积累的影响

重金属作为一种非生物诱导子,可诱导植物体内的氧化胁迫反应,对植物的生长和代谢产生影响[460]。不少研究证明,重金属离子可诱导植物次生代谢产物的形成。在菘蓝培养中施以Ag^+处理,随着处理浓度增加,靛蓝和靛玉红含量在第1 d后会出现短暂的下降,随后逐渐增加,直至显著高于对照组水平后趋于平稳。其中,靛蓝含量随时间的延长增长较缓,靛玉红含量的则更早达到峰值。对菘蓝施以不同浓度Cu^{2+}处理后,靛蓝和靛玉红含量的积累规律有所不同,靛蓝含量在处理后第1 d迅速上升且显著高于对照水平,随后趋于平稳,而靛玉红的含量却在第1 d后明显下降,随后缓慢上升至处理前水平[419]。

课题组考察了Ag^+浓度为5、10、15 mM时,在0~14 d内菘蓝中靛蓝与靛玉红含量的变化情况,结果如图5-9所示。由图可知,与YE、MeJA和SA的处理效果明显不同,靛蓝的含量在Ag^+处理后始终处于缓慢上升的状态,并在一定的浓度和时间范围内出现峰值。对于靛玉红而言,在Ag^+处理的第1 d其含量显著降低,推测在处理的初始阶段,Ag^+对植株具有较为明显的毒害作用,且处理组植株的叶片

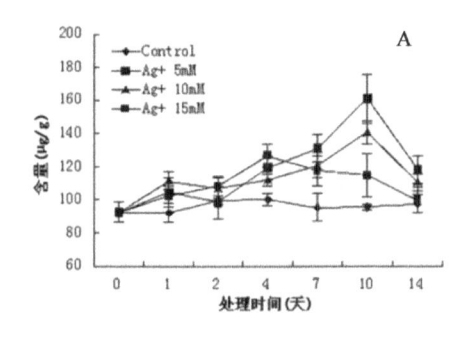

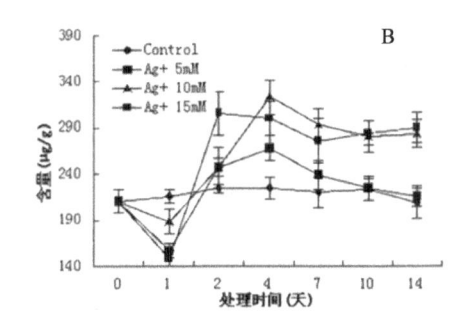

图5-9 不同浓度Ag^+处理对靛蓝(A)和靛玉红(B)含量积累的影响

上出现了明显的黑斑,同时表现出靛玉红含量的显著降低;而 Ag^+ 处理 2 d 后,随着植株对该处理条件的不断适应,植株生长开始逐步恢复,靛玉红的积累表现出随 Ag^+ 浓度的升高、作用时间的延长而逐渐上升的变化趋势。因此,建议选择 Ag^+ 的处理浓度为 10 mM,在该条件下,靛蓝与靛玉红的含量可分别升高至对照的 1.5 和 1.4 倍。

此外,课题组还考察了 Cu^{2+} 浓度为 25、50 及 75 mM 时,在 0 ~ 14 d 内菘蓝中靛蓝与靛玉红含量的变化情况,结果如图 5 - 10 所示。由图可知,Cu^{2+} 对菘蓝生长和靛蓝及靛玉红含量的影响与 Ag^+ 有相似之处。同样作为重金属元素,Cu^{2+} 处理菘蓝后,对植株造成了一定的伤害,具体表现为明显的脱水现象,且对靛蓝和靛玉红积累的影响不同。分析结果表明,Cu^{2+} 处理使得靛蓝含量迅速上升,并在观察时间范围内保持在相对稳定的水平;而靛玉红的含量则在显著下降后复又上升,直至与对照组含量相当。因此,在以 Cu^{2+} 作为诱导子调控菘蓝中靛蓝和靛玉红的合成积累时,建议选择较低的处理浓度。

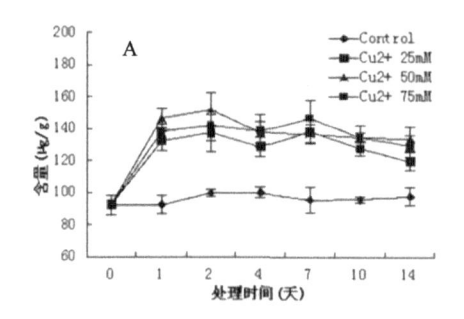

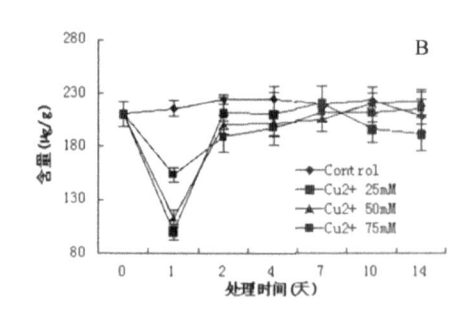

图 5 - 10 不同浓度 Cu^{2+} 处理对靛蓝(A)和靛玉红(B)含量的影响

综上所述,菘蓝中靛蓝和靛玉红的含量积累在不同诱导子处理条件下表现出不同程度的变化,且同一诱导子不同浓度处理对靛蓝和靛玉红的含量积累也有不同的影响。而这些诱导子处理较长时间后,靛蓝和靛玉红的含量在达到峰值后普遍下降[53],其可能的原因在于:①大量次生代谢产物的积累反馈抑制了合成途径中酶的活性,故合成受阻。②次生代谢产物与诱导物竞争结合位点,故诱导效应下降;③合成次生代谢产物的初生代谢产物不足,故植物细胞产生分解次生代谢产物的酶[461]。虽然,研究证明诱导子对植物次生代谢产物的生产有明显促进作用,但是,植物次生代谢产物的合成过程十分复杂,只有明确其合成过程中关键调控因子、筛选适宜的诱导条件,才能更好地探索出高效的生产靛蓝和靛玉红的方法与途径。

5.6 菘蓝中靛蓝和靛玉红合成积累的调控机理研究

现阶段,菘蓝的分子生物学研究刚刚起步,对影响菘蓝中靛蓝和靛玉红类物质的生物合成途径已有了初步的认识,但其代谢调控的分子机理尚不清楚,也缺乏相关基因的功能验证研究。研究人员利用基因组与转录组测序技术,预测了参与靛蓝和靛玉红生物合成过程的多个关键酶基因和转录调控因子,通过对这些基因开展功能验证研究,可筛选更多调控菘蓝活性成分生物合成的功能基因和调控因子,有利于进一步推进菘蓝的分子育种研究。

Xu 等采用转录组测序技术,试图寻找马蓝中合成靛蓝和靛玉红的关键酶基因[462],分析了不同组织中基因的时空表达情况,包括两个发育阶段的叶片、茎和根的材料,并且对不同发育时期的 *CYP450*、*BGL*、*UGT* 和 *FMO* 基因的表达进行了分析,相关研究结果为阐明靛蓝类物质生物合成途径及其分子调控机理提供了研究思路和方法。Wang 等采用代谢组和转录组关联分析,初步揭示了靛蓝和靛玉红在蓼蓝属植物中积累的分子机制[463]。相关研究结果表明,靛蓝和靛玉红在 8 月份显著增加。9 个参与吲哚生物合成的基因,包括 4 个 *AS* 基因、2 个 *IGPS* 基因和 3 个 *TS* 基因,都在 8 月份显著高表达,且 HPLC 检测结果表明 8 月份菘蓝中吲哚的合成也明显增加。菘蓝中吲哚合成相关基因的高表达为下游靛蓝和靛玉红的生物合成提供了更多的前体。此外,鉴定出的 7 个 CYP450 家族基因也在 8 月表现出较高的表达水平,上调的 CYP450s 可促进积累的吲哚向吲哚酚转化。据此推测,菘蓝中靛蓝和靛玉红含量在 8 月份显著积累,可能是由于相关基因在此时的高表达所致,这些研究结果为揭示潜在参与靛蓝和靛玉红生物合成过程的 *CYP450* 酶基因的功能提供了研究思路。

细胞色素 P450 单加氧酶(CYP450)是较多文献中报道的参与靛蓝生物合成调控过程的一种酶。Kim 等通过构建 CYP102A 重组菌,验证了该酶对吲哚的催化作用[464];Warzecha 等利用哺乳动物中的 CYP2A6 可在微生物中催化吲哚反应生成靛蓝的特点,进一步构建转基因植株,验证了该酶在植物靛蓝生物合成过程中的重要作用[465]。陈军锋等对茉莉酸甲酯诱导的菘蓝叶片进行转录组测序分析,通过对吲哚合成途径的共表达分析,及对 CYP 蛋白与吲哚分子催化的分子结合预测,筛选出了一系列参与吲哚生物合成调控的候选基因,并推测 CYP2A6 - 1 和 CYP735A2 等蛋白可能通过吲哚羟基化而催化靛蓝和靛玉红的生物合成。Inoue 等通过构建 PET19b - *Pt*FMO、PET19b - *Pt*FMO - *Pt*IGS 重组质粒,证明了 FMO 可以将吲哚氧化为 3-羟基吲哚,并进一步生成靛苷。相关研究结果为揭示其他 CYP450 酶的功能提供了研究方向[466]。

鉴于文献对 CYP450 酶功能的研究结果,课题组将菘蓝 P450 家族基因和 *CYP2A6* 进行比对并构建进化树,同时和 CYP2A6 的保守结构域 TIGR04538 进行同源性比对,以筛选与 *CYP2A6* 同源性高的 P450 家族成员[467]。通过对比发现,EVM0005059.1 与 *CYP2A6* 相似度最高;该基因与山嵛菜属盐芥中 *CYP71B2* 同源性较高;同时发现 EVM0005059.1 含有 P450 家族的保守结构域 TIGR04538。此外,菘蓝 P450 家族成员中与 CYP2A6 的保守结构域 TIGR04538 相似的还有 EVM0002573.1、EVM0028087.1 和 EVM0019340.1,且与甘蓝 CYP81D11 的同源性达到 90% 以上,推测上述 3 个基因也可能参与靛蓝和靛玉红的生物合成过程。据此,EVM0005059.1、EVM0002573.1、EVM0028087.1 和 EVM0019340.1 为菘蓝中潜在参与靛蓝和靛玉红催化合成过程的 *CYP450* 酶基因。此外,基于课题组前期的转录组测序结果,经 MeJA、YE 和 Ag^+ 处理过的菘蓝植株中,靛蓝和靛玉红的含量均有不同程度的升高,且 *IiCYP81D1* 在三种诱导子处理下表达上调,提示 *IiCYP81D1* 也参与了靛蓝和靛玉红的生物合成过程。因此,后续课题组将继续围绕相关研究结果开展基因功能研究,以揭示靛蓝和靛玉红生物合成的分子机理,为利用基因工程等现代生物技术提高靛蓝与靛玉红的含量,培育相应活性成分含量升高的菘蓝新品种奠定研究基础。

已有研究认为靛蓝类物质合成积累途径都是从吲哚起始的,吲哚在 CYP450 酶或者 FMO 酶的催化作用下生成 3-羟基吲哚,然后再被氧化或者转变为稳定的靛苷储存在植物体内。基于此,课题组后期将重点围绕 *CYP450* 酶基因的功能开展研究,寻找靛蓝类物质代谢途径中发挥重要作用的关键酶基因,以期为系统阐明菘蓝中靛蓝类物质生物合成的分子调控机理提供依据。

5.7 本章小结

研究人员对菘蓝及其他产蓝植物中靛蓝和靛玉红类物质的合成积累与调控研究开展了一些研究探讨。本章系统展示了相关研究人员在菘蓝靛蓝和靛玉红的合成积累与调控研究方面的主要工作。重点探究了菘蓝中靛蓝和靛玉红的提取分离及检测条件的优化,自然生长条件、离体培养条件、不同诱导子处理条件下靛蓝与靛玉红的代谢积累规律;同时,基于基因组和转录组测序结果,从分子水平上初步揭示了靛蓝和靛玉红合成调控的机理,相关研究结果为深入探究菘蓝中靛蓝和靛玉红代谢调控的分子机制提供了参考,同时也为产蓝类植物中靛蓝类物质的合成积累规律研究进行了有益的补充。当然,现有研究工作仍有大量问题亟待深入探讨,相关酶基因和调控因子的功能仍有待验证,基于分子生物学和合成生物学的菘蓝新品种的创制也值得持续关注。

第6章 菘蓝中芥子油苷类物质的代谢调控研究

芥子油苷及其水解产物是十字花科植物中积累的主要次生代谢产物,在抗虫、抗病毒,以及植物的防卫反应中发挥重要作用。菘蓝中的指标性成分(R,S)-告依春属于脂肪族芥子油苷的水解产物,是其发挥抗病毒作用的化学物质基础,揭示芥子油苷类物质的合成积累规律及其分子调控机理,对于提高(R,S)-告依春的含量、改善菘蓝品质、开展菘蓝的分子育种研究、实现菘蓝资源的可持续开发与利用具有十分重要的意义。

6.1 芥子油苷简介

6.1.1 芥子油苷的化学结构

芥子油苷(Glucosinolates,GSLs),通常称为硫苷或硫代葡萄糖苷,主要由可变的侧链R,S-β-D-吡喃葡萄糖单元异头,以及O-硫酸化(Z)-硫羟肟酸三部分组成[468],其化学结构如图6-1所示。其中,磺酸肟和β-硫代葡萄糖苷是芥子油苷的核心部分[469]。芥子油苷一般情况下可以与钾盐或钠盐结合后存在于细胞质中[470]。

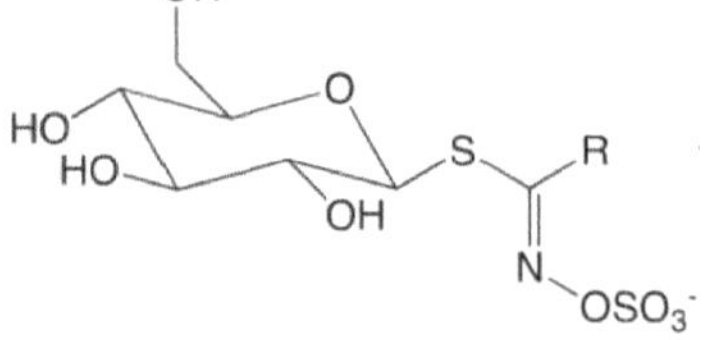

图6-1 芥子油苷的化学结构式

6.1.2 芥子油苷的分类

芥子油苷富含氮和硫,由一系列氨基酸衍生而来,是一类具有抗虫、抗病毒,并在植物的防卫反应中发挥重要作用的次生代谢产物,主要存在于十字花科植物中。目前,已鉴定出130多种芥子油苷,根据其侧链氨基酸来源的不同,可以把芥子油苷分为脂肪族、芳香族和吲哚族三大类[471],主要包括丙氨酸、亮氨酸、异亮氨酸、缬氨酸、甲硫氨酸等来源的脂肪族芥子油苷,苯丙氨酸和酪氨酸来源的芳香族芥子油苷,色氨酸来源的吲哚族芥子油苷,以及一系列侧链 R 基延长的同源化合物等[472]。

6.1.3 芥子油苷的性质

芥子油苷含有硫代葡萄糖基($-SGlc$)和强酸基(SO_4^{2-}),具有很强的极性。由于硫酸根的存在,会导致其自发电离,因此,在测定芥子油苷的含量时通常要进行脱硫处理。芥子油苷为水溶性化合物,pH 值在 5~7,提取时主要用水溶性有机溶剂进行萃取。一般情况下,黑芥子酶在 pH 值 5~7 的条件下,可将芥子油苷水解为异硫氰酸(ITC)[473],其水解过程如图 6-2 所示。

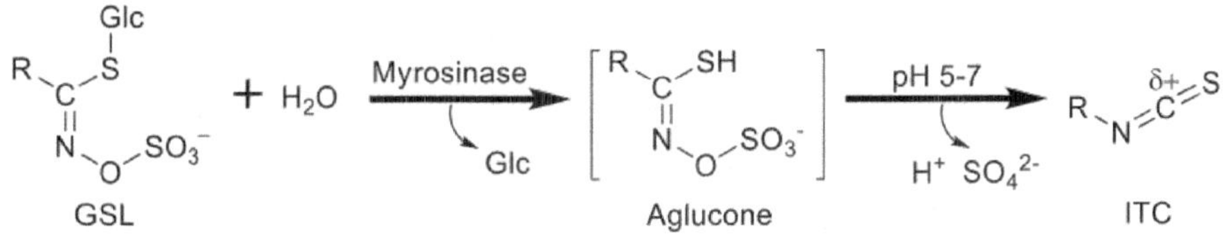

图 6-2 芥子油苷水解过程[468]

6.1.4 芥子油苷的生物合成过程

在植物体内,芥子油苷的生物合成受到多种信号分子的调控。芥子油苷的合成过程主要经历三个阶段:侧链伸长、核心结构葡萄糖基的形成和葡萄糖配基侧链的二次修饰[474],而脂肪族、吲哚族和芳香族芥子油苷的合成过程存在一定的差别[475]。

(1) 侧链的延伸

芥子油苷合成的第一步为侧链的延伸,涉及的酶基因主要包括:*BCAT3/4/6*、*MAM1/3*、*IPMI1/12*、*IIL1*、*IMDH1*、*CYP79B2/3* 等[476]。该过程主要起始于转氨反应,在甲硫氨酸转氨酶4(BCAT4)的催化下形成相应的含氧酸,随后在胆汁酸转运体(BAT5)的作用下转运进入叶绿体中继续延伸碳链。此后,在甲硫氨基苹果酸异构酶(MAM1/3)的作用下与乙酰辅酶 A 缩合形成 2-甲硫烷基苹果酸,再由异丙基苹果酸异构酶(IPMI)将 2 位碳上的甲硫烷基转移到 3 位碳上,从而形成 3 - 甲硫烷基苹果酸[477]。随后,异丙基苹果酸脱氢酶(IPMDH)使之脱氢、脱羧,形成一个碳链延长的新化合物[478],并可进一步经转氨作用产生相应的氨基酸衍生物或继续进行侧链延长循环[479]。该循环过程最多可以形成 8C 长度的侧链。在侧链延伸阶段,关键酶基因主要是 *MAM1/2/3* 和 *BCAT4*,其中 *MAM1* 在甲硫氨酸侧链延伸的缩合反应的前两个循环起作用,*MAM2* 作用于第一个循环,而 *MAM3* 作用于全部六个循环[480]。

(2) 核心结构的形成

核心结构的形成在侧链延伸反应之后,是所有芥子油苷合成的共同步骤。核心结构的形成涉及的酶基因主要包括 *CYP79F1/2*、*CYP79C1/2*、*CYP83A1*、*CYP83B1*、*GSTF9/10/11*、*GSTU20*、*GGP1*、*SUR1*、*UGT74B1*、*UGT74C1*、*SOT16/17/18* 等[477,481]。细胞色素单加氧酶 P450 基因家族的不同成员能够催化不同的氨基酸形成对应的醛肟。其中,CYP79D 和 CYP79F 家族成员主要催化脂肪族类氨基酸的醛肟化;CYP79B 家族成员主要催化吲哚类氨基酸的醛肟化;CYP79A 主要催化芳香族类氨基酸的醛肟化。醛肟在 CYP83 家族成员作用下形成不稳定的酸式硝基化合物(Aci - nitrocompounds)和氧化腈(Nitrileoxides)[482]。然后,该类化合物在谷胱甘肽硫转移酶(GST)的作用下与谷胱甘肽(GSH)结合成为复合物。其中,GSTF10 和 GSTF20 更倾向于参与脂肪族芥子油苷的核心结构合成,而 GSTF/GSTU 缺失条件下这一反应过程也可进行[483]。

(3) 侧链的次级修饰

芥子油苷的生物活性在很大程度上取决于侧链的次级修饰,而不同种类芥子油苷的侧链修饰存在差异,目前还有些修饰过程尚不清楚。侧链的修饰过程涉及的酶基因包括 *FMOGS - OX1 - 5*、*FMOGS - OX6 - 7*、*AOP2/3*、*SCPL17*、*CYP81F1/2*、*CYP81F3/4*、*IGMT1/2/5* 等[477]。侧链修饰过程主要包括氧化、烷基化、羟基化、甲基化、磺化和去饱和化等。甲硫氨酸起源的脂肪族芥子油苷的侧链修饰主要通过 FMOGS - OX、AOP、GSL - OH 等酶的催化实现。FMO 催化甲硫基芥子油苷生成甲基亚黄酰基芥子油苷。AOP2 和 AOP3 分别催化甲基亚黄酰基芥子油苷到烯烃基芥子油苷和羟烷基芥子油苷的转变,而吲哚 - 3 - 甲基芥子油苷能被 CYP83F1 氧化形成 4 - 羟基吲哚 - 3 - 甲基芥子油苷。相关研究表明,CYP81F1/3 主要催化吲哚环 4 位的修饰过程,CYP81F4 主要催化 1 位的修饰反应[481-483]。

6.1.5 芥子油苷的分解途径

芥子油苷主要存在于植物的液泡中,而其降解酶则主要定位于特定的蛋白体中,酶和底物分别存在于细胞的不同位置。当植物组织受损时,降解酶被释放出来,芥子油苷被降解,协助植物抵抗外界胁迫[484]。芥子油苷的降解过程比较复杂:首先,芥子油苷会分解成不稳定的糖基配苷;随后,糖基配苷重排形成不同的降解产物。芥子油苷的降解产物种类较多,可分为硫代氰酸盐、异硫酸盐、腈类、环硫腈和唑烷-2-硫酮等5类,最主要的是异硫酸盐[485]。植物一般通过UGT基因家族发挥糖基化功能,使得化合物的活性减弱或者消失,羰基化合物在特定的条件下去糖基化后化合物活性恢复。马蓝中的靛蓝生物合成过程中,吲哚经氧化生成3-羟基吲哚后被UGT糖基化为活性较弱的靛苷,当植物受到外界刺激时,会去糖基化生成靛蓝[462,486],从而起到防御作用。芥子油苷是异硫氰酸盐的糖基化前体,水解后具有生物学活性。在黑芥子酶的作用下,芥子油苷脱去葡萄糖和磺基基团后形成不稳定的糖苷配基。

芥子油苷的水解过程受到pH、温度,以及金属离子等多方面的影响。当pH<5,且存在Fe^{2+}时,降解产物主要是腈;当pH值为中性时,芥子油苷会分解形成异硫代氰酸盐;当pH值较高时,芥子油苷水解生成硫氰酸盐。黑芥子酶的种类主要有Ⅰ型和Ⅱ型。Ⅰ型黑芥子酶广泛存在于十字花科植物中,依据序列和分子量等特征被分为MA、MB和MC三类。黑芥子酶的活力受到很多条件的影响,低浓度VC可以提升其活性,而高浓度则抑制其活性。拟南芥中已知的黑芥子酶有8种,包括TGG1~6、PEN2和PYK10等。在各种黑芥子酶作用下芥子油苷均会发生水解,且在不同的黑芥子酶作用下形成不同的降解产物。

6.1.6 芥子油苷的化学合成

根据芥子油苷的化学结构及合成分析,芥子油苷的化学合成策略主要包括异头断开和羟肟酸断开,如图6-3。

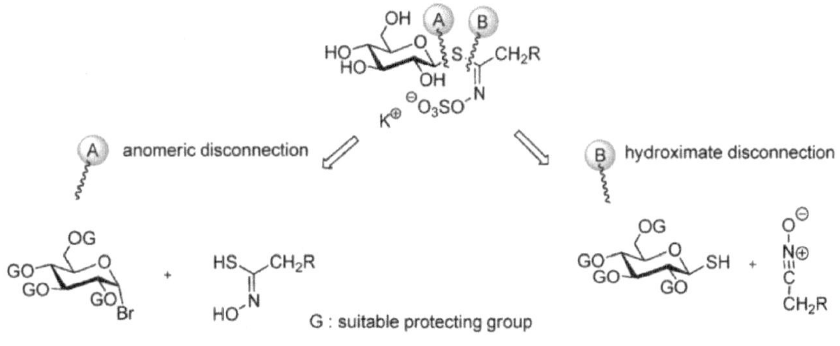

A—羟肟酸断开;B—异头断开。
图6-3 芥子油苷的合成策略[468]

异头断开策略:属于芥子油苷的从头合成。首先,氯甲苯反应生成苯乙酰硫代羟肟酸,然后与乙酰溴葡萄糖在碱性条件下反应,生成硫代羟肟酸葡萄糖酯,最后经过一系列反应生成硫代葡萄糖苷。

羟肟酸断开策略:最核心的是羟肟酰氯(Hydroximoylchloride)的合成,因其极不稳定,合成较为困难,目前可以通过羟肟酸(Aldoximes)、脂肪族亚硝基酸(Aliphaticnitronates)或硝基乙烯基衍生物(Nitrovinylderivatives)合成羟肟酸前体[487]。

6.1.7 芥子油苷的生物学功能

一般而言,芥子油苷在植物体内分布广泛。然而,因为组织部位不同、发育时期不同,以及外界生长环境、病虫害、物理伤害等非生物和生物因素的影响,植物体内各部位芥子油苷的含量存在一定的差别。拟南芥中,芥子油苷在休眠和萌发的种子中含量较高,其次是花、角果和根。在种子萌发和叶片衰老的过程中,植物中芥子油苷的含量不断下降[488-489]。通常情况下,芥子油苷稳定存在于植物细胞的液泡中,芥子油苷的硫葡萄糖甙在黑芥子酶的作用下发生水解,其降解产物具有抗癌、抵御昆虫、抗病原微生物、参与植物防御反应、化感作用、抗营养等重要的生物活性[490]。

(1) 抗癌作用

萝卜硫素(SFN),是一种异硫氰酸盐,在西兰花(*Brassica oleracea*)中含量较高。研究证明,SFN 是有效的化学保护剂,可用于细胞培养、致癌物诱导和动物肿瘤模型建立等[491]。SFN 发挥化学预防作用的机制已经得到广泛的研究和验证,可以在癌症形成的不同阶段、多位点发挥作用。异硫氰酸盐,特别是甲基亚磺酰烷异硫代氰酸盐和芳香烷异硫代氰酸盐是有效的阻遏因子,它们通过双重机制特异性地调节致癌代谢[492]。此外,硫氰酸盐对乳腺癌、肝癌、膀胱癌等也都有一定的影响和治疗作用。异硫氰酸盐具有一定的细胞毒性,吲哚类化合物主要抑制细胞的生长,可能诱导 P53 非依赖性凋亡,并调节人结肠癌细胞系中 Bcl-2 蛋白的表达[493]。由于芥子油苷主要存在于十字花科的蔬菜中,故可以通过合理食用这类蔬菜来发挥疾病预防的作用。

(2) 抵御昆虫

芥子油苷是植物抵御昆虫攻击的有力武器,可以削弱食草性昆虫的新陈代谢,使其生长缓慢,严重者会诱发昆虫死亡,因此,可作为天然的杀虫剂[494]。而食草性昆虫可以通过排泄、解毒或者行为适应等降低芥子油苷及其代谢产物的毒性。异硫氰酸盐可抑制象鼻虫等谷类害虫的生长并迅速杀死蝇类,被广泛用作杀虫剂。1964 年,Lichtenstein 等发现球芽甘蓝根的提取物对黑腹果蝇(*Drosophi-*

la melanogaster)具有很强的毒性,10 min 内黑腹果蝇的死亡率高达 50%,而其提取物的主要成分是 ITC[495]。

(3)抗病原微生物

芥子油苷及其代谢产物对细菌、真菌和其他病原微生物的防御功能研究相对较少。体外实验结果表明,异硫氰酸盐能够抑制粗糙脉孢菌(Neurospora crassa)、黑胫病菌(Phoma lingam)、链格孢菌(Alternaria alternata)、芸薹链格孢菌(Alternaria brassicicola)和尖孢镰刀菌(Fusarium oxysporium)等病原微生物的生长[472]。Lee 等把 35 个抗/感根肿病的大白菜种植在感染病菌的土壤中,测定根系中主要芥子油苷的含量,发现吲哚基-3-甲基芥子油苷和 2-苯乙基芥子油苷的含量与感染根肿病的严重程度呈正相关;两种大白菜感染 20 d 后,感病大白菜中两种芥子油苷的含量明显上升,但是抗病大白菜中两种芥子油苷的含量没有明显变化[29]。向拟南芥中导入木薯(Manihot esculenta Crantz)的 CYP79D2 基因后,其体内明显积累异丙基芥子油苷和 1-仲丁基芥子油苷,且对欧文氏菌(Erwinia carotovora)的抗性增强。过表达高粱[Sorghum bicolor(L.) Moench]CYP79A1 基因的拟南芥中积累了更多的对羟基苄基芥子油苷或苄基芥子油苷,且对细菌、病原菌和假单胞菌的抗性增强。此外,芳香族芥子油苷的积累可以刺激植物中水杨酸介导的防御反应,同时抑制茉莉酸依赖的防御反应,从而提高对链格孢菌(Alternaria alternata)的敏感性[497]。

(4)信号分子参与植物防御反应

芥子油苷参与植物与昆虫的互作过程。植物与昆虫、病原体的相互作用涉及不同的防御机制及复杂的信号网络途径。植物对微生物的防御主要是通过水杨酸、茉莉酸和乙烯(ET)三种信号分子组成的复杂信号网络进行调控,并通过调节芥子油苷等代谢产物的生物合成过程间接影响防御反应[498]。茉莉酸信号途径(JA signal pathways)介导植物对抗昆虫取食的过程,并与乙烯信号途径(ET signal-pathways)协同介导植物对抗病原体入侵的过程,而水杨酸信号途径(SA signal pathways)主要参与植物对抗病原体的防御反应。Mikkelsen 等对野生型拟南芥进行伤害处理,并采用外源茉莉酸甲酯、2,6-二氯异烟酸、ET 和 2,4-二氯苯氧乙酸的单一成分或者多组分处理,进一步测定了芥子油苷的含量[499]。实验结果表明,N-甲氧基吲哚-3-甲基芥子油苷在 MeJA 处理下含量增加了 10 倍,4-甲氧基吲哚-3-甲基芥子油苷在 2,6-二氯-异烟酸处理下含量增加了 1.5 倍。总体而言,MeJA 处理后,脂肪族芥子油苷的含量没有发生明显的变化,而吲哚族芥子油苷受到信号的有效诱导。

(5) 化感作用

芥子油苷及其代谢产物会影响植物的生长。在一定条件下,芥子油苷的水解产物会抑制或延缓种子萌发,并进一步影响幼苗中蛋白质的合成。种子萌发 3 d 后,对幼苗施加异硫氰酸丙酯会明显抑制幼苗的生长。芥子油苷水解产物能抑制休眠和非休眠种子的萌发[500]。浓度为 0.6~1.0 mM 的异硫氰酸酯会延迟马唐(*Digitaria sanguinalis*)种子的萌发[501],种子的发芽时间从 2.7 d 增加到 8.5 d,且在致死浓度(0.1~1.0 mM)条件下能够刺激休眠种子的萌发。

(6) 抗营养作用

芥子油苷具有一定的抗营养作用。油柏粉中芥子油苷的含量较低,可以作为牲畜饲料添加剂,而饲料中芥子油苷的含量较高会导致牲畜患上甲状腺肿瘤。此外,芥子油苷对多种脊椎动物存在抗营养作用。研究表明,食用含有较高芥子油苷含量油菜的野兔和鸽子的生理代谢会受到影响,出现溶血性贫血、肝功能受损、消化器官表皮黏膜受到破坏等,不宜用作动物饲养的饲料添加剂[501]。

6.2 菘蓝芥子油苷的分离鉴定研究

目前,有关菘蓝属植物芥子油苷的研究相对较少。1971 年 Elliott 测定了欧洲菘蓝种子和幼苗中吲哚族芥子油苷的含量,由于检测条件的限制,仅有吲哚基-3-甲基芥子油苷、1-甲氧基-吲哚-3-甲基芥子油苷和 1-磺基-吲哚-3-甲基芥子油苷被检测到,其中,吲哚基-3-甲基芥子油苷在种子中的含量最高,达到 230 mg/100 g(FW)。1976 年,Cole 报道了在 8 周龄欧洲菘蓝的全株中检测到了 3-甲硫丙基异硫氰酸盐,为植物中首次报道。Mohn 等采用加压液体萃取(PLE)方案和 HPLC-ESI-MS 模式,对欧洲菘蓝和菘蓝的叶片和种子进行了芥子油苷含量的测定,二者种子的检测图谱表现出特征性差异,且在芥子油苷的含量和种类上存在明显的不同:4-OMeGBS 主要在菘蓝中检出,而欧洲菘蓝中未检出[502]。Angelini 等发现,表告依春和 2-羟基-3-丁烯基芥子油苷为菘蓝中最主要的芥子油苷类型,且芥子油苷的含量范围主要在 123~150 μmol/g 之间[503]。Guo 等研究发现,板蓝根中共有 16 种芥子油苷,含 12 种脂肪族、2 种芳香族和 2 种吲哚族芥子油苷,其中有 9 种芥子油苷为首次从菘蓝中分离获得,涉及的芥子油苷有葡萄糖芜菁芥素、表告依春、2-羟基-3-丁烯基芥子油苷和 3-(N-甲氧基)-吲哚甲基芥子油苷等[504]。此外,研究人员还利用核磁共振氢谱技术对5种芥子油苷的含量和纯度进行了测定[505]。

有关菘蓝芥子油苷代谢调控的机制一直是本课题组近年来始终关注的研究方向,现已对芥子油苷的代谢通路、合成积累规律,以及相关通路上的部分功能基因(*CYP79F1*、*CYP79B2*、*CYP83A1*、*CYP83B1*)和转录因子(MYB34、MYB51、MYB28、MYB122、MYC2/3/4)进行了初步的研究,为深入阐明菘蓝芥子油苷的代谢调控机理奠定了一定的研究基础。

6.2.1 菘蓝芥子油苷的分离提取研究

对十字花科植物中芥子油苷含量的测定,首先需要对植物材料进行适当的前处理才能保证芥子油苷的提取效率。目前的主要操作是将采集到的材料经适当清理后,迅速投入液氮中,然后保存于-80 ℃备用,使植物体内的黑芥子酶快速失活,而在适宜条件下,黑芥子梅的活性还可恢复。因此,对于芥子油苷的分离提取不仅要考虑芥子油苷的性质,同时也要考虑黑芥子酶的活性。通常是以甲醇作为提取溶剂。对芥子油苷提取效率影响的参数不同,其影响程度依次为:提取时间 > 提取温度 > 料液比 > 颗粒物大小。而不同植物黑芥子酶失活的温度也存在差别。辣椒(*Capsicum annuum* L.)和西兰花的黑芥子酶在40 ℃即可失活,而油菜籽和结球甘蓝(*Brassica oleracea* L. var. *capitata* L.)的黑芥子酶在60 ℃以上才会失活,因此,不同植物芥子油苷的提取方法有所不同[506]。

芥子油苷为水溶性化合物,提取芥子油苷主要采用液-固萃取方法,用热水或极性有机溶剂进行提取。为了提高提取效率,可以辅助一些先进的提取手段,如超声波加速萃取、CO_2 超临界流体萃取、快速溶剂萃取(ASE)等。超声波加速萃取可以减少溶剂的使用量,缩短提取时间,进而提高提取效率。CO_2 超临界流体萃取是一种环境友好的提取方法,采用此法提取的芥子油苷最高可达总量的4%,由于芥子油苷在温度高于50 ℃时会出现分解现象,故此法不适于在高温条件下对芥子油苷进行提取[507]。DohenyAdams等分析比较了三种传统的芥子油苷提取方法:第一种是用75%甲醇进行提取,然后用低溶度的硫酸酯酶处理样品(0.05 ~ 0.3 U/mL);第二种用水作为提取溶剂,在100 ℃条件下进行提取,然后用较高浓度的硫酸酯酶处理样品(0.5 ~ 1 U/mL);第三种是用80%甲醇在常温条件下进行提取,不加硫酸酯酶直接过滤样品。经比较,研究人员优化出了一种更为高效便捷的提取方法,即冷甲醇提取法,省去了很多烦琐的步骤,并发现甲醇浓度与叶片含水量之间存在一定的量效关系[508]。

课题组在参考已有文献的基础上,进一步改进和优化了菘蓝芥子油苷的分离提取方法,具体的操作过程涉及提取、纯化、脱硫三个步骤,详细的操作流程如下:

(1) 提取

A. 收获材料,蒸馏水清洗并储存于 $-80\ ℃$;

B. 将材料在液氮中研磨至粉碎,加入装有 10 mL 甲醇的离心管中并称重;

C. 在涡旋振荡仪上振荡混匀后,静置 30 min;

D. 继续涡旋振荡,随后将离心管置于摇床上,300 r/min 提取 30 min;

E. 低温,8000 rpm 离心 5 min,将上清转移至新离心管中;

F. 过滤提取液(0.22 μm),并加入配制好的黑芥子苷溶液(内标)40 μL,于 $-20\ ℃$ 储存。

(2) 纯化

A. 称取 2.0 g DEAE Sephadex A-25 葡聚糖凝胶,加入 2 倍体积超纯水,浸泡 24 h 后弃去表层漂浮物;

B. 吸取 1 mL 葡聚糖凝胶装柱,待液体排干后,再吸取 1 mL 装柱;

C. 待液体排干后,用 2 mL 超纯水冲洗柱子;

D. 液体排干后,加入 2 mL 1 mol/L 醋酸缓冲液,冲洗侧壁黏附的凝胶;

E. 加入 2 mL 缓冲液,待液体排干后,再加入 2 mL 缓冲液冲洗活化;

F. 向柱中加入 2 mL 超纯水,待液体排干后再重复一次。

(3) 脱硫

A. 将 5 mL 提取液缓慢加入制备好的凝胶柱中;

B. 待全部液体排干后,分三次加入 2 mL 醋酸钠溶液(0.02 mol/L),再加入超纯水冲洗 2 次;

C. 封柱,向柱中均匀加入 500 μL 的硫酸酯酶工作液(1 mL 硫酸酯酶储存液中加入 9 mL 超纯水);

D. 将凝胶柱放入 35 ℃ 恒温箱中 16 h 后取出;

E. 向柱中加入 500 μL 超纯水,收集洗脱液,重复 3 次;

F. 将洗脱液过滤(0.22 μm),储存于 $-20\ ℃$,备用。

6.2.2 芥子油苷的纯化

芥子油苷具有较高的亲水性,一般采用色谱技术进行纯化,包括氧化铝柱色谱、低压柱色谱、高效液相色谱、高速逆流色谱、基于 DEAE-葡聚糖凝胶 A-25 的离子交换色谱、强离子交换离心分配色谱和慢速旋转逆流色谱等。然而,这些方法操作相对复杂,且不太适用于工业生产过程。Cheng 等建立了一种简单、低成本、高效的十字花科植物芥子油苷纯化的方法,制备了聚甲基丙烯酸缩水甘油酯(PG-MA)及其胺(乙二胺 PGMAⅠ、二乙胺 PGMAⅡ、三乙胺 PGMAⅢ)改性衍生物的大孔交联共聚物吸附剂,用于十字花科植物的芥子油苷纯化[509]。通过比较 4 种吸附剂对十字花科植物粗提物中芥子油苷的吸附、解吸附和脱色性能,发现强碱性三乙胺吸附剂对芥子油苷的吸附和解吸附能力最好,具有最佳的脱色性能。此外,氨水也是一种较好的解吸附溶剂,克服了脱盐效率低、甲醇残留和运行成本高等难题。用 10% 氨水解吸附后,分离出的芥子油苷纯度可达 74.39%,回收率为 80.63%。Zhou 等采用柱色谱方法从甘蓝型油菜籽中分离纯化了原告依春,粗提物使用酸性氧化铝色谱柱和反相 C18 硅胶柱进行分离纯化,纯度高达 99%[510]。Xie 等建立了一种高效分离纯化板蓝根中芥子油苷的方法,对两种手性化合物原告依春和表原告依春具有较好的分离效果;从 3 kg 板蓝根中获得纯度高达 98% 的芥子油苷[511]。Fahey 等采用高速逆流色谱法(HSCCC)从花椰菜(*Brassica oleracea* var. *botrytis*)、芝麻菜和萝卜籽的种子中分离纯化了 5 种芥子油苷,即 4-甲基亚磺酰基丁基芥子油苷、3-甲基亚磺酰基丙基芥子油苷,以及不同侧链的三种芥子油苷:4-甲硫丁基芥子油苷、2-烯丙基芥子油苷和 4-(鼠李糖基氧基)苄基芥子油苷[512]。HSCCC 法的优势在于:纯化分离效率完全取决于固相和流动相之间的溶质分配系数,消除了样品在原有固相载体上的不可逆吸附损失,仅使用极少量昂贵的溶剂,允许样品的定量回收,且不会损失原材料,等等。Song 等采用阴离子交换树脂和反向柱层析法对芸薹科植物种子中主要的芥子油苷进行了纯化[513]。

6.2.3 菘蓝芥子油苷的鉴定

有关十字花科植物芥子油苷的鉴定方法已有较多报道。李秋云等采用 HPLC-MS 联用分析法,对其研究的叶片、芽、肉质根中芥子油苷的组成与含量进行了鉴定和分析[514],结果表明,其叶片、芽和肉质根中芥子油苷的组分相同,共计检测出 8 种芥子油苷,包括 5 种脂肪族芥子油苷(4-甲基亚磺酰基-3-丁烯基芥子油苷、2-羟基-3-丁烯基芥子油苷、乙基芥子油苷、4-甲硫基-3-丁烯基芥子油苷和 6-庚烯基芥子油苷)和 3 种吲哚族芥子油苷(1-甲氧吲哚基-3-甲基芥子油苷、吲哚基-3-甲基芥子油苷和 4-羟基吲哚基-3-甲基芥子油苷)。肉质根中芥子油苷的含量高于芽和叶片。在肉质根和芽中4-甲硫基-3-丁烯基芥子油苷是主要的芥子油苷类型,分别占总芥子油苷的75.5%和71.5%,而吲哚基-3-甲基芥子油苷主要分布于叶中(57.1%)。

从芥蓝菜薹(Brassica oleracea var. albiflora)中共鉴定出11种芥子油苷,包括7种脂肪族芥子油苷(3-甲基亚硫酰丙基芥子油苷、2-羟基-3-丁烯基芥子油苷、2-丙烯基芥子油苷、4-甲基亚硫酰丁基芥子油苷、5-甲基亚硫酰戊基芥子油苷、3-丁烯基芥子油苷、4-甲硫基丁基芥子油苷)和4种吲哚族芥子油苷(4-羟基-3-吲哚甲基芥子油苷、3-吲哚甲基芥子油苷、4-甲氧基-3吲哚甲基芥子油苷和1-甲氧基-3-吲哚甲基芥子油苷)。其中,脂肪族芥子油苷占到总芥子油苷含量的91.6%,且主要以3-丁烯基芥子油苷(47.9%)和4-甲基亚硫酰丁基芥子油苷(35.5%)为主,而含量最低的为4-羟基-3-吲哚甲基芥子油苷(0.2%)[515]。

苷瑾等采用LC-ESI/MS法对紫、黄、白3种色型玛咖(Lepidium meyenii Walp.)块根的鲜品、真空干燥品和自然干燥样品中芥子油苷的种类和含量进行了综合分析[516],结果表明:3种不同颜色玛咖中均含有芳香族芥子油苷,如苄基芥子油苷、甲氧基苄基芥子油苷等,且苄基芥子油苷含量较高。3种玛咖鲜品中的总芥子油苷含量分别为50.14、46.35和84.57 μmol/g,自然干燥样品中的总芥子油苷含量分别为13.05、14.35和14.94 μmol/g,而真空干燥品中的含量相对较低,分别为0.24、0.05和0.29 μmol/g。真空干燥样品中总芥子油苷的含量显著低于新鲜样品,推测干燥处理可能导致芥子油苷水解,从而降低了芥子油苷的含量。此外,唐霖等采用HPLC法对不同产地玛咖中苄基芥子油苷的含量进行了比较,各样品中苄基芥子油苷的质量范围在10.76~17.9 g/L,其中秘鲁玛咖的质量分数为2.13%左右,而国产玛咖的质量分数为1.08%~1.79%,含量相对较低[517]。

钟海秀等利用HPLC-MS联用分析方法测定了水培拟南芥的莲座叶和根中芥子油苷的组成和含量,研究结果表明,莲座叶中有6种脂肪族芥子油苷,即4-甲基亚磺酰丁基芥子油苷(4MSOB)、3-羟基丙基芥子油苷(3OHP)、5-甲基亚磺酰戊基芥子油苷(5MSOP)、4-甲硫丁基芥子油苷(4MTB)、8-甲基亚磺酰辛基芥子油苷(8MSOO)和6-甲基亚磺酰己基芥子油苷(6MSOH);根中有8种脂肪族芥子油苷,比莲座叶多了3-甲基亚磺酰戊基芥子油苷(3MSOP)、8-甲硫辛基芥子油

(8MTO)、7-甲硫庚基芥子油苷(7MTH)和4-羟基丁基芥子油苷(4OHB),但缺少3OHP和4MTB。而且,莲座叶中脂肪族芥子油苷含量较高,达到总芥子油苷含量的79%,尤以4MSOB的含量最高(42.62%),而根中则以吲哚族的1-甲氧吲哚基-3-甲基芥子油苷(1MTI3M)的含量最高,达到总芥子油苷含量的29.37%[518]。

田云霞等采用HPLC法从拟南芥莲座叶中检测到了8种脂肪族芥子油苷,包括3MSOP、4OHB、4MSOB、5MSOP、6MSOH、8MSOO、7MTH和8MTO;4种吲哚族芥子油苷,包括4-羟基吲哚基-3-甲基芥子油苷(4OHI3M)、吲哚基-3-甲基芥子油苷(I3M)、4-甲氧吲哚基-3-甲基芥子油苷(4MTI3M)和1MTI3M[519]。

在参考前人研究工作的基础上,本课题组建立了适宜菘蓝的芥子油苷分离提取及纯化的方法,并进一步采用LC-MS/MS技术对分离得到的芥子油苷的种类做了鉴定分析,共计从菘蓝中鉴定出17种芥子油苷,包括6种脂肪族芥子油苷、10种吲哚族芥子油苷和1种芳香族芥子油苷,并且有6种吲哚族芥子油苷为菘蓝中首次报道,推测为新的吲哚族芥子油苷,但其具体的结构仍待验证。

6.3 菘蓝中芥子油苷的合成积累规律研究

芥子油苷在不同植物、同种植物的不同生长发育阶段和不同组织部位、不同处理条件下的积累规律存在不同,本课题组对菘蓝中芥子油苷的合成积累规律进行了较为全面和深入的探究,旨在为开展菘蓝芥子油苷的代谢调控机理研究奠定基础。

6.3.1 菘蓝不同生长发育阶段芥子油苷的合成积累规律

菘蓝一般在春季和秋季播种,而在不同播种季节,菘蓝在种子萌发后芥子油苷积累的情况较为相似。菘蓝种子中芥子油苷的含量较高,且以脂肪族芥子油苷为主(大于99.5%)。种子萌发后,脂肪族芥子油苷含量开始明显降低,直至萌发后第60 d,脂肪族芥子油苷的含量降低到只有总芥子油苷的18%。此后,脂肪族芥子油苷的含量又开始恢复积累,至萌发后120 d其含量升高到总芥子油苷含量的30%,180 d达到46%。

相对而言,菘蓝种子中吲哚族芥子油苷的含量较低,在萌发过程中吲哚族芥子油苷也像脂肪族芥子油苷一样持续积累。在子叶期,吲哚族芥子油苷的含量为 70 ~100 μmol/g(FW);随着生长进程的推进,其含量持续下降;进入成熟期,下降至 1 ~4 μmol/g(FW),达到总芥子油苷含量的 50% 左右[520]。吲哚族芥子油苷的含量从种子萌发时开始积累,直至萌发后 7 d 大约增加 23 倍;随后开始降低,至萌发后 25 d,其含量降至最低;其他发育时期,吲哚族芥子油苷的含量始终保持在相对稳定的低含量水平。

6.3.2 菘蓝不同组织器官芥子油苷的合成积累规律

当开始抽薹并进入花果同期阶段,菘蓝不同组织部位的芥子油苷含量表现出一定的差别。其中,青果(20 μmol/g)、花(21 μmol/g)和花蕾(23 μmol/g)中积累了较多的芥子油苷,且以脂肪族的 3 - 丁烯基芥子油苷和前告依春为主,而吲哚族芥子油苷含量相对较少,占比不到 6%。总体而言,芥子油苷在生殖器官中积累的含量远高于营养组织,可达 10 ~40 倍的差别,且以种子中积累的芥子油苷含量最高[520]。生殖器官中的芥子油苷主要以吲哚族芥子油苷为主,包括 I3M 和 1MOI3M。就根部而言,侧根中总芥子油苷的含量高于主根,且两种手性异构体(R,S - 告伊春)的含量存在显著差异。此外,生殖器官中存在两种独特的芥子油苷,即 4 - 戊烯基芥子油苷和苄基芥子油苷,前者含量相对较少,只能通过质谱才能检测到,而苄基芥子油苷的含量相对较多。花蕾中苄基芥子油苷的含量明显少于青果和花,表明苄基芥子油苷可能伴随开花过程在菘蓝的生殖器官中优势积累。从发育时期来看,子叶期芥子油苷的种类以脂肪族芥子油苷为主,随后含量不断下降,且在成熟期下降至最低。研究表明,拟南芥休眠种子中芥子油苷的含量最高,种类也最丰富,而花序、角果、叶和根中的芥子油苷含量相对较少。

6.3.3 不同诱导子处理条件下菘蓝芥子油苷的合成积累规律

生物和非生物诱导子会对植物次生代谢产物的合成积累产生较为明显的影响。本课题组系统探讨了不同诱导子处理条件下菘蓝中芥子油苷的合成积累规律。研究结果表明,MeJA、SA、ABA、AgNO$_3$、NaCl、低温、YE 和机械损伤等 8 种诱导子处理后,菘蓝中总芥子油苷的含量比对照组平均提高了近 8 倍。其中,MeJA 处理后,总芥子油苷的含量比对照组提高了近 10 倍;ABA 和 NaCl 处理后,总芥子油苷的含量也比对照组提高了近 7 倍,ABA 处理后总芥子油苷含量的峰值出现在 3~6 h 之间,而 NaCl 处理后的峰值出现在 24~48 h 之间。相比较而言,伤害处理后总芥子油苷的含量变化最小,仅在处理后的 3 h 和 24 h 均有 2.5 倍的提高。而低温、SA、NaCl 和 ABA 处理后,脂肪族芥子油苷的含量变化也较为明显,低温处理后脂肪族芥子油苷的含量增加了 6 倍以上,NaCl 处理后增加了 12 倍。MeJA、AgNO$_3$、NaCl 和 ABA 处理后,吲哚族芥子油苷的含量积累明显,其中 MeJA 处理 6 h 后吲哚族芥子油苷的含量增加了至少 10 倍以上,ABA 处理 24~48 h 后,其含量增加了 8 倍以上。因此,菘蓝可以有效响应各种生物和非生物诱导子的处理,在相应处理条件下,芥子油苷的含量呈现较为明显的积累,其中响应最明显的诱导子是 NaCl,而机械损伤处理后芥子油苷含量变化较小。

6.4 菘蓝芥子油苷的代谢途径研究

6.4.1 拟南芥中芥子油苷的代谢通路研究

有关拟南芥中芥子油苷代谢途径的研究报道相对较多,为开展菘蓝的相关研究工作奠定了良好的基础。近些年来,随着对芥子油苷生物学功能认识的不断深入,涉及其他十字花科植物芥子油苷代谢途径的研究也逐渐增多。芥子油苷的合成过程一般被分为氨基酸的侧链合成延长、核心结构的形成,以及次级修饰三个过程。拟南芥中芥子油苷的合成途径涉及 HMTs、MAMs、CYP79s、CYP83s 和 AOPs 等多个基因家族。MYC 基因家族中的 MYC2/3/4 参与了芥子油苷的合成过程,MYC2、MYC3 和 MYC4 可与 R2R3 - MYB 家族成员(MYB28、MYB29、MYB76、MYB34、MYB51 和 MYB122)形成复合物,进而调控芥子油苷的生物合成过程。CYP79s 和 CYP83s 等基因家族成员参与芥子油苷核心结构的形成过程[521-522]。

拟南芥中的 CYP79D 和 CYP79F 家族成员,以及转录因子 MYB28、MYB29 及 MYB76 参与调控脂肪族芥子油苷的生物合成过程;将拟南芥中的 *MYB28* 和 *MYB29* 同时敲除,则脂肪族芥子油苷的含量几乎为零,说明 *MYB28* 和 *MYB29* 在拟南芥脂肪族芥子油苷的合成过程中发挥重要作用。在转 *MYB28* 拟南芥中,绝大部分与脂肪族芥子油苷合成相关的基因被激活,短链脂肪族芥子油苷也恢复合成。相比较而言,转 *MYB29* 拟南芥中脂肪族芥子油苷含量的恢复水平较低。但两种转基因植株均不能合成长链脂肪族芥子油苷,说明单个 MYB 转录因子不能调控合成长链脂肪族芥子油苷,相应基因需要被诱导表达[522-523]。

此外,CYP79B、MYB34、MYB51、MYB122 主要参与调控吲哚族芥子油苷的合成积累过程。而植物激素 JA、赤霉素(GA)、脱落酸(ABA)、SA 和 ET 等对吲哚族芥子油苷的代谢调控也有一定影响。在三个基因都缺失的突变体 myb34myb51myb122 中,参与调控吲哚族芥子油苷合成的酶基因 CYP79B2、CYP79B3、CYP83B1、SUR1、PAPAT1 和 SOT16 等的表达量均下调,说明 MYB34、MYB51 和 MYB122 三个转录因子可能参与调控吲哚族芥子油苷的合成过程。在突变体 myb34 中,吲哚族芥子油苷含量下降;反之,在 MYB34 过表达植株中,吲哚族芥子油苷的含量显著上升,说明 MYB34 参与吲哚族芥子油苷的合成过程,能够有效促进吲哚族芥子油苷的合成[524-528]。

鉴于菘蓝与拟南芥同属十字花科植物,参考拟南芥的相关研究结果,课题组进一步对菘蓝中参与芥子油苷合成的酶基因和转录因子的生物学功能进行了探究。研究结果表明,将菘蓝 IiMYB34 在拟南芥中异源表达,可以促进拟南芥中吲哚族芥子油苷含量的显著积累[529]。MYB51 最早是从 HPLC 法测得的转座子激活标记群体的高酚类化合物中筛选得到的[530]。拟南芥中,MYB51 基因的过表达可以显著促进吲哚族芥子油苷合成相关基因 CYP79B2、CYP79B3、CYP83B1、UTG74B1 和 ST5a 表达水平的提升,表明 MYB51 参与吲哚族芥子油苷的合成调控过程[531]。课题组将菘蓝 IiMYB51 基因在拟南芥中异源转化,发现该基因可以通过减少 ABA 的合成、促进其降解,进而影响植物的生理生化过程,提高植物中芥子油苷的含量,并最终提高植物的抗盐能力。此外,IiMYB51 还显著响应蚜虫的咬食胁迫,通过提高其自身的表达水平,进一步提高芥子油苷合成和胼胝质合成相关基因的表达,从而促进芥子油苷和胼胝质含量的积累,并最终提高植物的抗虫能力。

在植物遭受机械损伤胁迫时,MYB51 的过量表达提高了吲哚族芥子油苷的含量,能够抵御昆虫的咬食或者其他外界胁迫,而 MYB34 无相关功能[532-533]。MYB34 主要调控植物根中吲哚族芥子油苷的合成过程;MYB51 主要调控地上部分吲哚族芥子油苷的合成;MYB122 对吲哚族芥子油苷的合成影响不大[534-535]。由此可知,MYB34、MYB51、MYB122 三个转录因子之间存在功能冗余,若其中一个转录因子缺失引起吲哚族芥子油苷含量的降低,则其余的转录因子会被激活,以弥补吲哚族芥子油苷含量的降低[536]。

目前,对于拟南芥芳香族芥子油苷代谢调控的研究较少,有研究认为MYB115和MYB118参与芳香族芥子油苷的代谢调控过程[537]。另外,还包括CYP、SUR、GSTF、GGP、UGT、SOT等基因家族成员的参与。

6.4.2 菘蓝芥子油苷的代谢途径预测

课题组基于菘蓝基因组数据信息,运用NCBI、TAIR等数据库,采用同源比对法、ExPASy、BioEdit、ClustalX 2.1等工具,以拟南芥、芜菁、甘蓝等十字花科植物的基因组数据为参考,发现共有132个基因参与了菘蓝芥子油苷的代谢途径;进一步对这些基因进行注释和分析,对相关基因和转录因子参与芥子油苷侧链延长、核心结构形成、侧链修饰等过程的基因数目、相似序列数目等进行了统计、分析和注释(表6-1),为后续开展菘蓝及十字花科其他植物芥子油苷代谢调控的研究奠定了坚实的理论基础,提供了有效的参考和借鉴[538-540]。

表6-1 参与菘蓝芥子油苷代谢途径的基因数量统计

类别	参与过程	基因数目	相似序列数目	合计
合成	侧链延长	14	2	16
	核心结构形成	26	4	30
	侧链修饰	19	3	22
	共底物途径	11	2	13
分解	黑芥子酶	21	10	31
	辅因子	17	11	28
转录因子		22		22
运输		2		2
合计		132		164

对132个参与菘蓝芥子油苷代谢途径的基因和调控因子进行了注释和分析,其中,81个基因参与芥子油苷的合成过程,59个基因参与芥子油苷的分解过程,2个基因参与芥子油苷的运输过程;此外,还有22个转录因子直接参与芥子油苷的代谢调控过程。与拟南芥相比,在菘蓝中没有发现芥子油苷代谢通路中关键酶基因 *MYB76*、*MYB115*、*CYP79F2*、*FMOGS - OX1/3/4/6/7*、*UGT74*、*C1MAM2*、*MAM3*、*AOP3*、*BZO1p1*、*NSP3*和*NSP4*的同源基因[541-543]。参考拟南

芥的芥子油苷代谢通路图,课题组详细绘制了菘蓝芥子油苷的代谢通路图(参见图3-6),详细标注了菘蓝芥子油苷的侧链延长、核心结构形成,以及侧链修饰过程中的关键酶基因和调控因子。值得一提的是,菘蓝中有13个拟南芥 *TGG1/2* 的同源基因和11个拟南芥 *TGG4/5* 的同源基因,这在已经完成基因组测序的十字花科植物中是最多的,而相关基因的功能尚需深入探究。

6.4.3 菘蓝中参与芥子油苷代谢途径的关键酶基因分析

在菘蓝中,参与芥子油苷合成的基因主要有 *BCAT4*、*BCAT3*、*MAM13*、*IPMI1*、*IPMI2*、*IPMI3*、*CYP791*、*CYP79A2*、*CYP79B2/B3* 等,分别参与芥子油苷的侧链延长、核心结构形成,以及次级修饰过程[544]。课题组对参与芥子油苷代谢途径的主要基因所属的基因家族分别进行了鉴定和分析,为进一步开展相关基因的功能研究提供了参考。研究发现,SOT、CYP 和 2OGD 基因家族成员在菘蓝芥子油苷核心结构形成及侧链修饰过程中发挥了重要作用。参考菘蓝基因组数据,我们对这三个基因家族进行了鉴定和分析,相应基因家族成员的基本情况统计如表6-2所示,各基因家族成员的表达模式如图6-4、6-5所示。

表6-2 菘蓝 SOT、CYP、2OGD 基因家族成员数量统计表

基因家族名称	基因家族成员数	假基因化的成员数	参与芥子油苷生物合成的基因数	合计
SOT	21	6	6	27
CYP	253	23	10	276
2OGD	157	16	5	173

由表可知,从菘蓝中共鉴定到21个 *SOT* 基因、253个 *CYP* 基因和157个 *2OGD* 基因,将这些基因与拟南芥中对应的基因家族成员一起构建系统进化树,结果显示出菘蓝基因家族内部不同亚家族的收缩与扩张。进一步对三个基因家族成员的复制类型进行分析,发现 SOT 基因家族散在重复成员最多,而 CYP 和 2OGD 基因家族中串联重复成员比例更高,表明串联重复在这两个家族的扩张中发挥了重要作用。此外,课题组还对 SOT 基因家族中的 ST5 亚家族、CYP 基因家族中的 CYP81F 亚家族和 2OGD 基因家族中的 GSL-OH 亚家族成员在菘蓝不同组织部位和不同发育阶段的表达模式进行了分析,结果表明:同一亚家族不同成员之间存在明显的表达差异,部分基因在某些器官中存在特异性表达。

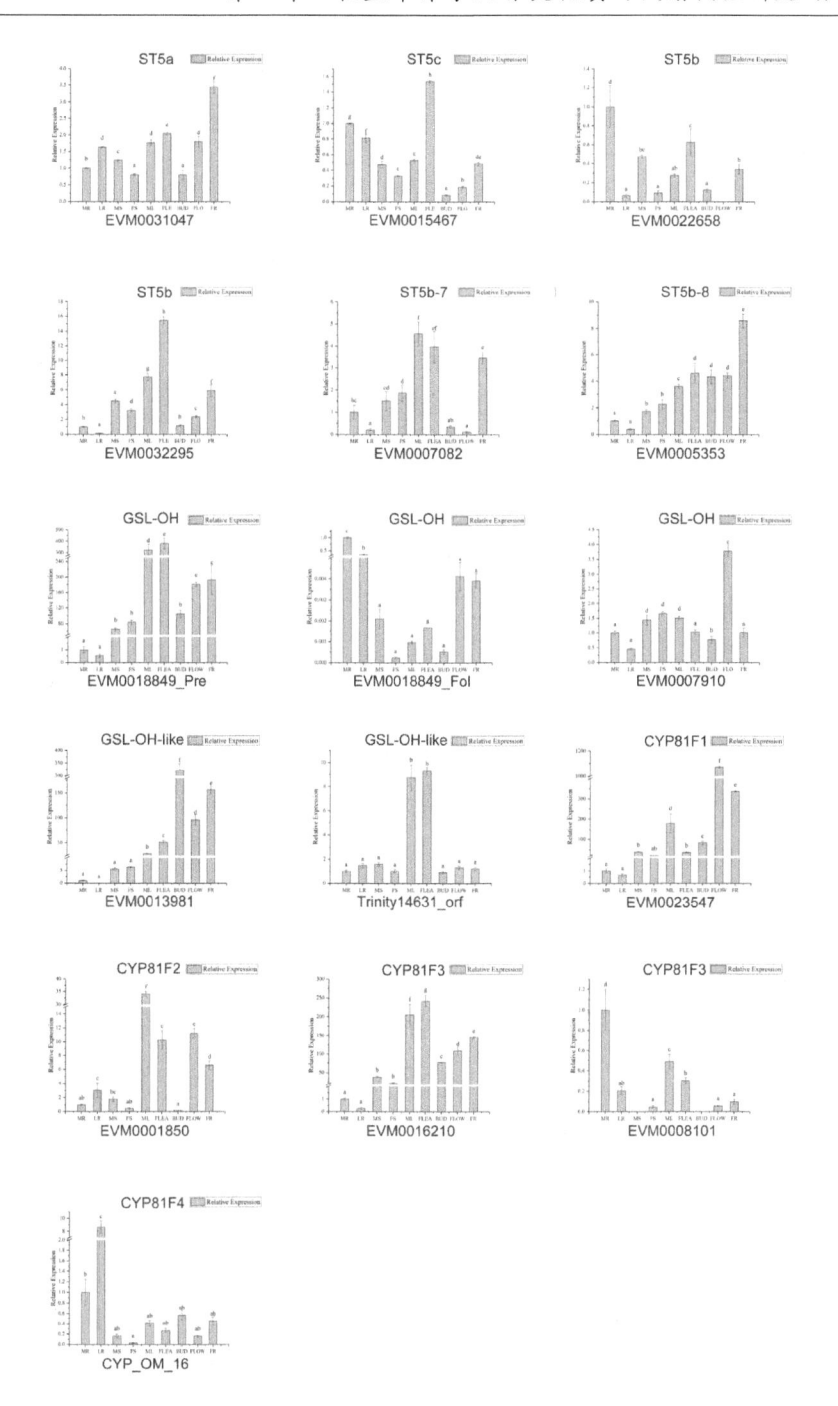

图6-4　ST5、GSL-OH、CYP81F亚家族成员在菘蓝不同组织部位的表达模式

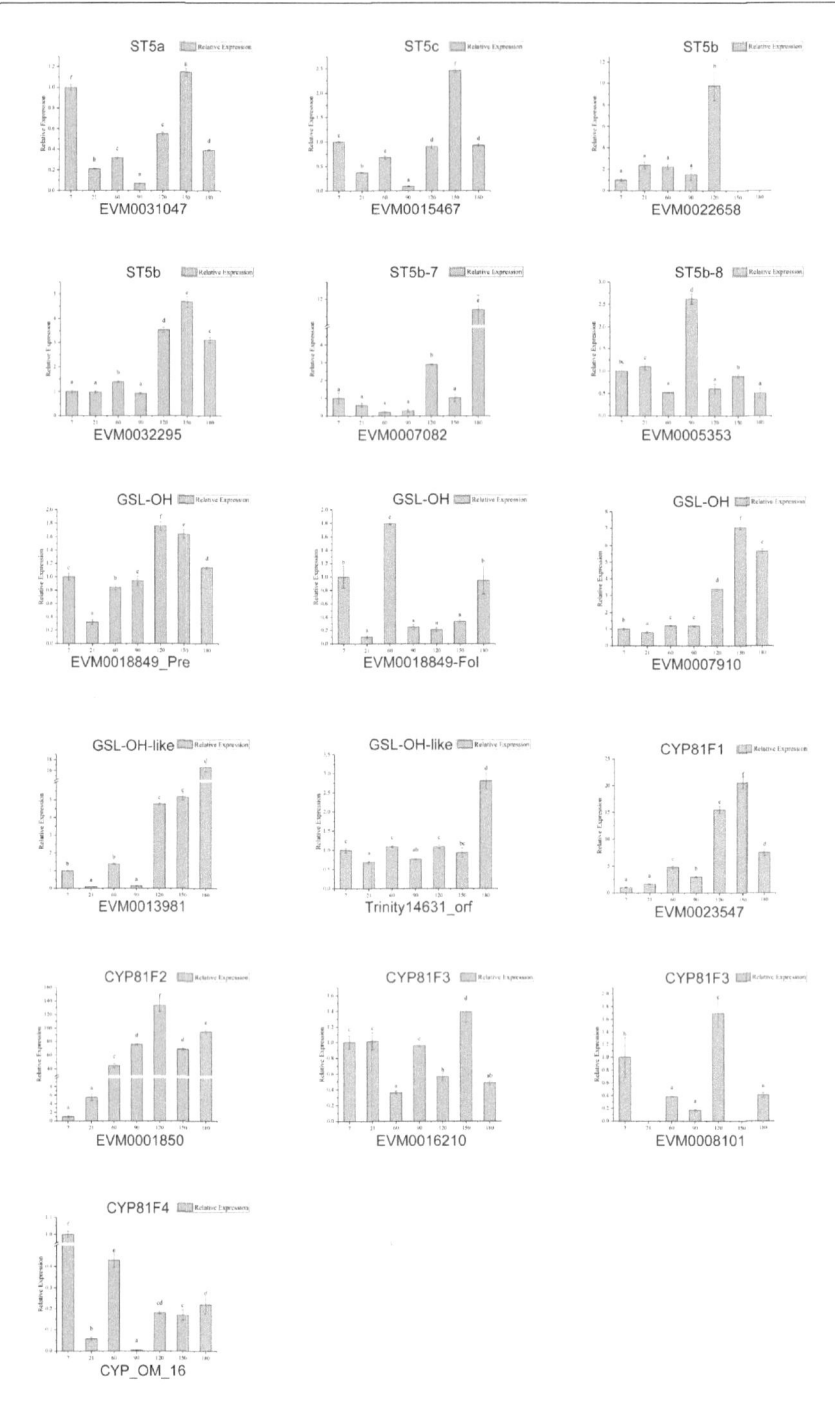

图 6-5 ST5、GSL-OH、CYP81F 亚家族成员在不同发育阶段的表达模式

相关研究结果显示,21个SOT基因家族成员中,有6个基因参与芥子油苷生物合成过程,主要通过连接共底物和底物分子来催化芥子油苷的磺化过程,其共底物为3′-磷酸腺苷-5′-磷酸盐(PAPS)。按底物的分子量大小可将这些基因分为催化生物大分子底物和催化生物小分子底物的成员。前者主要定位于细胞膜上,参与催化蛋白质接受磺基的过程,后者主要定位于细胞质中,参与部分激素及次生代谢产物的催化过程。拟南芥的SOT家族成员有22个,只有一小部分包含内含子,主要含有五个结构域[545];而芜菁和油菜的SOT家族成员也已鉴定[546]。不同SOT酶催化不同的底物,如ST5b(SOT18)只能催化长链脂肪族芥子油苷的磺化过程。但菘蓝属和芸薹属植物中缺少长链脂肪族芥子油苷,为了适应新的短链脂肪族芥子油苷的底物,ST5b基因可能进化出了新的功能。菘蓝ST5b-4和ST5b-5基因在染色体上的位置非常接近,且有多处碱基的插入或缺失,可能发生了一定程度的假基因化。芜菁的ST5b-4和ST5b-5在染色体上的位置也很接近,前后排列,但与菘蓝存在不同,ST5b-5可以正常表达[547]。由此,菘蓝和芜菁的SOT基因家族存在一定的相似性,在进化过程中菘蓝SOT发生假基因化的可能性较大,可能致其功能丢失。

细胞色素氧化酶(CYP)基因家族非常庞大,包含多个亚家族,广泛分布于动、植物及微生物中,参与各种生理生化反应。拟南芥CYP81F亚家族有4个成员,而菘蓝有5个成员,其中3个成员排列于3号染色体且前后串联,IiCYP81F3有两个同源基因,一个定位于7号染色体,而IiCYP81F2定位于2号染色体。课题组对相关基因在菘蓝不同组织部位的表达特点进行分析,发现IiCYP81F1和IiCYP81F3位置相近,且表达模式相似,主要在成熟叶和花中表达,并在种子萌发120 d后表达水平较高;IiCYP81F3则主要在根和叶中表达;而IiCYP81F2集中表达于叶片、花和青果中。此外,IiCYP81F4在根部高表达,且在根中明显积累1MOI3M,提示IiCYP81F4可能在1MOI3M的合成过程中发挥一定的作用,但需要实验数据支持。研究表明,拟南芥CYP81F2参与植物的病原菌防御过程[548]。课题组的研究发现,YE处理菘蓝6 h后,IiCYP81F1、IiCYP81F2和IiCYP81F3的表达水平显著提高,MeJA处理后相关基因的表达未发生明显的变化。

2OGD基因家族成员能够催化组蛋白氧化、去甲基化、脯氨酸羟基化等反应。催化黄酮合成的关键酶属于2OGD基因超家族,如隐色花青素双加氧酶(LDOX)、黄酮-3-羟化酶(F3H)等;参与脂肪族芥子油苷侧链修饰的AOP、GSL-OH等也属于2OGD基因超家族,其中AOP位于第20分支,含有9个基因;GSL-OH基因家族位于第31分支,含有16个基因。2OGD超家族成员通常以 2-酮戊二酸、O_2 为共底物，Fe^{2+} 为辅因子，催化底物反应生成琥珀酸和 CO_2。2OGD 超家族的典型结构域是 H-X-D/E-(X)n-H，是与 Fe^{2+} 的结合位点。目前，对于 AOP 和 GSL-OH 的功能研究较为清楚。在 aop 突变体中，甲基亚磺酰基芥子油苷(MS)的含量增加；过表达 AOP2，植物的代谢流显著改变，且 AOP2 的表达量与昼夜变化相关。与拟南芥相比，菘蓝 AOP2 蛋白的核心区域结构完整，但其 N 端长于拟南芥，二者的相似度仅为 58%，可能存在一定的功能差异。过表达 AOP3 可使拟南芥短链芥子油苷的延伸过程趋向于停留在 3C 长度；菘蓝中缺少 AOP3 的同源基因，可能使积累的芥子油苷以 4C 为主。拟南芥的亚细胞定位结果显示，ST5、GSL-OH 和 AOP 均定位在细胞质中，这些基因在脱硫芥子油苷的磺化过程中发挥催化作用，并可参与脂肪族芥子油苷的侧链修饰[549-551]。

6.4.4 菘蓝中参与芥子油苷分解途径的酶基因研究

拟南芥中的黑芥子酶主要负责芥子油苷的降解过程，包括 TGG1~6、PEN2、PYK10 等 8 种。其中，TGG1 和 TGG2 主要在拟南芥的地上部分表达，TGG4 和 TGG5 主要在地下部分表达，TGG3 和 TGG6 则主要在花中表达。染色体定位研究结果显示，TGG1、TGG2 和 TGG3 定位于 5 号染色体，TGG4、TGG5 和 TGG6 定位于 1 号染色体[552]。课题组研究发现，菘蓝中与拟南芥 TGG1/TGG2 的同源基因分别定位在 3、4 和 5 号染色体上，尚有两个基因未确定染色体的定位情况；与拟南芥 TGG4/TGG5 同源的基因定位于 6 号染色体。萝卜中有 11 个拟南芥 TGG1/2 的同源基因，而菘蓝中有 13 个同源基因，明显多于萝卜，是已测序十字花科植物中数量最多的。同时，菘蓝 TGG 基因重复主要包括全基因组加倍、部分 DNA 片段复制和线性重复等形式[553]，通过对基因组进行 Blast 分析发现，在 TGG 基因相关区域内存在大量重复片段，且在部分基因中发现了碱基的缺失或插入，可能导致假基因化发生。

拟南芥中黑芥子酶的同工酶的最适 pH 和温度存在不同[554]。菘蓝中与拟南芥 TGG1/2 的 13 个同源基因也可能存在这种差异，生物信息学分析结果表明，EVM0013366 有最低的理论等电点(6.48)，EVM0022094 具有最高的理论等电点(8.39)。菘蓝中的 13 个 TGG 基因可能会在不同条件下表达，从而最大化地发挥其功能。而这 13 个同源基因的理化性质也存在差异，存在不同的表达模式。与 TGG1/2 不同，菘蓝 TGG4/5 的 11 个同源基因中，8 个基因存在碱基的缺失或插入，甚至是转座子的插入，只有 3 个基因具有完整的结构域。值得一提的是，EVM0021793 具有 12 个外显子，这与其他已报道的 TGG4/5 基因显著不同。与

TGG4/5 的根部特异性表达不同,拟南芥 *PYK10* 只在根部和下胚轴中特异性表达[555],而菘蓝 *PYK10* 基因在叶片中表达,与拟南芥同源基因的表达模式存在明显不同。

指定蛋白(Specifier protein),是一类指导芥子油苷定向降解的蛋白,只有在黑芥子酶存在的前提下才能对芥子油苷起到定向降解的作用,目前发现的指定蛋白包括腈类指定蛋白(NSP)、环硫指定蛋白(ESP),以及硫氰酸盐指定蛋白(TFP)三类。腈类指定蛋白(NSP)最早是在昆虫中发现的,由于芥子油苷的降解产物异硫氰酸盐类威胁到了昆虫的生存;而 NSP 可将芥子油苷定向降解为腈类物质,从而使得昆虫免于受到异硫氰酸盐的毒害作用,因此,NSP对于昆虫的进化具有重要作用[556]。NSP 普遍存在于十字花科植物中,ESP 则主要存在于能够积累烯烃基芥子油苷的植物中。研究人员在拟南芥中发现了 NSP 的存在。指定蛋白具有 I-(X)3-L-(X)3-H 的结构域[557],通过结合 Fe^{2+} 发挥定向降解芥子油苷的功能。烯烃基类芥子油苷可被 ESP 定向降解为环硫腈,且 ESP 受到转录因子 WRKY53 的调控[558]。马燕勤等从菘蓝中克隆得到 *IiESP*[559]。本课题组进一步发现,菘蓝基因组中含有两条 *ESP* 基因(EVM0005638 和 EVM0021294),均定位于 1 号染色体。

6.4.5 菘蓝中其他参与芥子油苷代谢途径相关基因的预测

此外,*IGMT* 基因参与吲哚族芥子油苷的侧链修饰过程,其中 IMGT1/2/3/4 催化吲哚环 4 位甲氧化。2016 年,Pfalz M 等在拟南芥中鉴定得到催化吲哚环 1 位甲氧基化的酶基因 *IGMT5*。油菜的 *IGMT5* 与盘菌病抗性相关[560]。不同物种的IGMT 1~4 聚集到一个分支上,而 IGMT5 则单独聚为一支。在拟南芥中,*IGMT1/2/3/4* 定位到 1 号染色体上,且前后串联;菘蓝中 *IGMT1/2/3* 在 6 号染色体上串联,*IGMT4* 位于 7 号染色体,*IGMT5* 则位于 5 号染色体,而 2 号染色体上有一条与 *IGMT1* 同源的假基因片段。

6.5 MYB 转录因子调控菘蓝芥子油苷代谢的分子机理研究

MYB 转录因子参与包括调控植物次生代谢反应、细胞形态与模式建成、植物生长发育、对生物和非生物胁迫进行应答等众多生物学过程。许多次级代谢产物的合成都受 MYB 转录因子的调控。目前,对拟南芥 MYB 转录因子的研究比较清楚,其第 12 亚组分支成员能够正向调控芥子油苷的合成,R2R3-MYB 类转录因子中,MYB28、MYB29 和 MYB76 可以正向调控脂肪族芥子油苷的合成,而 MYB34、MYB51 和 MYB122 则正向调控吲哚族芥子油苷的合成[561-564]。菘蓝中与该亚家族组成员同源的基因有 6 个,除 *MYB28* 在菘蓝中有两个同源基因外,*MYB29*、*MYB34*、*MYB51* 和 *MYB122* 均只有 1 个,且菘蓝中没有发现 *AtMYB76* 的同源基因。*IiMYB28* 的两条同源基因被分别命名为 *IiMYB28.1* 和 *IiMYB28.2*,二者的序列非常相似,但 *IiMYB28.1* 在翻译起始端比 *IiMYB28.2* 长出大约 100 bp。菘蓝中相关转录因子的功能如何,其在芥子油苷代谢调控过程中如何发挥作用尚需系统研究。基于基因组和转录组数据信息,课题组鉴定出菘蓝中具有完整 CDS 的 MYB 转录因子有 100 个,包括 1R-MYB-related 亚家族成员 79 个、R2R3-MYB 亚家族成员 17 个和 3R-MYB 亚家族成员 4 个;进一步对这些转录因子进行了理化性质预测分析和功能注释,以描述该转录因子家族成员的基本特性。此外,本课题组重点对 R2R3-MYB 亚家族中与芥子油苷代谢相关的转录因子进行功能研究,主要包括 MYB28、MYB29、MYB34、MYB51 和 MYB122 等,系统进化分析结果表明,这些转录因子成员属于 R2R3-MYB 亚家族的 S1 亚类。

6.5.1 *IiMYB28* 调控菘蓝芥子油苷代谢的分子机理研究

课题组在菘蓝中找到两个 *MYB28* 基因,分别命名为 *IiMYB28.1* 和 *IiMYB28.2*。依次对其进行基因克隆、生物信息学分析、基因表达模式及亚细胞定位分析,并将其异源转化入拟南芥中,以进一步探究该基因在芥子油苷代谢调控中的功能。相关研究结果显示,*IiMYB28.1* 和 *IiMYB28.2* 的基因组 DNA 全长分别为 1571 bp 和 1547 bp,且均含有 2 个外显子和 2 个内含子;其 ORF 全长分别为 1299 bp 和 1122 bp,分别编码 432 和 373 个氨基酸。二者所编码蛋白的二级结构中,无规则卷曲所占比例最大,分别为 49.31% 和 52.55%;均含 2 个保守的 MYB DNA-binding 结构域,属于 R2R3-MYB 类蛋白;同源聚类分析结果显示,与该蛋白亲缘关系最近的是拟南芥的 MYB28 蛋白。亚细胞定位结果显示,两个转录因子都定位于细胞核中。此外,两个基因虽然高度同源(蛋白相似度为 94.7%),但二者的表达模式存在差异:*IiMYB28.1* 基因在进入成熟期后表达水平显著升高,并在叶中的表达量最高;*IiMYB28.2* 则主要在根、茎、叶中高表达,而在花和果中几乎不表达(图 6-6)。

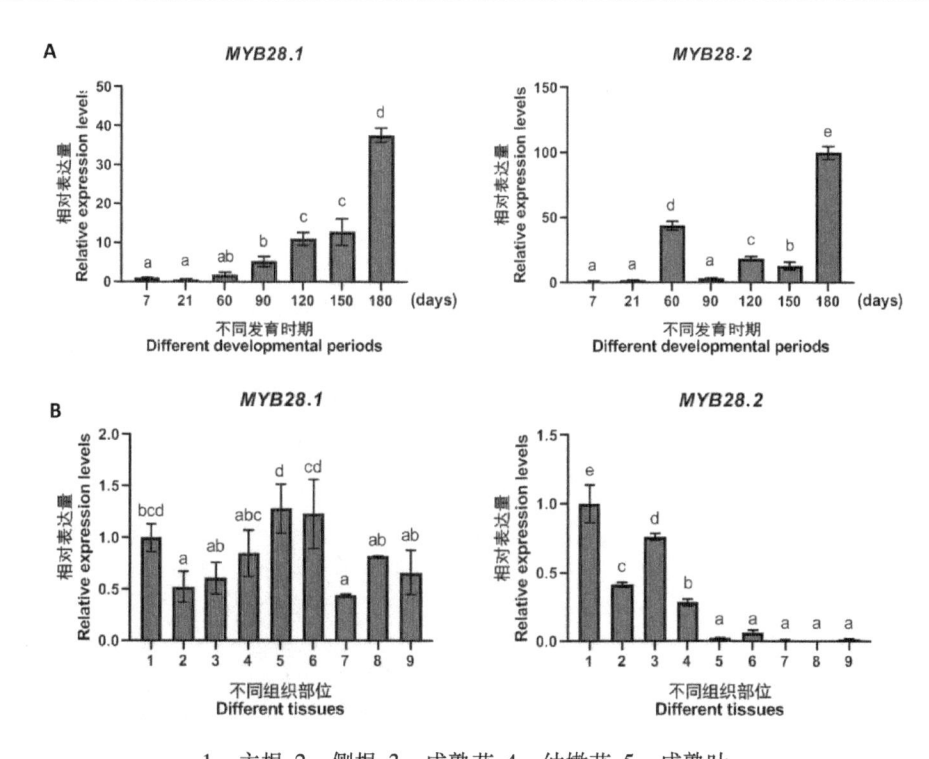

1—主根；2—侧根；3—成熟茎；4—幼嫩茎；5—成熟叶；
6—幼嫩叶；7—花蕾；8—花；9—青果。

图6-6 *IiMYB28.1* 和 *IiMYB8.2* 在不同发育时期(A)及不同组织部位(B)的表达情况

此外，课题组以 *IiMYB28.1* 为例，探究了其在在不同诱导子处理条件下的表达模式(图6-7)，研究结果显示，MeJA、Ag⁺和YE处理后，*IiMYB28.1* 的表达水平均有所下降，尤其对 Ag⁺ 和 YE 处理的响应更为显著。

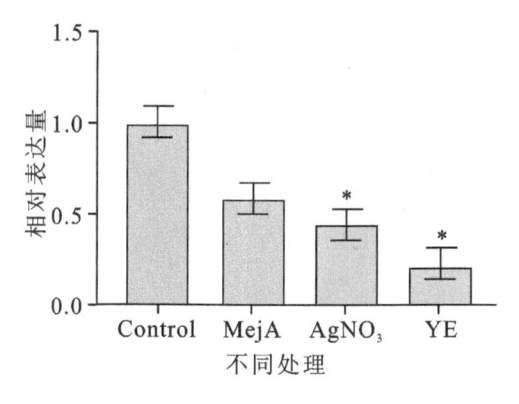

图6-7 *IiMYB28.1* 对不同诱导子处理的响应

为了进一步探究 *Ii*MYB28 转录因子在菘蓝芥子油苷代谢调控中的作用,课题组将菘蓝 *IiMYB28.1* 转入拟南芥中,共得到稳定遗传的 14 个阳性株系;后又对其中 8 个转基因株系(命名为 OE1~OE8)进行 qRT - PCR 分析,显示 OE2 株系中 *IiMYB28.1* 的表达量最高。转 *IiMYB28.1* 拟南芥进入生殖生长阶段的时间明显早于野生型拟南芥。相对于野生型植株而言,转基因植株较为矮小,莲座叶的表面积减小;在营养生长阶段的早期,莲座叶数目相对较少,而在营养生长阶段的后期莲座叶数量又有明显的增加,主茎数量也相应增加(图 6 - 8)。相关研究结果提示,*IiMYB28.1* 可能参与植物的生长发育过程。

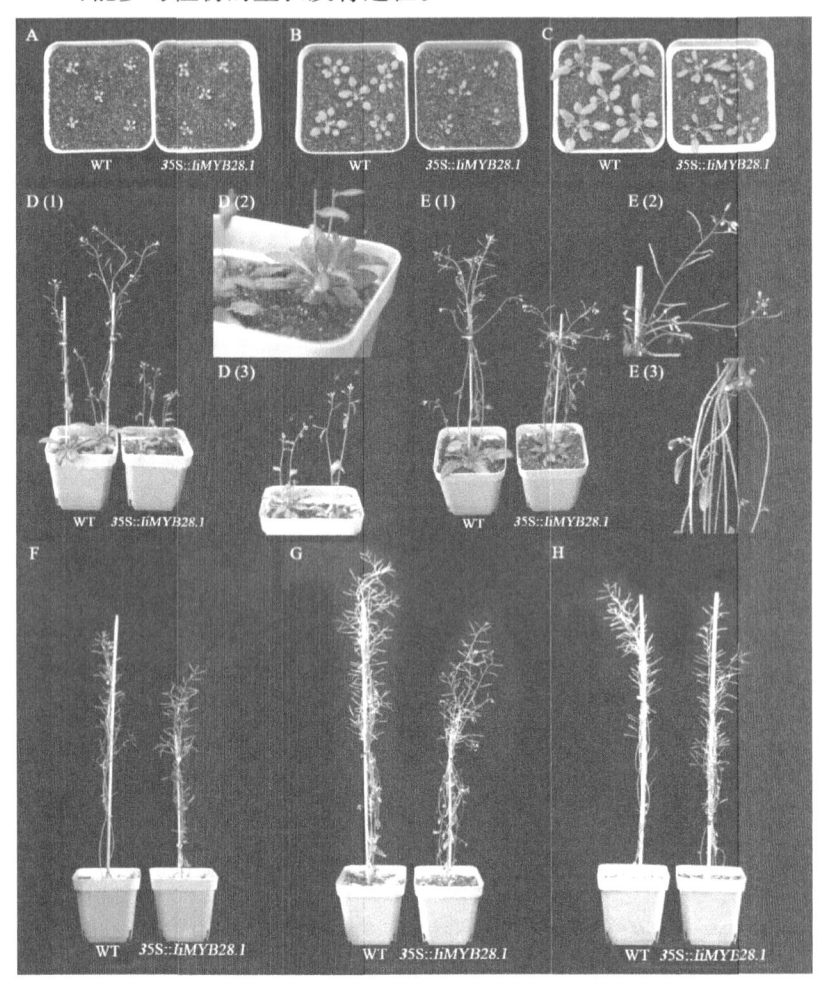

A - H:1~8 周龄野生型与转 *IiMYB28.1* 拟南芥。

图 6 - 8 转 *IiMYB28.1* 拟南芥的表型观察

进一步研究高盐、干旱、低温处理条件下转基因植株的生长表型,对植株的主根长度、植株鲜重等表型特征进行分析,结果如图6-8所示。由图可知,低浓度NaCl对拟南芥的生长并未产生较为明显的影响作用,而高浓度NaCl处理条件下,*IiMYB28.1*基因的过表达可以促进植株的主根长度增加,从而一定程度上提高植物抵抗高盐的逆境胁迫环境的能力。此外,低浓度对拟南芥生长的影响较为有限(图6-9),但在高浓度处理条件下,转基因植株显示了其在抵抗高盐环境方面的优势。

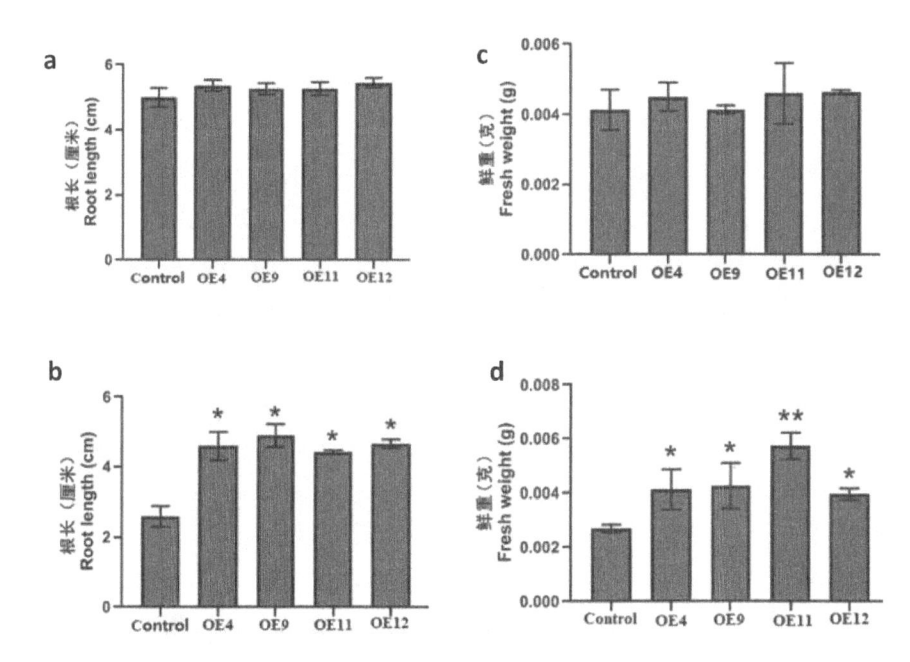

100和150 mM NaCl处理条件下,各株系主根长度(a、b);鲜重(c、d)。
图6-9 转基因株系在NaCl处理条件下的生长变化

为了探究*IiMYB28.1*对芥子油苷含量积累的调控作用,进一步采用HPLC技术对OE1~OE8株系的芥子油苷(包括4种脂肪族芥子油苷和3种吲哚族芥子油苷)含量进行了测定(图6-10)。结果显示,脂肪族芥子油苷4MSOB的含量增幅度较大,达到对照的1.38~6.87倍;3MSOP的积累较为明显,达到对照的1.54~3.83倍;4MTB和8MSOO的含量变化不明显,仅为对照的0.10和0.36倍。同时,*IiMYB28.1*也明显地促进了吲哚族芥子油苷I3M、1MOI3M和4MOI3M含量的积累。

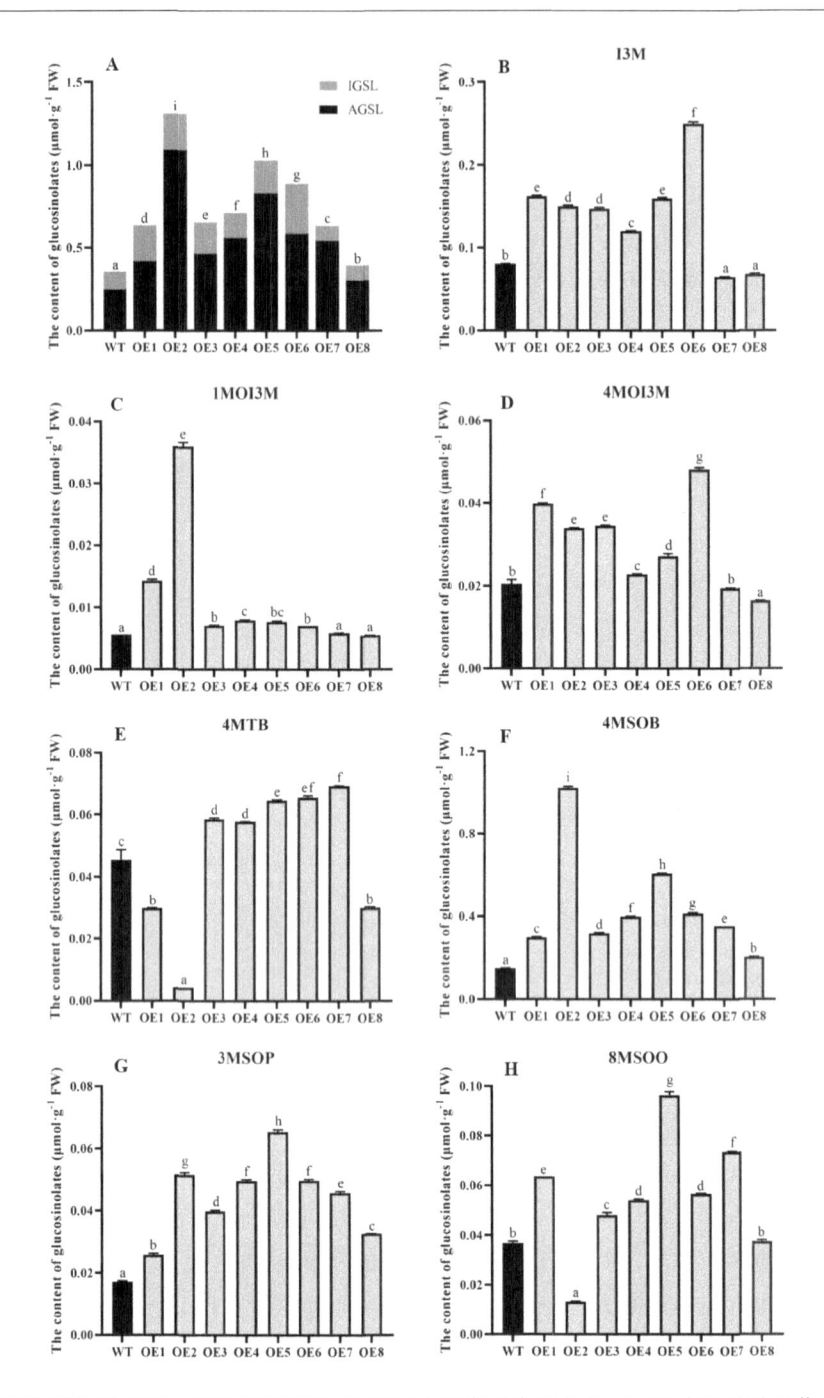

WT:野生型;OE1~OE8 转基因株系;不同小写字母表示在 $P<0.05$ 水平差异显著。

图 6-10 转 *IiMYB28.1* 拟南芥株系中脂肪族及吲哚族芥子油苷的含量测定

课题组进一步采用 RNA-seq 技术,以 OE2 为研究对象,分析结果显示,与对照相比,从 OE2 植株中累计筛选获得差异表达基因 221 个(表 6-3),包括 148 个上调基因和 73 个下调基因。经功能注释,发现参与到芥子油苷生物合成途径的 *BCAT2*、*CYP79F1*、*CYP79F2*、*BCAT4*、*MAM1*、*MAM3* 和 *CYP83A1* 基因表达全部下调,推测 *MYB28.1* 可能参与调控脂肪族芥子油苷的侧链延伸和核心结构的形成过程。

表 6-3 差异表达基因注释统计

Database	Gene number	Percentage (%)
COG	106	47.96
GO	207	93.66
KEGG	88	39.82
KOG	105	47.51
NR	218	98.64
Pfam	192	86.88
Swiss-Prot	191	86.43
eggNOG	212	95.93
Annotated in all DEGs	221	100

此外,采用 Y1H 技术分析了菘蓝转录因子 MYB28.1 与芥子油苷代谢途径上相关酶基因的互作情况(图 6-11),结果表明,菘蓝转录因子 MYB28.1 与芥子油苷代谢途径上的 *IiMAM1.3*、*IiGSL-OH2*、*IiGSL-OH3*、*IiCYP83B1* 和 *IiCYP81F2* 之间存在较强的互作关系,与 *IiMAM1.1*、*IiAOP2* 和 *IiGSL-OH1* 之间存在较弱的互作关系,而与 *IiMAM1.2*、*IiCYP79F1*、*IiCYP83A1*、*IiCYP79B2* 和 *IiCYP79B3* 之间无互作关系,进一步说明 MYB28.1 通过参与脂肪族芥子油苷侧链延伸和修饰,以及吲哚族芥子油苷核心结构形成和侧链修饰过程,而在菘蓝芥子油苷的生物合成过程中发挥重要的调控作用。

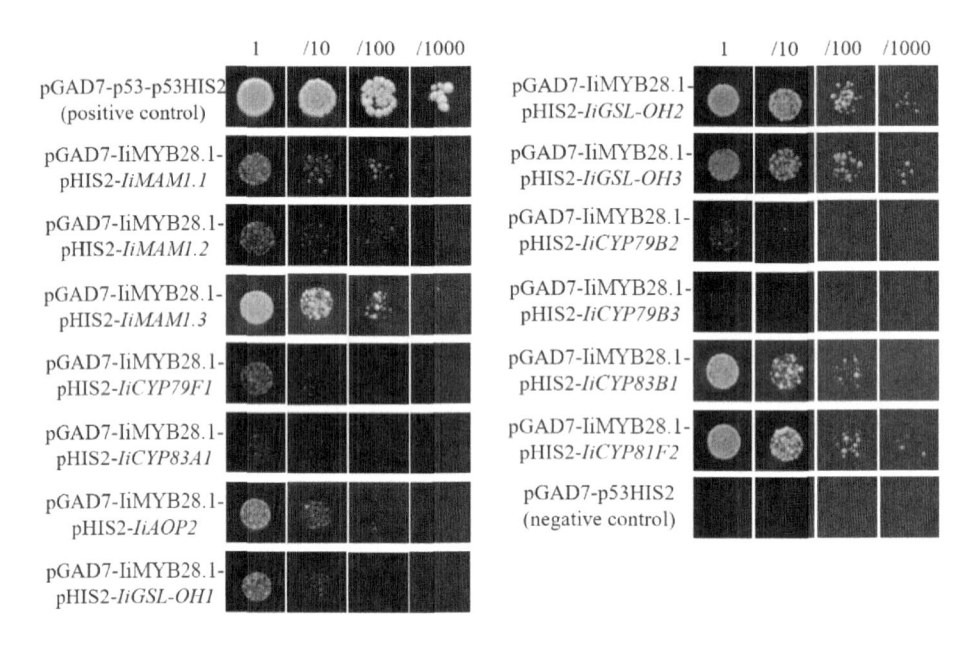

图6-11　Y1H探究 *Ii*MYB28.1 与各关键酶基因的互作情况

6.5.2 *Ii*MYB34 转录因子调控芥子油苷代谢的机理研究

基于拟南芥和十字花科其他植物的相关研究结果，课题组对菘蓝 *IiMYB34* 进行了克隆，并依次开展了生物信息学分析、表达模式及亚细胞定位研究。进一步构建了 *IiMYB34* 干涉载体，通过农杆菌介导法转化菘蓝，获得了相应的干涉植株。经 qRT-PCR 检测，5 个干涉植株中 *IiMYB34* 基因的表达水平均低于对照，且以株系 D 的表达水平最低，约为对照株系的 0.35 倍（图 6-12）。

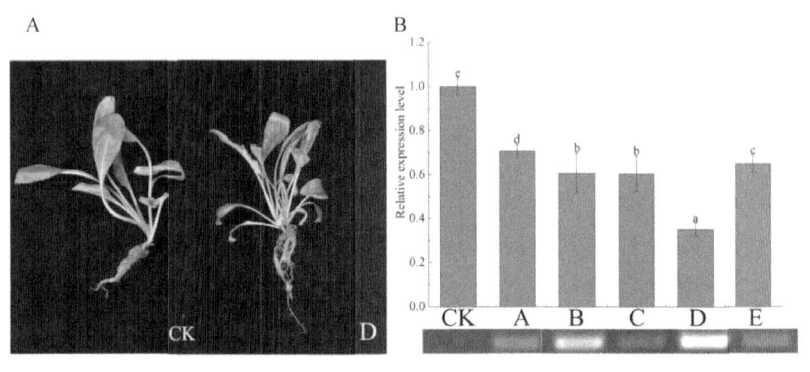

图 6-12　*IiMYB34* 干涉株系的鉴定

图 6-13 显示,干涉植株中 I3M、1MO-I3M 和 4MO-I3M 等吲哚族芥子油苷的含量均有所降低。以株系 D 为例,上述芥子油苷的含量分别为对照的 0.37、0.30 和 0.66 倍。值得一提的是,干涉株系中脂肪族芥子油苷 PRO 和 EPI 的含量降低的程度更为明显,相应含量仅为对照植株的 0.05 和 0.06 倍,而 GNA 的含量在干涉株系 B 及 C 中均未检出。

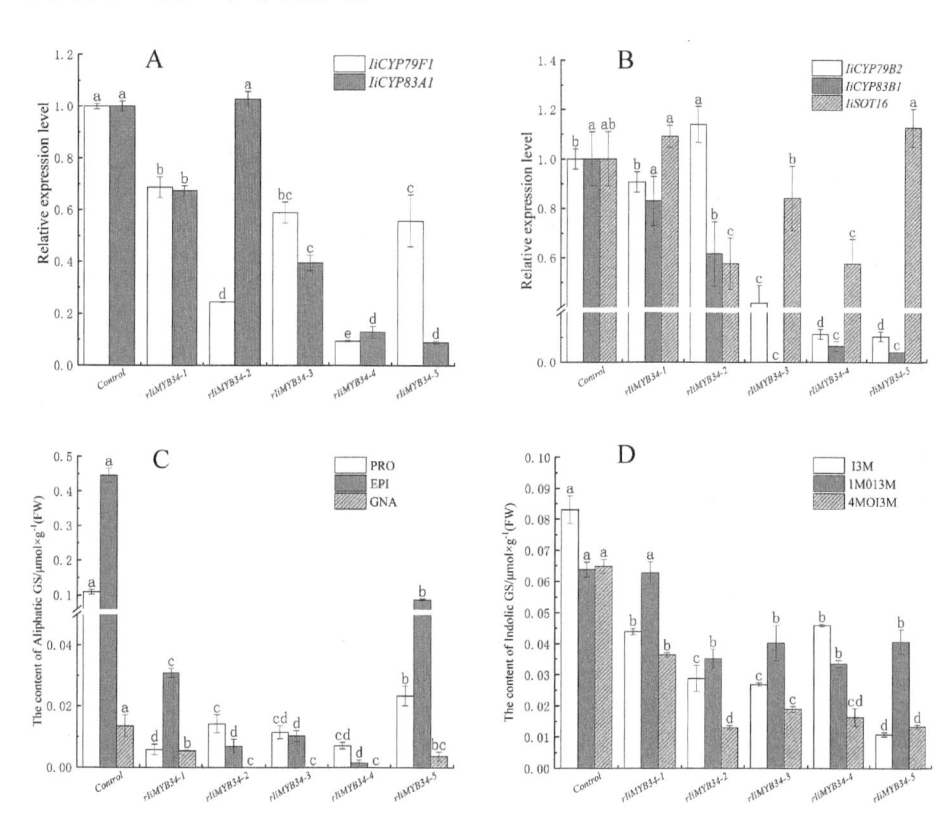

A、B—酶基因表达的检测;C、D—脂肪族和吲哚族芥子油苷含量的测定。

图 6-13 *IiMYB34* 干涉植株中酶基因的表达及芥子油苷含量的测定

同时,不同植株相应芥子油苷含量的测得结果与芥子油苷代谢途径上关键酶基因表达的变化趋势也基本一致,即 *IiCYP79F1*、*IiCYP83B1*、*IiCYP79B2*、*IiCYP83A1* 及 *IiSOT16* 基因的表达整体下调,分别为对照组的 0.10、0.14、0.15、0.08 和 0.57 倍。

此外,课题组还将 *IiMYB34* 基因在烟草中异源表达(图 6-14),结果发现,转基因株系中类黄酮及花青素的含量均高于对照植株,最高可达对照的 1.72 和 1.84 倍,且与类黄酮及花青素合成积累相关的关键酶基因 *NbPAL*、*NbCHI*、*NbDFR*、

NbANS、*NbUFGT*、*NbCHS*、*NbC4H*、*Nb4CL* 的表达水平也相应上调。相关研究结果表明,菘蓝 *IiMYB34* 在芥子油苷、类黄酮及花青素等代谢产物的合成积累过程中发挥了一定的功能,但具体的调控机理还需进一步探究。

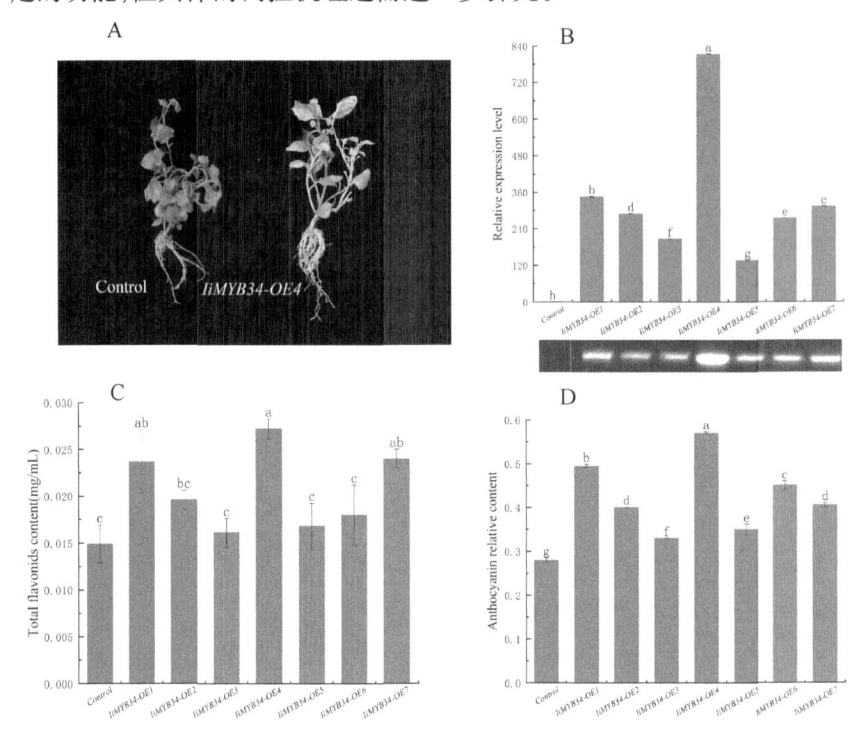

A—对照和过表达植株;B—转基因植株的检测;
C—黄酮含量的测定;D—花青素含量的测定。
图 6-14 *IiMYB34* 过表达烟草的鉴定和检测及黄酮和花青素的含量测定

6.5.3 *Ii*MYB51 调控芥子油苷代谢的机理研究

课题组对参与菘蓝芥子油苷代谢调控的转录因子 *Ii*MYB51 进行了研究。结果表明,菘蓝 *IiMYB51* 基因组 DNA 全长 1460 bp,包含 3 个外显子和 2 个内含子;ORF 全长为 978 bp,编码 325 个氨基酸;其编码蛋白序列与欧洲油菜、甘蓝和山嵛菜等的亲缘关系较近;蛋白质二级结构中无规则卷曲所占比例最多(39.38%),β-转角较少,与三级结构预测结果一致;存在 2 个典型的 MYB DNA-binding 结构域,属于 R2R3-MYB 类蛋白。表达模式分析结果表明,*IiMYB51* 的表达呈现时空特异性,在叶中表达量最高,分别是花和果的 5.35 倍和 5.82 倍,且在幼苗期的表达水平高于生长期,最高差异水平达 2.37 倍,推测 *IiMYB51* 可能在菘蓝的营养器官中发挥重要功能(图 6-15)。

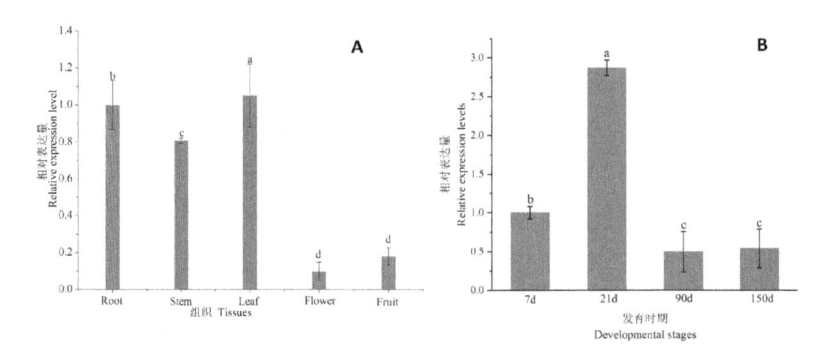

图 6-15 *IiMYB51* 在菘蓝不同组织（A）和不同发育时期（B）的表达模式

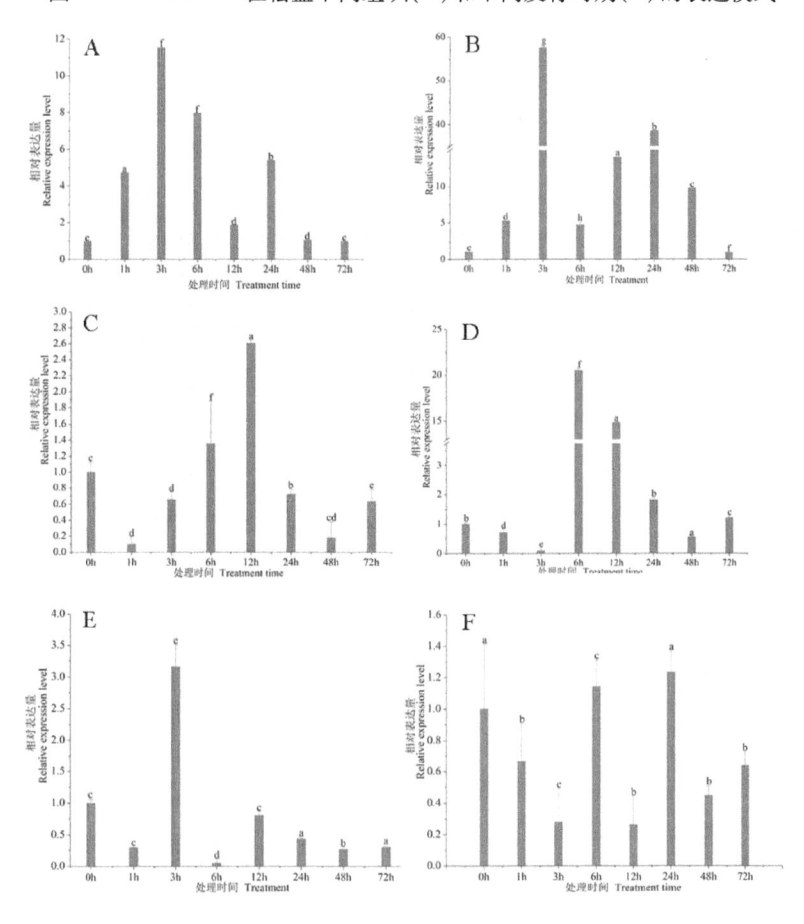

A—MeJA；B—SA；C—葡萄糖；D—AgNO₃；E—低温（4 ℃）；F—机械伤害
不同小写字母代表在 $P < 0.05$ 水平上差异显著。
图 6-16 *IiMYB51* 在不同诱导子处理下的表达模式

此外，诱导子 MeJA、SA 和 Ag⁺能明显促进 *IiMYB51* 的表达，其表达量最高分别升至对照的 11.55、57.68 和 20.46 倍；而低温处理则抑制其表达，最低仅为对照的 0.04 倍（图 6-16）。此外，*Ii*MYB51 蛋白主要定位于细胞核内。

采用 Y1H 技术，分析 *Ii*MYB51 与芥子油苷合成相关酶基因的互作情况，结果显示，*Ii*MYB51 与 *CYP81F2* 和 *CYP83B1* 存在互作关系，而与 *CYP79B2* 和 *CYP79B3* 之间无互作关系（图 6-17）。进一步将 *IiMYB51* 异源表达于拟南芥中，获得 8 个 T2 代阳性株系（OE1~OE8），苯胺蓝染色结果显示，过表达 *IiMYB51* 基因后促进了拟南芥叶片中胼胝质的沉积。对 *IiMYB51* 的上游启动子区域进行分析显示，启动子区存在大量抗逆相关的顺式作用元件，遂选取干旱、高盐和寒冷 3 种逆境胁迫处理转基因植株，结果显示，转 *IiMYB51* 拟南芥对干旱和高盐胁迫有较高的耐受性，而对寒冷胁迫无抵抗作用。

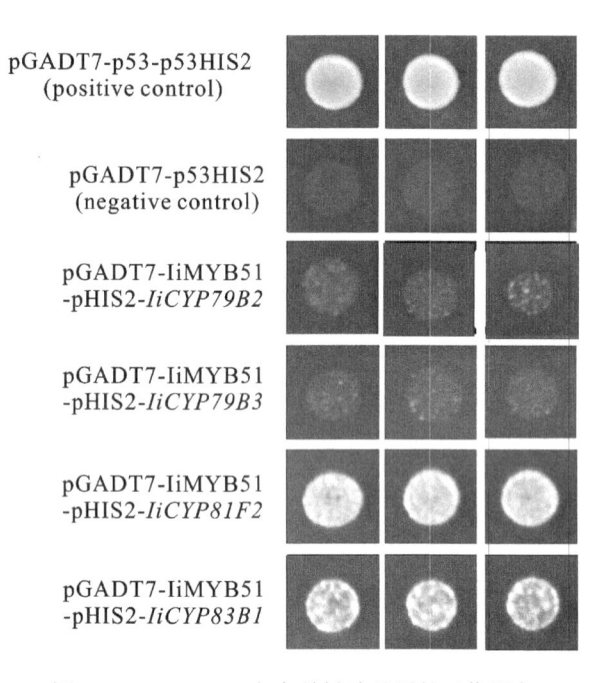

图 6-17　*Ii*MYB51 与各关键酶基因的互作研究

从图 6-18 可以看出，与对照组相比，8 个过表达株系（OE1~OE8）中 *IiMYB51* 的表达量均有所上升，尤以 OE4 上升最为显著。对转基因植株中的芥子油苷含量进行检测，发现转基因株系中脂肪族芥子油苷 4MSOB 的含量显著高于对照组；而在 OE4 株系中上调最为显著，达到对照组的 4.8 倍；其次，在 OE2、OE5 和 OE8 中都有相对较高的含量，分别为对照组的 2.59、2.14 和 2.5 倍。此外，三种吲哚族芥子油苷的含量相比对照组也都呈现上调趋势。I3M 的含量在 OE4 中增加最为显著,约为对照组的 12.71 倍;OE2 次之,约为对照组的 7.71 倍;此外,在 OE3、OE6、OE7 和 OE8 中的含量也有一定程度地增加;除了 *IiMYB51* 表达水平较低的株系 OE6 外,4MOI3M 在 *IiMYB51* 高表达的株系 OE4 和 OE2 中的含量约为 0.650 μmol/g 和 0.150 μmol/g,分别为对照组的 10.31 倍和 2.14 倍;1MOI3M 的含量在各株系中的总体变化趋势与 4MOI3M 相近,最高和最低值分别为 0.07 μmol/g(OE4)和 0.009 μmol/g(OE6),约为对照组的 8.75 倍和 1.13 倍。

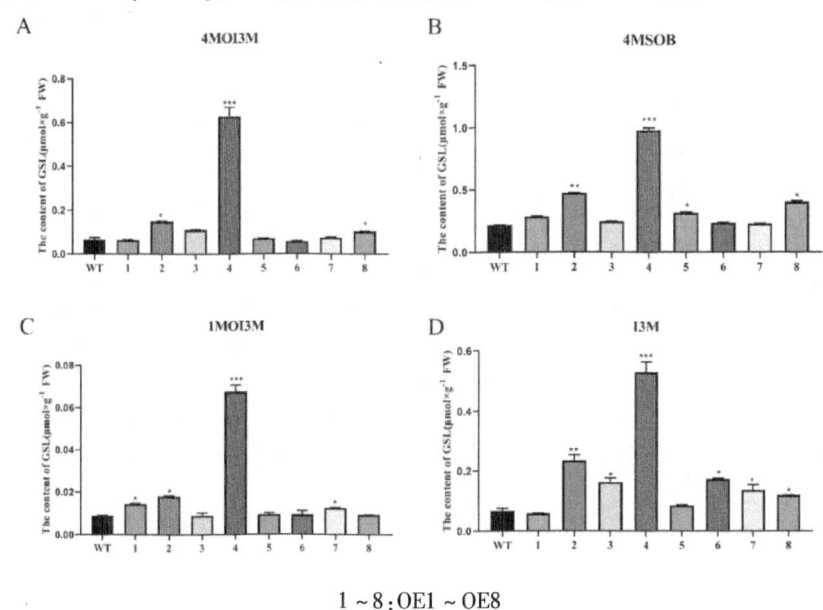

1~8:OE1~OE8

图 6-18　转 *IiMYB51* 拟南芥中芥子油苷的含量测定

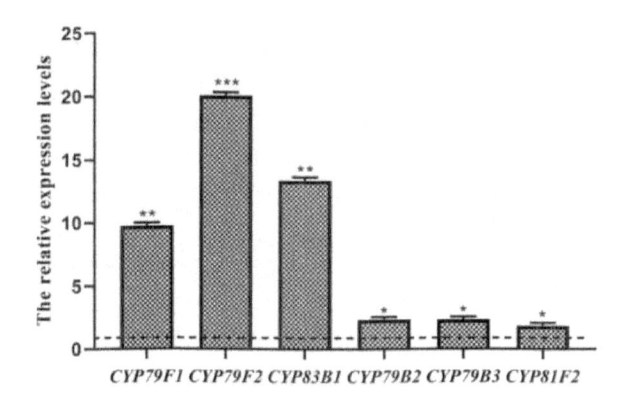

图 6-19　芥子油苷合成通路相关酶基因的表达检测

进一步对 OE4 中芥子油苷合成通路上相关酶基因的表达水平进行了检测(图 6-19),结果发现,*CYP79F1*、*CYP79F2* 和 *CYP83B1* 的表达量显著升高,分别为对照组的 20.1、14.8 和 9.7 倍;而 *CYP79B2*、*CYP79B3* 和 *CYP81F2* 的上调幅度较小,分别为对照组的 2.5、2.4 和 2.1 倍。

图 6-20　转 *IiMYB51* 拟南芥纯合株系的表型观察

此外,课题组还筛选和鉴定了 OE4 的纯合株系,并对植株的生长特性和表型进行了观察统计(图 6-20),结果显示,OE4 植株在生殖生长阶段和营养生长阶段的早期长势较好;与对照组相比,OE4 植株抽薹早、开花早、莲座叶数量增加、叶面积增大、株高增加;而在营养生长阶段的后期,OE4 植株与对照组的表型差异逐渐缩小,表明 *IiMYB51* 可能在发育早期阶段促进植株的生长。

采用 RNA-seq 技术,对 OE4 株系的差异表达基因进行鉴定和分析(表 6-4),共得到 399 个差异表达基因,其中,上调基因 379 个,下调基因 20 个;105 个基因被注释到 COG 数据库,303 个基因被注释到 GO 数据库。KEGG 的注释结果表明,差异基因主要富集在"植物激素信号转导""植物-病原体相互作用"等通路中,推测 *IiMYB51* 可能在调控细胞信号传导和植物抵抗环境胁迫的过程中发挥重要功能。

表 6-4 差异表达基因数目的统计

Database	Gene Number	Percentage(%)
COG	126	30.1
GO	184	30.9
KEGG	116	19.5
KOG	105	17.6
Pfam	139	23.3
Swissprot	120	20.1
eggNOG	157	26.3
NR	359	60.2
All_Annotated	364	100

对 OE4 植株进行盐处理,并检测其生理生化指标、芥子油苷含量及相关基因的表达水平(图 6-21),结果表明,与对照组相比,OE4 中光合色素(包括叶绿素 a、叶绿素 b,以及叶绿素总量)、可溶性糖、可溶性蛋白和脯氨酸的含量显著升高;且 CAT、POD 和 SOD 酶的活性有所提高;清除 ABTS$^+$·和 DPPH·自由基的能力显著增强,而 MDA 和 H_2O_2 的含量也显著降低。

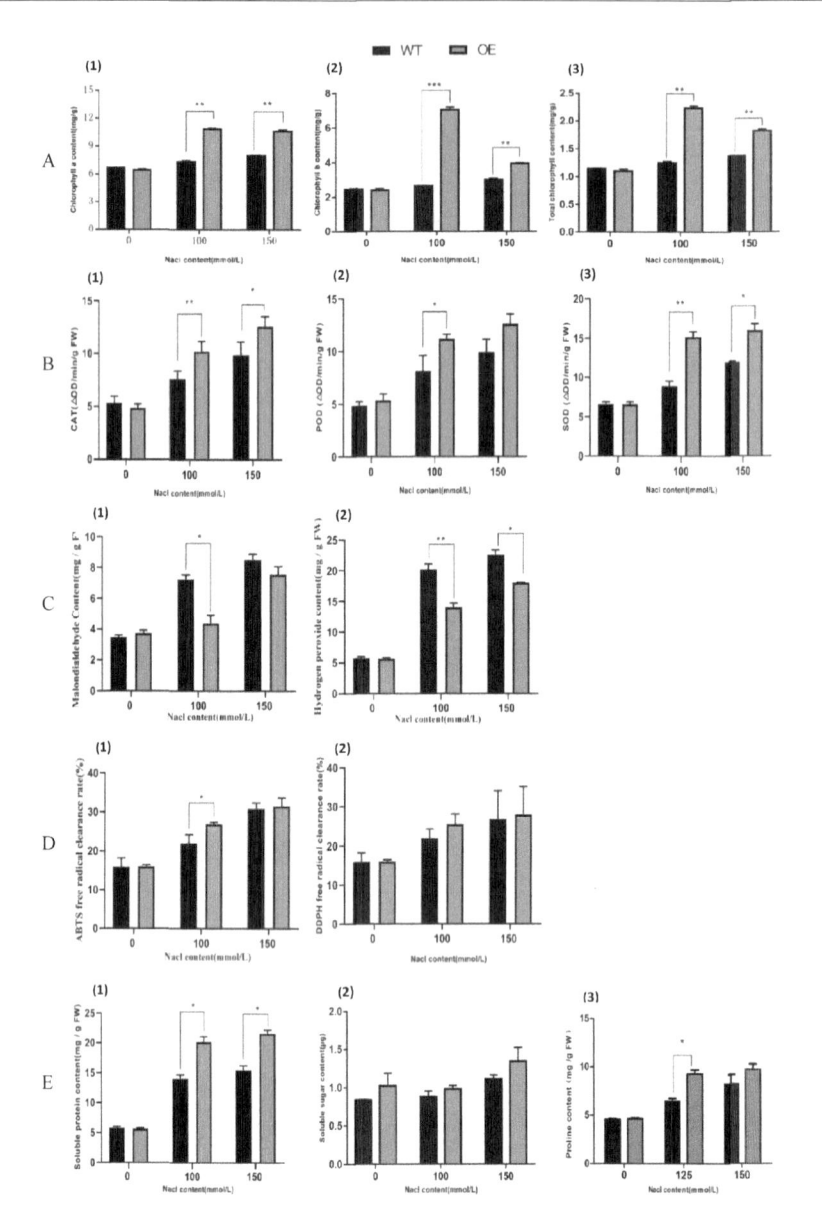

A—不同浓度 NaCl 处理对拟南芥中光合色素的作用:(1)叶绿素 a、(2)叶绿素 b 和(3)总叶绿素的含量;B—不同浓度 NaCl 处理对拟南芥中抗氧化酶(1) CAT、(2) POD 和(3) SOD 活性的影响;C—不同浓度 NaCl 处理对拟南芥中(1)MDA 和 (2)H_2O_2 含量的影响;D—不同浓度 NaCl 处理对拟南芥中(1)ABTS$^+$·和(2)DPPH·自由基清除能力的影响;E— NaCl 处理对拟南芥中(1)可溶性蛋白、(2)可溶性糖和(3)脯氨酸含量的影响。

图 6-21 转基因拟南芥在盐处理条件下各生理生化指标的测定

此外,不同浓度 NaCl 处理条件下,OE4 植株中部分芥子油苷(包括 3 种吲哚族芥子油苷和 1 种脂肪族芥子油苷)的含量显著升高,且在低浓度盐处理条件下其积累更加显著(图 6-22)。

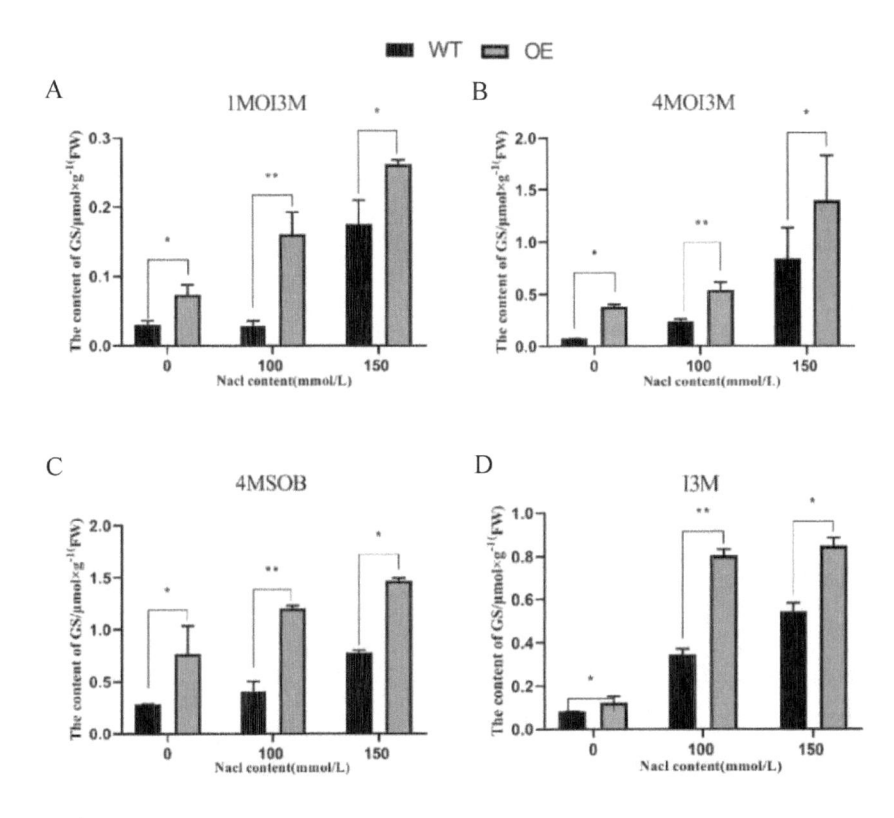

图 6-22　不同浓度 NaCl 对拟南芥中芥子油苷 1MOI3M(A)、4MOI3M(B)、I3M(C)和 4MSOB(D)含量积累的影响

课题组对 OE4 植株 ABA 代谢通路上相关基因的表达量进行了检测(图 6-23),结果显示,与 ABA 合成相关的 *NCED6* 和 *NCED9* 表达下调,分别为对照组的 0.67 倍和 0.83 倍;与 ABA 转录相关的基因 *SnRK2.6* 和 *SnRK2.3* 表达下调,分别为对照组的 0.27 倍和 0.33 倍;而与 ABA 降解相关的基因 *CYP707A1*、*CYP707A2* 和 *CYP707A3* 表达显著上调,分别为对照组的 1.51、1.83 和 2.84 倍。上述研究结果表明,*IiMYB51* 可能通过减少 ABA 的合成、促进其降解来调节植物的生理生化过程,同时提高芥子油苷的含量,以帮助植物抵抗盐胁迫环境。

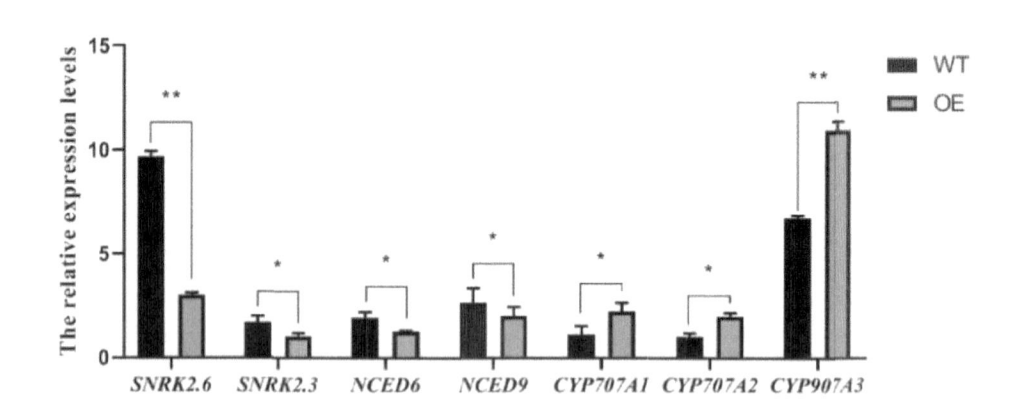

图 6-23 NaCl 处理条件下拟南芥 ABA 代谢途径中相关基因的表达检测

进一步对 OE4 植株的抗虫特性进行探究,观察蚜虫的取食情况、测定芥子油苷及胼胝质的含量及相关基因的表达情况,结果显示,蚜虫在转基因植株上的繁殖率下降,且对 OE4 植株具有明显的拒食现象;分别测定蚜虫咬食 3、6、9、12 和 24 h 后 OE4 植株中 *IiMYB51* 的表达情况,显示其表达量分别达到对照组的 1.17、1.24、1.31、1.43 和 1.66 倍(图 6-24)。

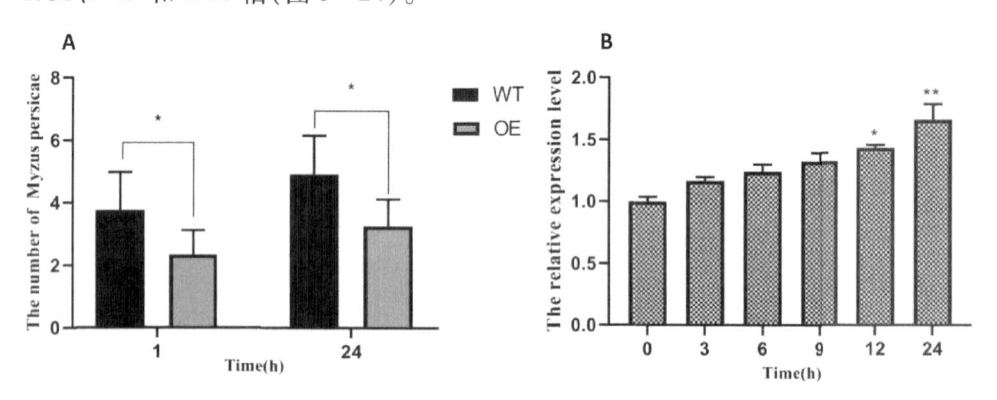

图 6-24 野生型和转 *IiMYB51* 拟南芥植株上蚜虫数量的比较(A)
蚜虫咬食对 *IiMYB51* 表达的影响(B)

芥子油苷的含量则呈现先升高后降低的变化趋势(图 6-25),且在咬食后 3h 升至最高,吲哚族芥子油苷 1MOI3M、4MOI3M、I3M 分别升至对照组的 2.4、4.1 和 3.2 倍,脂肪族芥子油苷 4MSOB 的含量也呈现一定程度的升高。

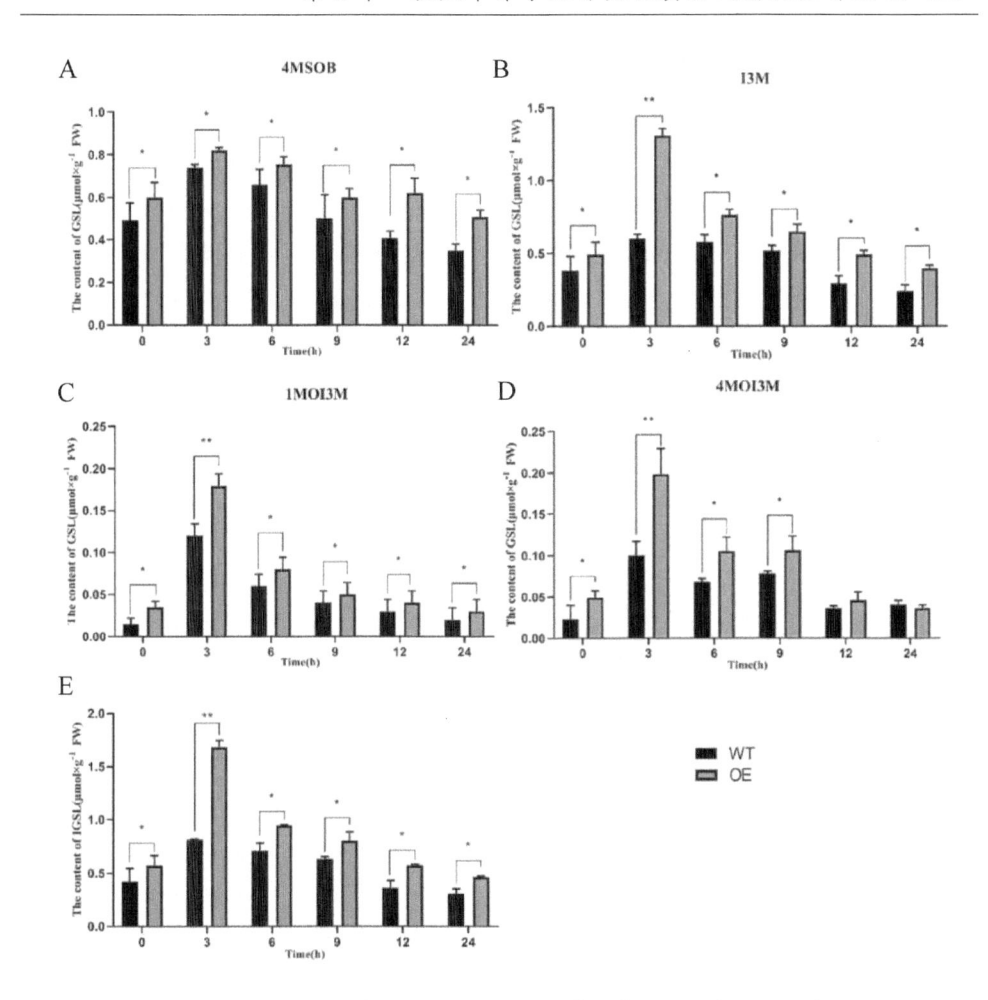

图 6-25　蚜虫咬食对转 *IiMYB51* 拟南芥中芥子油苷含量的影响

此外,对蚜虫咬食后转基因植株中胼胝质的含量变化及其合成相关基因的表达进行检测,结果显示,蚜虫咬食后转基因植株中胼胝质的含量显著高于对照组,且胼胝质合成相关基因 *CML37*、*BCS1*、*AOC3* 和 *CAD1* 的表达显著上调,分别为对照组的 2.1 倍、1.5 倍、1.6 倍和 1.7 倍,表明 *IiMYB51* 显著响应蚜虫咬食的胁迫过程,其可通过提高自身表达水平促进芥子油苷的积累,同时提高胼胝质合成基因的表达水平,进一步提高胼胝质的含量,以最终提高转基因植株对蚜虫咬食的抵抗能力。

6.5.4 *IiMYB122* 调控芥子油苷代谢的机理研究

课题组的研究工作表明，*IiMYB122* 基因（GenBank 登录号：MK714039.1）定位于 4 号染色体上，基因组全长 1689bp，含有 3 个外显子和 2 个内含子，CDS 全长为 1119 bp，编码 372 个氨基酸；亚细胞定位分析显示该基因定位于细胞核中；含有 2 个保守的 MYB DNA – binding 结构域；启动子区含有 16 个参与光响应的作用元件，表明其表达可能受光信号诱导。qRT – PCR 分析结果显示，*IiMYB122* 在菘蓝不同组织部位的表达量由高到低依次为侧根、主根、花、青果、成熟叶、幼嫩茎、成熟茎和幼嫩叶；在不同生长发育阶段，其表达量依次为幼苗期 > 成熟期 > 生长期（图 6 – 26）。

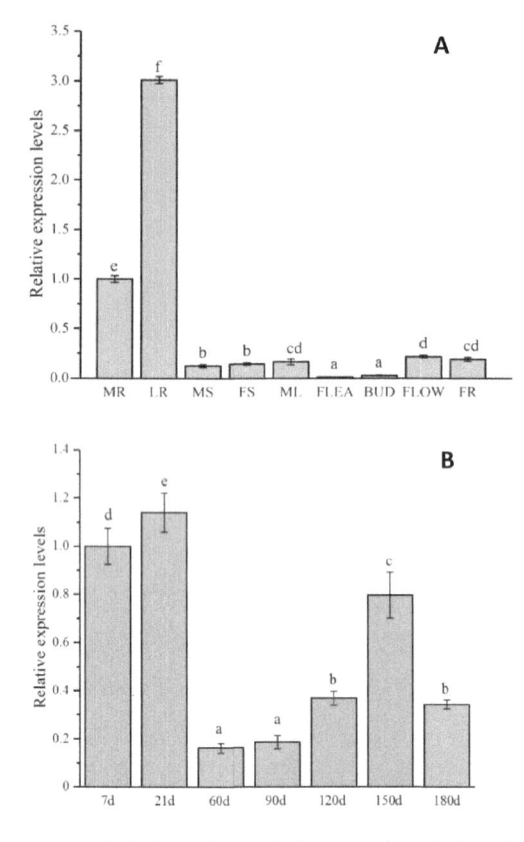

图 6 – 26　*IiMYB122* 在菘蓝不同组织部位（A）及生长发育阶段（B）的表达分析

Y1H 实验结果表明，*Ii*MYB122 与吲哚族芥子油苷的侧链 R 基修饰相关的酶基因 *IiCYP81F2*、*IiCYP81F3.1* 和 *IiCYP81F4* 相互作用，而与吲哚族芥子油苷的核心结构形成相关的酶基因 *IiCYP79B2*、*IiCYP79B3*、*IiCYP83B1* 和侧链 R 基修饰的相关的酶基因 *IiCYP81F1* 和 *IiCYP81F3.2* 无明显互作，推测 *Ii*MYB122 转录因子主要参与调控吲哚族芥子油苷的侧链修饰过程（图 6-27）。

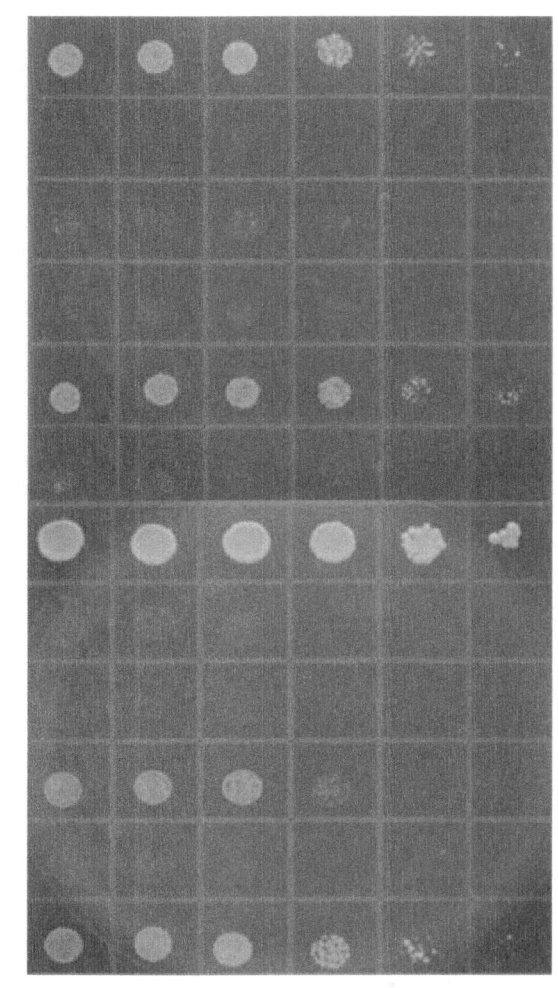

图 6-27 *Ii*MYB122 与芥子油苷合成途径关键酶基因的互作研究

将 *Ii*MYB122 在拟南芥中异源表达，获得 10 个转基因株系（OE1~OE10），且在 OE10 中表达量最高，其中芥子油苷合成相关的 CYP 酶基因 *AtCYP79B2*、*AtCYP79B3*、*AtCYP79F1*、*AtCYP79F2*、*AtCYP83A1*、*AtCYP83B1*、*AtCYP81F1* 和*AtCYP81F2*

的表达量均显著上调,最高可达对照的17.0倍(图6-28)。

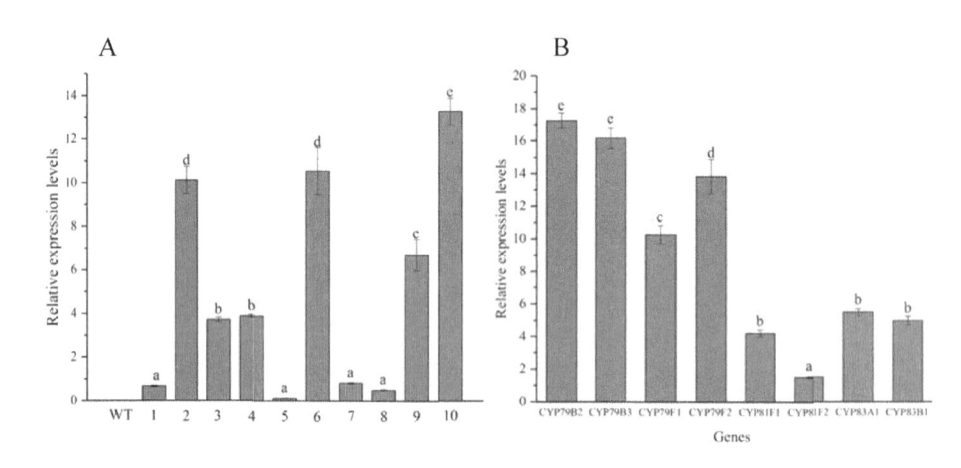

图6-28 转 *IiMYB122* 植株的检测(A)和OE-10中 *CYP* 酶基因的表达分析(B)

进一步对8种芥子油苷的含量进行检测,发现5种脂肪族芥子油苷(Glucocheirolin、3MSOP、4MSOB、4MTB和8MSOO)的含量与 *IiMYB122* 基因的表达变化并无相关性;而3种吲哚族芥子油苷(I3M、1MOI3M、4MOI3M)的含量积累与该基因的表达呈正相关,且以I3M的增量最为明显,在过表达株系OE9中,I3M的含量最高可达对照组的39.67倍(图6-29)。

此外,采用RNA-seq技术对OE10株系的差异表达基因(DEGs)进行了分析,共注释了2172个DEGs,包括762个表达上调的基因和1410个表达下调的基因。KEGG富集分析结果显示,DEGs主要注释到"植物激素信号转导""植物-病原体相互作用""芥子油苷合成"和"吲哚生物碱合成"通路上。"色氨酸代谢"和"芥子油苷合成"通路中分别包含11和7个DEGs,且芥子油苷合成通路上的7个DEGs表达全部上调,包括合成吲哚-3-乙醛肟的酶基因 *CYP79B2* 和 *CYP79B3*,以及合成吲哚-3-甲基芥子油苷的酶基因 *CYP83B1*、*CYP83A1*、*SUR1*、*UGT74B1* 和 *SOT16*。相关结果表明,*IiMYB122* 可能参与了吲哚族芥子油苷的合成调控过程,而对脂肪族芥子油苷合成的影响不大,但具体调控机理仍需进一步的实验数据支持。

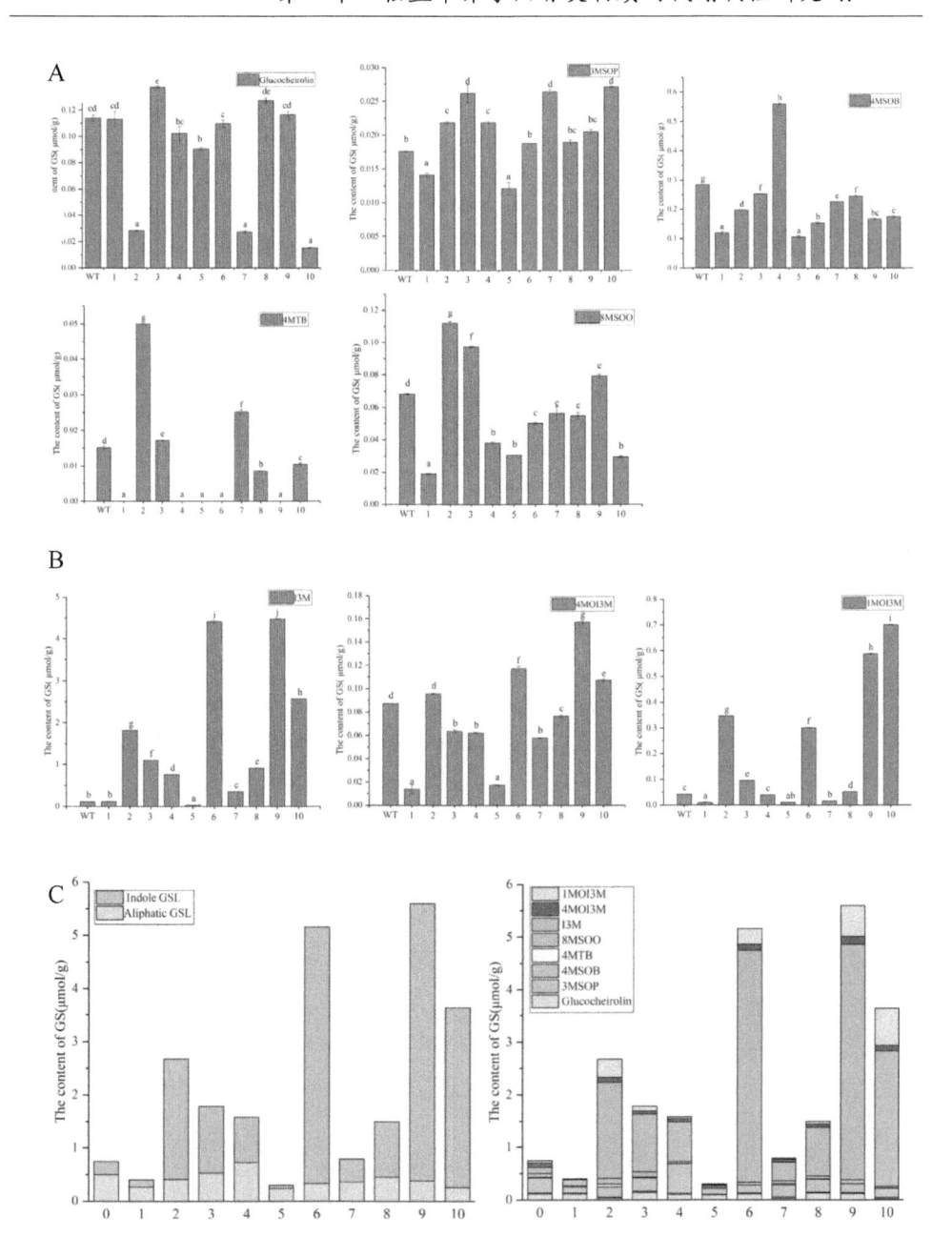

A—脂肪族芥子油苷；B—吲哚族芥子油苷；C—脂肪族和吲哚族芥子油苷

1~10:转基因株系；不同小写字母表示在 $P<0.05$ 水平上差异显著。

图 6-29 转基因拟南芥中脂肪族及吲哚族芥子油苷含量的测定

6.5.5 其他 MYB 转录因子调控芥子油苷代谢的分子机理研究

鉴于菘蓝芥子油苷代谢调控过程的复杂性,仍有较多酶基因和转录因子的功能有待进一步探究。除了本章涉及的研究工作之外,课题组目前正在开展转录因子 *Ii*MYB29 参与芥子油苷代谢调控的功能探究,对其基因序列特征、表达模式、亚细胞定位情况,以及与芥子油苷代谢通路上相关酶基因的互作情况进行了初步的分析。下一步将继续利用正、反向遗传学的研究方法对其功能进行探究,以最终阐明 *Ii*MYB29 转录因子在菘蓝芥子油苷代谢调控过程中的作用。

此外,参考基因组和转录组数据,课题组也对菘蓝 bHLH 基因家族成员进行了鉴定和分析,并将进一步对可能参与芥子油苷代谢过程的基因家族成员,如 *MYC2/3/4* 的功能进行深入探究。相关研究结果将有效补充和完善菘蓝芥子油苷的分子调控机理,同时也为菘蓝的新品种培育和推进其资源的综合开发利用提供思路和借鉴。

6.6 本章小结

关于拟南芥及其他十字花科植物中芥子油苷的代谢调控研究已有较多报道,而有关菘蓝芥子油苷的代谢调控研究则是近年来本课题组一直致力开展的主要研究工作。尽管同为十字花科植物,但菘蓝中芥子油苷类物质的代谢调控机理与拟南芥仍存在较为明显的不同,相关酶基因和转录因子的生物学功能具有明显的种属差异,为了进一步明确菘蓝中芥子油苷类物质的代谢调控机理,课题组从菘蓝芥子油苷的提取、分离、纯化及鉴定方法、芥子油苷的合成积累规律、相关酶基因和转录因子的功能探究等方面开展了较为系统和深入的研究工作。相关研究结果将进一步补充和完善十字花科植物芥子油苷的代谢调控机理研究,同时也可利用分子育种技术开展菘蓝的新品种选育和培育研究。限于研究水平的不足,尚有一些研究工作有待深入开展,课题组也将不遗余力地投入到后续的研究过程,愿与各位同行开展积极的沟通交流。

第7章 菘蓝木脂素类物质的代谢调控研究

木脂素类化合物在植物中广泛存在。由于木脂素类物质结构的复杂性和多样性而具备丰富的生物学活性，具有广阔的研究和应用前景。本章简述了木脂素的基本结构和分类、木脂素的生物学活性，概述了菘蓝中木脂素类物质的研究进展，重点对木脂素类化合物的合成积累与调控研究予以综述，旨在为菘蓝木脂素类物质的代谢调控机理研究提供思路和参考。

7.1 木脂素概述

7.1.1 木脂素的结构及分类

木脂素（Lignan），是一类由两分子及以上的苯丙素衍生物（C6-C3 单体）聚合而成的天然化合物，广泛存在于植物的木质部和树脂中，通常以游离态存在，少数与糖结合成苷存在；游离态的木脂素为亲脂性，难溶于水，易溶于有机溶剂，少数木脂素与糖结合成苷后水溶性增大[565]。

组成木脂素的单体有桂皮酸、桂皮醇、桂皮醛、丙烯苯和烯丙苯等（图7-1），它们可在一系列酶的催化作用下脱氢，形成不同的游离基，各游离基相互缩合，即可形成不同类型的木脂素。木脂素类化合物依据组成其单体类型的不同，可分为8类，如表7-1所示[566]。

近年来，有研究发现了一些复合型木脂素，即 C6-C3 结构和黄酮、萜、香豆素或生物碱通过一定方式骈并形成的特殊木脂素，可分为黄酮骈木脂素、萜类骈木脂、香豆素骈木脂素和生物碱骈木脂素等[567]。

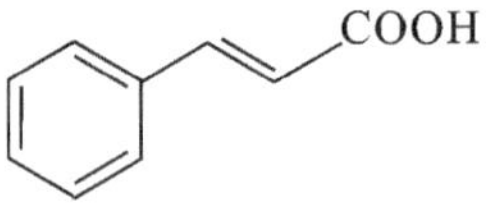

桂皮酸

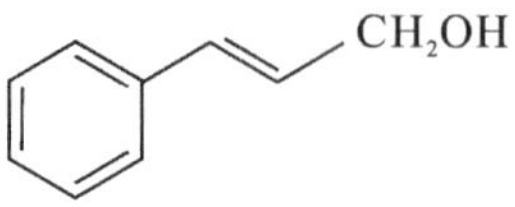

桂皮醇

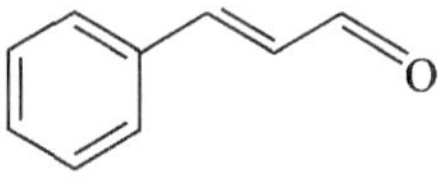

桂皮醛

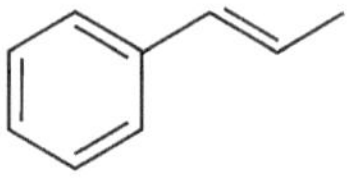

丙烯苯

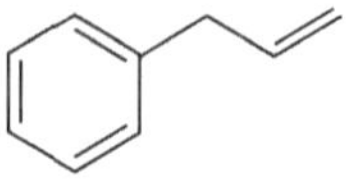

烯丙苯

图 7－1　参与木脂素形成的苯丙素单体结构

表 7－1　木脂素的分类

类别	特征	举例
简单木脂素类	两分子苯丙素通过 β 碳原子连接而成	叶下珠脂素 二氢愈创木脂酸
单环氧木脂素类	在简单木脂素的基础上，还存在 7－O－7′、9－O－9′或 7－O－9′等呋喃环结构	毕澄茄脂素 落叶松脂素
木脂内酯类	由单环氧木脂素中的四氢呋喃环氧化成内酯环	牛蒡子苷 台湾脂素 A
环木脂内酯类	在环木脂素的 C9～C9′间有 1 个内酯环	鬼臼毒素 赛菊芋脂素
双骈四氢呋喃类木脂素	由两分子苯丙素侧链相互连接而形成的两个环氧结构	连翘脂素 连翘苷
联苯型木脂素	由 2 个苯环通过 3～3′相连	厚朴酚
联苯环辛烯类木脂素	与联苯类木脂素相比，多了 1 个八元环结构	仁昌南五味子素

续表

类别	特征	举例
新型木脂素类化合物	8-O-4'型新木脂素	芍药根中提取出的4种8-O-4'型新木脂素
	其他新型木脂素	截叶铁扫帚的地上部分分离得到的苯丙素糖苷

7.1.2 木脂素的生物学活性

目前已发现的木脂素种类超过200种,且结构多样,这使得木脂素具有广泛的药理作用,常常作为一些潜在的药物或药物前体,具有抗病毒、抗肿瘤、抗菌、抗氧化、护肝、提高免疫力、延缓衰老等作用。

(1) 抗病毒

木脂素类化合物可通过抑制艾滋病HIV-1病毒逆转录酶、整合酶和蛋白酶等的活性、影响HIV复制周期的某个环节等方式,从而对艾滋病病毒起到抑制作用[568]。如从千崖子囊吾[*Ligularia kanaitizensis* (Franch.) Hand.-Mazz]的根和茎中提取的松脂醇木脂素(200 μg/mL)对HIV逆转录酶的抑制率可达53.3%[569];从小花五味子(*Schisandra micrantha*)茎藤中分离得到的联苯环辛烯类木脂素[570]、三白草[*Saururus chinensis* (Lour.) Baill]根中提取的木脂素Saucerneol B[571]、民间草药鸡血藤中提取出的Interiotherins A和Schisantherin D等[572]均具有抗HIV复制的活性。另外,菘蓝中的木脂素直铁线莲宁B和落叶松脂素-4-O-葡萄糖苷也被证明具有抗流感病毒的活性[573-574]。

(2) 抗肿瘤

木脂素具有弱雌激素特性,对于激素依赖型疾病,特别是乳腺癌、良性前列腺增生及前列腺癌等症具有预防作用。此外,木脂素还可以通过使癌细胞停滞于G2/M期,诱导其凋亡来抑制癌细胞的增殖[575]。五味子总木脂素对人乳腺癌细胞系MCF-7、肝癌细胞系HepG2和食管癌细胞系9706等均有明确的体外抑制作用[576];牛蒡(*Arctium lappa* L.)中牛蒡子苷元抑制白血病细胞株HL-60的生长是一种无毒机制,可能是通过阻止细胞内DNA、RNA或蛋白质的合成发挥作用[577]。

(3) 抗菌

木脂素类物质对细菌、真菌等微生物的生长具有一定的抑制作用。绞股蓝中醇提的木脂素类化合物对变异链球菌(*Streptococcus mutans*)具有一定的抑制作用,对金黄色葡萄球菌则有较强的抑制作用,而对大肠杆菌和沙门氏菌则显示较弱的抑制作用[578];野艾蒿(*Artemisia lavandulaefolia*)地上组织中提取的6种双四氢呋喃类木脂素对玉米纹枯病菌(*Rhizoctonia solani*)和番茄早疫病菌(*Alternaria solani*)的菌丝生长也具有明显的抑制作用[579]。

(4)抗氧化

有研究证实,许多木脂素类物质不论在生物体内还是体外都具有良好的抗氧化性活性。如亚麻木脂素可以提高小鼠体内 SOD、CAT 和 GSH – PX 等酶的活性,而体外条件下开环异落叶松树脂酚二葡萄糖苷(SDG)和开环异落叶松树脂酚(SECO)在 25~200 μmol/L 的浓度范围内可以有效清除 DPPH·自由基[580];从蜂胶中分离得到的4种呋喃骈呋喃类木脂素(芝麻脂素、松脂素、丁香脂素和yangambin)均具有抗氧化活性[581]。

(5)护肝

五味子果实中富含多种木脂素类成分,具有降酶保肝、增强肝脏解毒功能等多种作用,主要用于肝病的治疗保健[582],且有良好的临床应用价值和研发潜力。

(6)治疗心血管疾病

血小板活化因子(PAF)与心血管疾病的发生密切相关,许多木脂素类化合物对 PAF 具有拮抗作用。从辛夷(*Flos magnoliae*)中分离得到的木兰脂素、里立脂素 B 二甲醚和松脂素二甲醚均具有显著抑制血小板活化因子的作用[583]。木脂素类松脂醇二葡萄糖苷是杜仲皮的降压成分。谷娟等研究发现,杜仲木脂素可以有效降低自发性高血压大鼠心肌醛糖还原酶的活性,从而使得其心肌细胞纹理较整齐[584]。

(7)提高免疫力

研究发现,木脂素具有增强正常小鼠的特异性和非特异性免疫的功能,其作用可能与木脂素所含的黄酮类、酚酸类、植物甾醇类等多种活性组分有关,且随着相应化合物剂量的增加,木脂素增强小鼠免疫功能的作用也随之增强,存在明显的量效关系[585]。

7.1.3 木脂素的结构修饰研究

大多数木脂素为脂溶性化合物,不易被人体吸收,生物利用度低,无法充分地发挥其功效,或作为药物使用对人体存在一定的副作用。因此,为了改善木脂素的溶解性和降低其毒性,不少研究者选择天然木脂素作为母体,采用酯化、中和、取代、酰化等化学修饰方法对其结构进行衍生化,开发了一批结构新颖、功能优良的木脂素类衍生物,扩大了木脂素的临床应用范围。

(1) 酯化反应

Cai 等将牛蒡苷元(ARG)与甘氨酸、邻丙氨酸、缬氨酸、亮氨酸和异亮氨酸等,以 r-丁基碳基(BOC)通过酯化反应合成了氨基酸衍生物。研究发现,氨基酸衍生物比 ARG 具有更好的溶解度和亚硝酸盐清除能力,选择 ARG10 评价其抗肿瘤活性,结果显示 ARG8 和 ARG10 在荷瘤小鼠中的抗肿瘤活性均高于 ARG[586]。

(2) 酰化反应

Maioli 等通过酰化修饰得到了一系列厚朴酚及其衍生物,活性测试结果显示,相应的衍生物在较低浓度水平可以使处理后的纤维细胞存活率增加,活性强于厚朴酚[587]。

(3) 取代反应

He 等对五味子醇甲、五味子乙素和五味子酚进行了卤化和氧化反应后得到一系列衍生物,四氯化碳导致的肝细胞损伤模型显示,各卤化衍生物均具有保肝作用,其中五味子酚衍生物的保肝作用最强[588]。

(4) 其他反应

鬼臼毒素是在盾叶鬼臼[*Dysosma versipellis*(Hance.) M. Cheng]中发现的一种重要的木脂素类化合物,研究人员对其结构中的 4 位 C 环羟基衍生化后得到产物依托泊苷和替尼泊苷,是将鬼臼毒素应用于抗肿瘤临床治疗的有效实践[589]。由于临床上使用鬼臼毒素的毒副作用较大,不适于直接应用,研究人员尝试通过酶解糖基化法制备生成糖基化鬼臼毒素衍生物 4'-去甲基表鬼臼毒素-4'-O-β-D-葡萄糖苷[590]。Bernaskova 等对厚朴酚进行氮化修饰得到的衍生物(3-acetylamino-4'-O-methylhonokiol, AMH)具有显著的 γ-氨基丁酸(GABAA)受体调节活性[591]。

7.1.4 药用植物木脂素的研究进展

木脂素是众多药用植物中主要的生物活性物质,近年来,研究者已从五味子[*Schisandra chinensis*(Turcz.)Baill]中分离并鉴定出 150 余种木脂素化合物,主要包括五味子甲素、五味子乙素、五味子丙素、五味子醇甲、五味子醇乙、五味子酯甲、五味子酯乙、五味子酚、戈米辛等[592]。从八角莲[*Dysosma versipellis*(Hance) M. Cheng]中分离得到的木脂素类化合物—鬼臼毒素,是一种细胞毒素,对动物移植性肿瘤具有显著抑制活性[593]。已报道的来自淫羊藿属植物的木脂素类成分有 40 多种,其中淫羊藿醇 A1、淫羊藿醇 A2、淫羊藿次苷 E3 和柏木苷 C 等 10 余种木脂素类化合物皆为自然界中发现的新化合物,具有十分重要的药理活性,极具开发应用价值[594]。此外,木脂素也是连翘的主要活性成分,目前已从连翘的果实、花、叶、根等不同部位分离到50余个木脂素类单体化合物[595]。

除此之外,在厚朴[596]、牛蒡[597]、桃儿七[Sinopodophyllum hexandrum (Royle) Ying][598]、杜仲[599]、三白草[600]、赤芍(Paeonia lactiflora Pall.)[601]、桃金娘(Rhodomyrtus tomentosa)[602]、青蒿[603]、波棱瓜(Herpetospermum pedunculosum (Ser.) C. B. Clarke)[604]、中华卷柏[Selaginella sinensis (Desv.) Spring][605]、三尖杉(Cephalotaxus fortunei Hook.)[606]、五叶山小橘叶(Glycosmis pentaphylla)[607]和黄精[608]等药用植物中也有木脂素类物质的化学结构鉴定和药理活性的相关研究报道,为药用植物木脂素类物质的研究提供了重要的参考,也为临床研究奠定了基础。

7.2 菘蓝木脂素的种类

作为常用大宗药材板蓝根、大青叶及青黛的源植物,研究人员对菘蓝木脂素的研究也做了大量的工作。2002年以来,研究人员先后从菘蓝中分离出20余种木脂素类化合物,具体信息如表7-2。由表可知,绝大部分化合物是从板蓝根中分离得到,极个别化合物[如(-)-落叶松脂素]是从大青叶中分离获得。可见,作为"清热解毒,凉血利咽"药材代表的板蓝根,其药效的发挥与木脂素类化合物密切相关[609-616]。木脂素类物质被认为是板蓝根清热解毒、抗病毒活性的化学物质基础。

表7-2 菘蓝中分离得到的木脂素类化合物

编号	化合物名称	来源
1	(+)-异落叶松树脂醇	刘海利,2002
2	(+)-落叶松树脂醇-4-O-β-D-吡喃型葡萄糖苷	张永文,2002
3	2-(4-羟基-3-甲氧基-苯基)-4-[(4-羟基3-甲氧基-苯基)-甲基]-3-羟甲基-四氢呋喃	李彬,2003
4	2-甲氧基-4-{四氢-4-[(4-羟基-3-甲氧基-苯基)-甲基]-3-羟甲基-2-呋喃基}苯基-1-O-β-D-葡糖苷	
5	7S,8R,8′R-(+)-落叶松树脂醇-4,4′-二-O-β-D-吡喃葡萄糖苷	张永文,2005

续表

编号	化合物名称	来源
6	板蓝根异香豆素 A	王福男,2006
7	(-)-落叶松树脂醇	柳继峰,2006
8	落叶松树脂醇-4'-O-β-D-吡喃型葡萄糖苷	
9	落叶松树脂醇-9-O-β-D-吡喃型葡萄糖苷	孙东东,2007
10	4-(1,2,3-三羟基丙基)-2,6-二甲氧基苯-1-O-β-D-葡萄糖苷	
11	开环异落叶松脂素	
12	罗汉松树脂酚	Satake H, 2013
13	开环异落叶松脂素二葡萄糖苷	
14	(+)-3-羟基-1,2-二(4-羟基-3-甲氧基苯基)-1-丙酮	
15	(+)-丁香树脂醇	
16	(-)-(7R,7'R,8S,8'S)-4,4'-二羟基-3-甲氧基-7,9';9,7'-双环氧木脂素	王晓良,2013
17	(-)-皮树脂醇	
18	(+)-(7R,7'R,8S,8'S)-新橄榄树脂素	
19	(-)-5-甲氧基异落叶松树脂酚	
20	lariciresinol-4-O-β-D-glucopyranoside	Jing Li, 2015
21	Isatindolignanoside A	Lingjie Meng, 2017
22	(+)-松脂素	陈烨,2018
23	(+)-表松脂酚	

7.3 菘蓝木脂素的提取分离研究

有关木脂素的分离提取技术不仅包括回流提取法、索氏提取法、渗漉法等相对传统的技术,还包括超临界 CO_2 提取法、超声辅助提取法、微波提取法、超高压萃取法等现代的分离提取技术。目前,不同植物中木脂素的分离提取技术研究大多止步于总木脂素的分离提取过程,少有分离出单体木脂素进行生物活性的研究。菘蓝中木脂素类物质的分离鉴定主要采用 HPLC 法和大孔树脂分离法,其中,HPLC 法具有分离速度快、纯度高等优点,被广泛应用于木脂素的分离鉴定;而大孔树脂法能够有效维持物质本身的理化性质、选择性好、条件温和,有利于木脂素的分离而不影响其化学性质;此外,还可以采用红外光谱(IR)、紫外光谱(UV)和核磁共振(NMR)等技术对木脂素类化合物进行波谱分析,从而对其化学结构予以鉴定。

研究人员分别以新鲜菘蓝和板蓝根药材为实验材料,进行木脂素类物质的分离提取研究,初步建立了木脂素类成分的提取分离技术。陈瑞兵等采用超声波辅助提取技术,对甲醇提取液进行了 β – 糖苷酶水解反应,测定了水解后游离木脂素单体的含量,以此测得了糖苷化木脂素和游离木脂素的含量,并通过 HPLC – MS/MS 技术对菘蓝木脂素代谢途径中的母核化合物松柏醇(CA)、(±) – 松脂醇(Pin)、(±) – 落叶松脂素(Lar)和(±) – 开环异落叶松脂素(SLar)进行了手性拆分和含量测定,其提取分离过程如图 7 – 2 所示[633]。

陈瀚等将板蓝根用 70% 乙醇进行回流提取,并将浓缩得到的浸膏经甲醇溶解后过 D101 型大孔树脂;分别以水,10%、40% 和 70% 乙醇洗脱至无色,回收溶剂,得到四个极性部分的浸膏;其中水提部位浸膏以 200 ~ 300 目硅胶进行柱色谱纯化;不同溶剂系统和比例洗脱,合并相同成分的流份,反复分离纯化,得到 10 种化合物。其中,属于木脂素类成分的有异落叶松树脂醇和 7S,8R,8R′ – (+) – 落叶松树脂醇 – 4,4' – 二 – O – β – D – 吡喃葡萄糖苷,具体的提取分离过程如图 7 – 3 所示[611]。

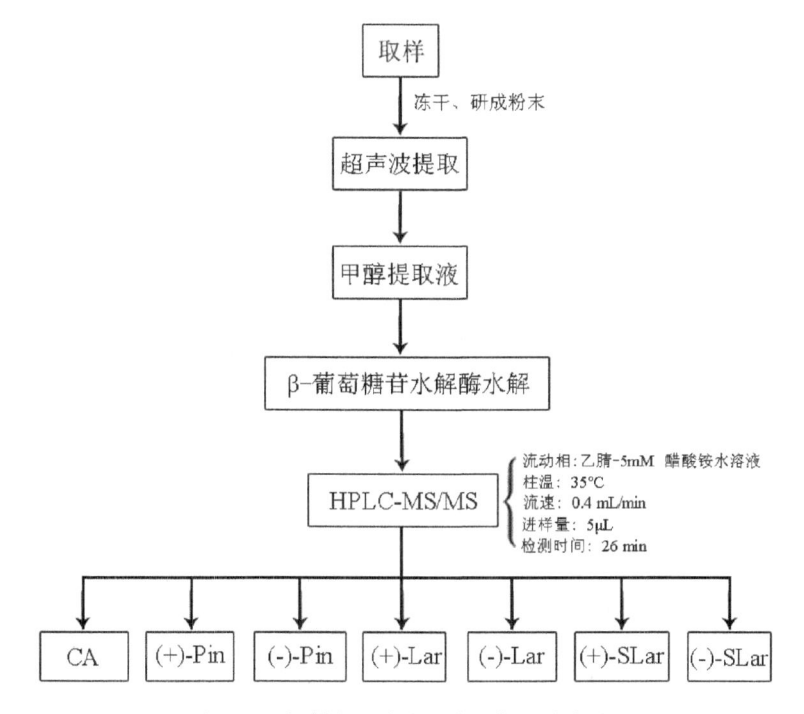

第7章 菘蓝木脂素类物质的代谢调控研究 ❋ 167

图7-2 新鲜菘蓝中木脂素的提取分离流程

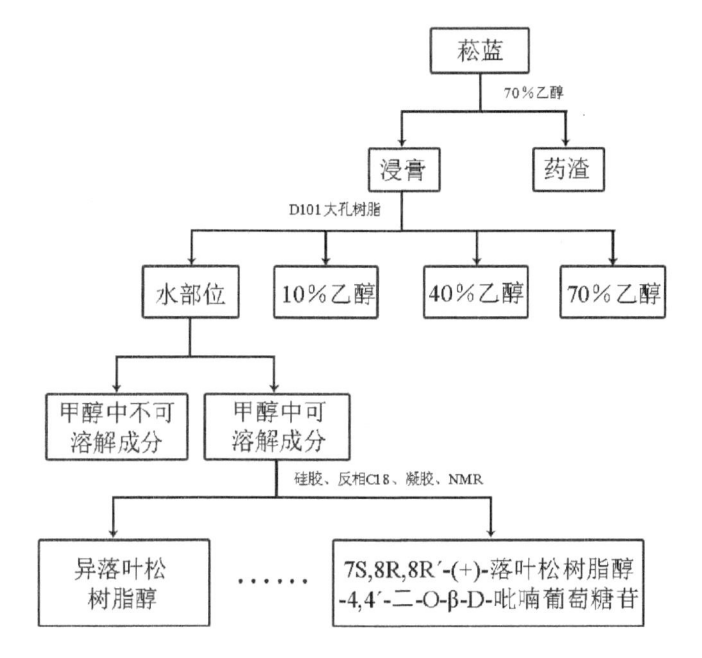

图7-3 板蓝根药材中木脂素的提取分离流程

7.4 菘蓝木脂素的生物合成途径

植物体内木脂素的合成起源于莽草酸途径,以苯丙氨酸作为前体物质进行一

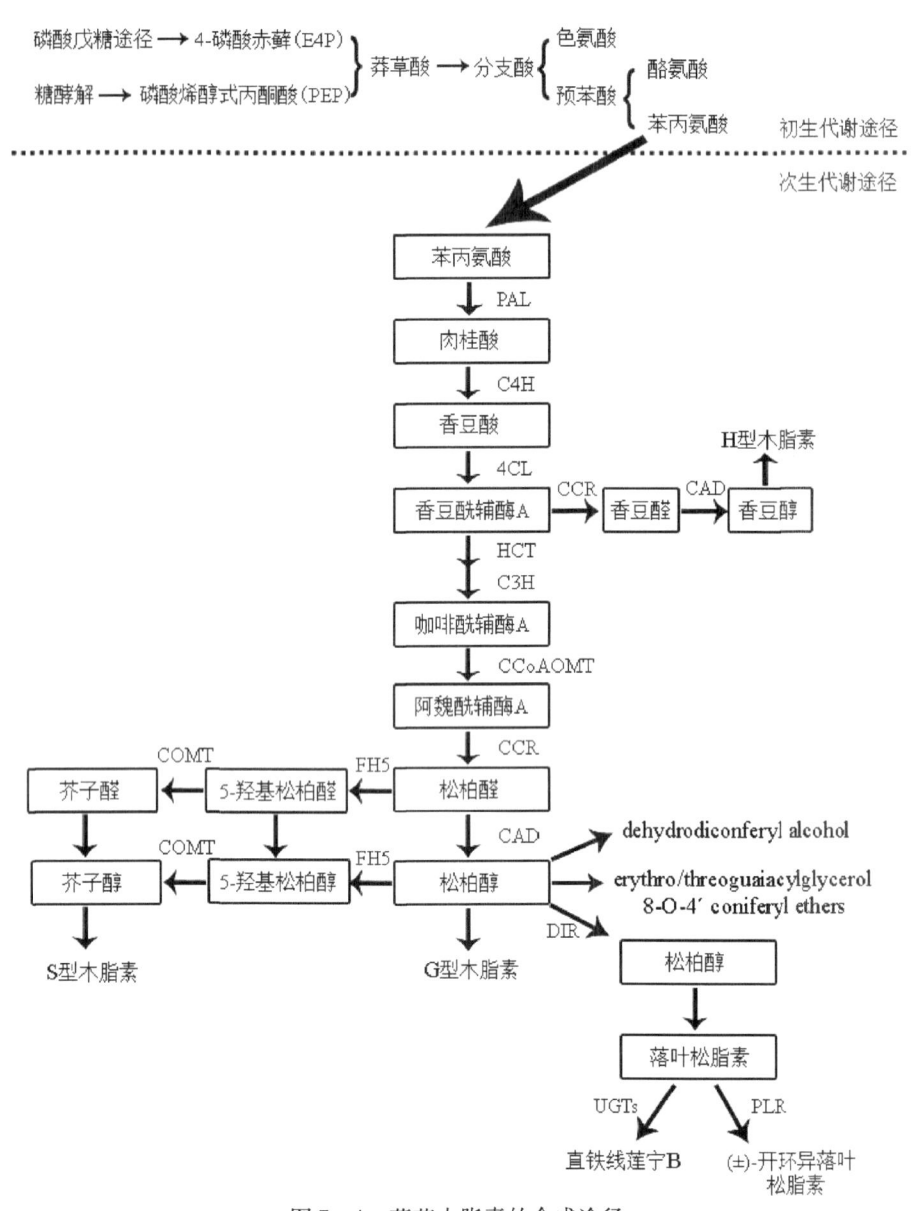

图7-4 菘蓝木脂素的合成途径

系列的催化修饰后获得。苯丙氨酸依次通过苯丙氨酸解氨酶(Phenylalanine ammonia-lyase,PAL)、肉桂酸-4-羟化酶(Cinnamic acid 4-hydroxylase,C4H)、4-香豆酰辅酶 A 连接酶(4-coumarate coenzyme A ligase,4CL)、羟基肉桂酰转移酶(Hydroxycinnamoyl transferase,HCT)、香豆酸-3-羟基化酶(Coumarate 3-hydroxylase,C3H)、咖啡酰辅酶 A 氧甲基转移酶(Caffeoyl-Co A O-methyltransferase,CCoAOMT)、肉桂酰辅酶 A 还原酶(Cinnamoyl-Co A reductase,CCR)和肉桂醇脱氢酶(Cinnamyl alcohol dehydrogenase,CAD)的催化作用,生成菘蓝木脂素和 G 型木脂素(G-lignin)的第一个前体化合物松柏醇,具体的合成途径如图 7-4 所示[617-623]。

7.5 菘蓝木脂素合成相关基因的筛选与鉴定

基于菘蓝木脂素合成途径的研究,开展一些重要的关键酶基因的功能研究十分必要,相关基因功能的研究结果能够进一步证实其在木脂素合成通路上的作用,揭示菘蓝木脂素合成积累调控的分子调控机理;同时,也有助于挖掘相关基因更多的生物学功能,从而为菘蓝的基因资源挖掘和可持续开发提供依据。目前,已对菘蓝木脂素合成通路上的部分关键酶基因进行了研究。

7.5.1 苯丙氨酸解氨酶(PAL)在菘蓝木脂素合成过程中的作用研究

PAL 是菘蓝中参与木脂素生源合成途径第一步反应的关键酶,能够催化苯丙氨酸脱氨生成肉桂酸,是该途径中的限速酶,对于木脂素的代谢调控具有重要的意义。目前对 PAL 基因调控菘蓝木脂素生物合成的研究工作较少,仅对 *IiPAL1* 和 *IiPAL2* 进行了基因克隆和表达模式研究。菘蓝 *IiPAL1* 的 cDNA 全长为 2530 bp,编码 725 个氨基酸;*IiPAL2* 的 cDNA 全长为 2115 bp,编码 705 个氨基酸,两者的相似度为 70.06%;*IiPAL1* 与 *IiPAL2* 基因均在菘蓝的茎、叶与花中表达,其中 *IiPAL1* 在叶中的表达量最高,*IiPAL2* 在根部中的表达量最高[624-625]。相关研究结果为进一步探究 PAL 基因在木脂素代谢途径中的调控功能奠定了基础。

7.5.2 肉桂酸羟化酶(C4H)在菘蓝木脂素合成过程中的作用研究

C4H 位于木脂素生物合成途径的上游,菘蓝中 *C4H* 基因的 cDNA 全长为 1674 bp,包含一个 1530 bp 的开放阅读框,含 2 个内含子和 3 个外显子,编码 509 个氨基酸残基。组织特异性表达分析结果表明,该基因在菘蓝的根、茎、叶各器官中均有表达,且以根中的表达水平最高,提示其在菘蓝根中能够有效促进木脂素的合成,使得该部位的木脂素含量有效富集,以提高板蓝根的药用价值。研究还进一步探究了紫外照射、茉莉酸甲酯、ABA 和 GA 等胁迫处理对该基因表达的影响,结果表明相应处理在一定程度上均能够有效诱导该基因表达水平的上调[626]。

7.5.3 4-香豆酸辅酶 A 连接酶(4CL)在菘蓝木脂素合成过程中的作用研究

4CL 是木质素生物合成过程的关键酶之一,位于苯丙酸代谢途径与木质素特异合成途径的转折点上,能够催化肉桂酸及其羧基或甲氧基衍生物生成相应的辅酶 A 酯,相应中间产物随后进入苯丙烷类衍生物的支路合成途径。植物 *4CL* 基因一般以小的基因家族形式存在,目前已先后从菘蓝中克隆获得 3 个 *4CL* 基因。其中,*Ii4CL1* 全长 cDNA 为 1967 bp,包含一个 1632 bp 的开放阅读框,编码 543 个氨基酸;*Ii4CL2* 的全长 cDNA 为 1975 bp,包含一个 1692 bp 的开放阅读框,编码 564 个氨基酸;*Ii4CL3* 的全长 cDNA 为 1932 bp,包含一个 1629 bp 的开放阅读框,编码 542 个氨基酸。Ii4CL 基因家族成员的表达模式分析结果显示,在菘蓝的不同组织部位中,*Ii4CL1* 在根中的表达水平最高,茎中最低;*Ii4CL2* 在根中的表达水平最高;而 *Ii4CL3* 在花中的表达水平最高。在菘蓝毛状根培养体系中,采用过表达和干涉两种策略对菘蓝 4CL 基因家族各成员进行功能探究,结果发现,*Ii4CL3* 可能对落叶松脂素的合成起主要作用,*Ii4CL1* 的作用微乎其微,而 *Ii4CL2* 是否能够发挥作用尚有待进一步研究探讨[627]。

7.5.4 莽草酸/奎宁酸羟基肉桂酰转移酶(HCT)在菘蓝木脂素合成过程中的作用研究

HCT 是辣椒素苯丙烷代谢途径中关键的限速酶,同时也是控制木脂素中 H-单体和 G/S-单体相互转化和聚合的关键酶。菘蓝中 *IiHCT* 的 ORF 全长为 1290 bp,编码 430 个氨基酸,主要在茎中表达,而幼根、叶中几乎不表达。此外,还可以从菘蓝毛状根中检测到 *IiHCT* 的表达;而外源茉莉酸甲酯处理菘蓝后,*IiHCT* 的表达量明显升高[628]。

7.5.5 香豆酸-3-羟基化酶(C3H)在菘蓝木脂素合成过程中的作用研究

C3H 是调控植物体内木脂素代谢过程中各单体流向的关键酶之一。菘蓝 *IiC3H* 基因的 cDNA 全长是 1830 bp,包括 1527 bp 的 ORF,编码 509 个氨基酸;IiC3H 的氨基酸序列与多种植物具有较高的相似性,与拟南芥 *AtC3H* 的相似度高达99%。菘蓝 *IiC3H* 基因在茎中的表达水平最高,在叶和花中的表达水平相当,但都比较低。通过农杆菌 C58C1 介导菘蓝毛状根的遗传转化,*IiC3H* 基因的过表达能够显著促进落叶松脂素和芥子醇的积累,而对松柏苷的积累表现出较为明显的抑制作用[629]。

7.5.6 咖啡酰辅酶 A-O-甲基转移酶(CCoAOMT)在菘蓝木脂素合成过程中的作用研究

CCoAOMT 是木脂素合成的关键酶之一。菘蓝 *IiCCoAOMT* 全长为 1098 bp,包含一个 774 bp 的开放阅读框,编码 257 个氨基酸。在二倍体菘蓝中 *IiCCoAOMT* 在茎中表达量最高,而在四倍体菘蓝中则在根中表达量最高,但在两种植物中均以叶中的表达量最低,表明多倍体化可能对 *IiCCoAOMT* 基因的表达水平产生影响。突出的表现是,*IiCCoAOMT* 基因在四倍体菘蓝根中表达增强,可能对四倍体菘蓝根中木脂素单体的积累表现出一定的促进作用[630]。

7.5.7 肉桂酰辅酶 A 还原酶(CCR)在菘蓝木脂素合成过程中的作用研究

CCR 是催化木脂素合成途径第一步反应的酶,能够催化三种羟基肉桂酸 CoA 酯的还原反应,生成肉桂醛,被认为是调节碳素流向木脂素潜在的控制节点,对木脂素单体的生物合成具有重要的调控作用。菘蓝 *IiCCR* 的 cDNA 全长为 1368 bp,包含一个 1026 bp 的 ORF,编码 342 个氨基酸[629]。

7.5.8 肉桂醇脱氢酶(CAD)在菘蓝木脂素合成过程中的作用研究

CAD 是催化香豆醛形成松柏醇的酶,是植物木脂素生物合成途径的关键酶。菘蓝 *IiCAD* 基因的 cDNA 全长为 1402 bp,包含一个 1083 bp 的 ORF,编码 360 个氨基酸残基[631]。

7.5.9 指定蛋白(DIR)在菘蓝木脂素合成过程中的作用研究

DIR 是一类指定木脂素生物合成的蛋白,能够调控木脂素生物合成过程中的立体偶联反应,在植物响应不同类型的生物和非生物胁迫、参与防御反应等过程中发挥重要作用。DIR 蛋白位于木脂素合成的初始阶段,能够催化松柏醇合成松脂醇,并促使木脂素单体代谢流趋向木脂素的生源合成方向,是木脂素合成过程的关键酶基因。目前已从菘蓝中克隆得到 *IiDIR1*(全长 549bp)和 *IiDIR2*(全长 564bp)基因,二者均在根中高表达。将两个基因转入菘蓝毛状根中,探究其在木脂素代谢途径的调控功能。研究人员通过测定转基因毛状根在逆境条件下的生物量,发现过表达 *IiDIR1* 和 *IiDIR2* 的毛状根中,木脂素代谢途径上游的基因表达水平具有明显的提升,说明 *IiDIR1* 和 *IiDIR2* 的过表达提高了木脂素上游基因的表达,并进一步激活了整条木脂素代谢途径,促进了木脂素类物质的有效积累。当植物处于逆境胁迫条件下时,能够更好地生长,生物量显著提升,说明 *IiDIR1* 和 *IiDIR2* 在一定程度上可以通过激活木脂素代谢来提升植物对外界逆境胁迫的抵御能力[632]。

7.5.10 松脂醇-落叶松脂素还原酶(PLR)在菘蓝木脂素合成过程中的作用研究

PLR 能够催化松脂醇发生还原反应直接生成落叶松脂素,是菘蓝中抗病毒活性成分落叶松脂素生源合成的构建酶。菘蓝 *IiPLR* 的全长 cDNA 为 1062 bp,包括 953bp 的开放阅读框,编码 317 个氨基酸。通过对该基因在菘蓝不同组织部位的表达情况进行分析,发现 *IiPLR* 基因在根中的表达水平最高,而转基因毛状根中落叶松脂素的含量达到对照组的 9 倍,表明其在菘蓝木脂素代谢途径中发挥了较为重要的正调控作用[633]。

综上所述,目前对于菘蓝木脂素代谢调控的关键酶基因资源的挖掘和功能探究尚处于起步阶段。鉴于木脂素类物质所具有的抗病毒活性和临床应用,有必要开展菘蓝木脂素代谢途径的深入探讨,明确菘蓝中参与木脂素代谢途径的关键酶基因的功能,相关研究结果为后期利用分子育种手段培育木脂素含量升高的菘蓝新品种奠定了良好的研究基础,同时也有助于促进菘蓝资源的可持续开发利用。

7.6 菘蓝木脂素合成相关转录因子的筛选与鉴定

7.6.1 WRKY 转录因子调控菘蓝木脂素合成的作用研究

采用转录组测序技术,通过检测二倍体和四倍体菘蓝中目标差异基因在转录水平的表达情况,确定 *IiWRKY*33、*IiWRKY*34、*IiWRKY*48、*IiWRKY*49 和 *IiWRKY*50 等 5 个基因为两种不同倍性菘蓝中的差异表达基因。进一步研究发现,*IiWRKY*34 在调控落叶松脂素生物合成中的表现最为突出,推测 *IiWRKY*34 基因的高表达可能是造成四倍体菘蓝优良品质形成的重要遗传因素之一。此外,*IiWRKY*34 过表达的菘蓝毛状根中初生代谢化合物的积累量整体下降,而苯丙烷类生物合成途径上黄酮类及木脂素类化合物的含量整体上升,说明 *IiWRKY*34 转录因子在植物中可能具有调整代谢流从初生代谢转向次生代谢过程的作用。同时,*IiWRKY*34 转录因子可通过调控 *Ii4CL3* 关键酶基因的表达,最终实现对木脂素类物质生物合成过程进行调控的目的[633]。

7.6.2 ARF转录因子调控菘蓝木脂素合成的作用研究

来自菘蓝AP2/ERF家族的转录因子 *Ii049* 对板蓝根中木脂素的生物合成起着积极的调节作用。*Ii049* 基因主要在菘蓝的根中表达,其所编码的蛋白主要定位于细胞核中,RNAi转基因株系中木脂素和水杨酸的含量显著降低。通过凝胶迁移实验(EMSA)和Y1H实验,发现 *Ii049* 可能通过与SA合成途径相关基因启动子的CE1、RAA和CBF2基序相结合,从而触发木脂素和SA合成途径相关基因的表达,而SA还可以促进木脂素生物合成途径基因的表达,并进一步促进木脂素的有效积累。因此,*Ii049* 转录因子通过参与调节木脂素生物合成和SA生物合成途径相关基因的表达,进而参与调控木脂素的生物合成过程。

7.7 本章小结

木脂素是一类分布广泛,具有抗病毒、抗肿瘤、抗菌和抗氧化等生物活性的次生代谢产物,目前已在菘蓝、杜仲、连翘、丹参、三七和五味子等药用植物中发现木脂素类物质的存在,是相关药材发挥临床疗效的化学物质基础。因此,深入探究木脂素类物质在药用植物中的基本组成、含量、合成积累规律,以及参与木脂素代谢途径的关键酶基因及其调控因子的生物学功能等具有十分重要的理论和实践意义,有助于利用现代生物技术手段筛选和培育木脂素含量升高的药用植物新品种。本章在系统梳理现有研究成果的基础上,对菘蓝木脂素的种类、提取分离与鉴定方法、合成积累规律,以及参与木脂素代谢过程中的关键酶基因和相关调控因子进行了较为全面和系统的阐述,充分展示了菘蓝木脂素类物质的合成积累和调控机理的研究进展,为开展相关研究的科研人员提供了良好的参考和借鉴。

第8章 菘蓝内生真菌的研究

内生真菌,是指在健康植物的器官和组织内部生长,但不会使宿主表现出病害症状的真菌。内生真菌与宿主植物的共生过程中,宿主植物通常会呈现出生长快速、抗病害、抗逆等特性,比未感染植株更具生存竞争力。长期的共存关系使内生真菌体内建立了与宿主植物相类似的次生代谢途径,生产与宿主植物相似的活性成分,加之微生物天然的优势生长特性,使得植物内生真菌在生产活性成分方面具有得天独厚的优势。药用植物所含有的丰富的次生代谢产物是其发挥药理作用的重要物质基础,而其内生真菌次生代谢产物的多样性,突破了植物生长周期长、代谢物产量低、不可再生等限制,为利用植物内生真菌工业发酵生产重要的活性物质开辟了新途径。

目前,有关菘蓝内生真菌的研究工作鲜见报道,开展菘蓝内生真菌的研究是对植物内生真菌研究工作的有益补充和拓展,同时也是发掘和利用菘蓝活性成分的有效途径,为菘蓝资源的可持续开发与利用提供了新的思路和参考。本章将主要围绕课题组所开展的菘蓝内生真菌的研究工作进行阐述,希望能为相关研究人员提供合理的参考和借鉴。

8.1 植物内生真菌的研究概况

8.1.1 植物内生真菌的种类

1866 年,德国科学家 De Bary 首次提出内生菌的概念,认为植物内生真菌是生活于健康植物器官或组织内部,且不会使植物产生明显病害症状的一类微生物[634-635]。近年来,越来越多的学者开始专注于植物内生菌的研究。内生菌属于多菌群微生物,可以在植物的根、茎、叶、种子等不同器官和组织中生长,其分布和种群结构易受到宿主植物的遗传特性、健康状况,以及周围生态环境的影响。已报道的植物内生菌的种类覆盖原核和真核微生物类群,包括细菌、古菌、真菌,以及藻类等。植物中的真核内生菌主要由丝状真菌组成。研究发现,内生真菌群落具有非常广泛的多样性特征,是植物内生菌中最丰富的优势类群[636]。基于传统培养模式的研究结果显示,每株植物中大约有5~350种内生真菌,而基于18S或ITS rDNA序列分析的高通量测序结果表明,每株植物中可能含有40~1200种内生真菌[637]。

根据系统发育分析结果,已报道的内生真菌包括禾草内生真菌和非禾草内生真菌[638]。前者主要侵染高寒地区草本植物,后者多存在于非维管植物、蕨类、裸子植物和被子植物的组织中,常见类群主要包括形成菌丝的子囊菌门(Ascomycota)、担子菌门(Basidiomycota)和球囊菌门(Glomeromycota)[639]。目前研究的植物内生真菌绝大多数属于子囊菌类的核菌纲(Pyrenomycetes)、腔菌纲(Loculoascomycete)和盘菌纲(Discomycetes),其中的某些属,如直立枝顶孢属(*Acremouium*)、链格孢属(*Alteruaria*)、枝孢属(*Cladosporium*)、盾壳霉属(*Couiothyrium*)、附球菌属(*Icoccum*)、镰刀霉属(*Fusarium*)、茎点霉属(*Phoma*)和格孢腔菌属(*Pleospora*)在药用植物内生真菌系统中分布十分广泛,具有与植物类似的合成次生代谢产物的能力[640]。大多数内生真菌能够提高植物的抗逆性,增强植物在高温、低温、干旱气候等极端条件下的生存能力[641],使植物免受动物的啃食[642],也可作为植物的生物防治菌等[643]。

8.1.2 植物内生真菌共生机制的探究

研究发现,内生菌可深度参与宿主植物的生长发育和代谢调控过程,植物也因此被认为是包含内部微生物的"共生功能体"。虽然,内生菌与宿主植物互作参与次生代谢产物代谢过程的分子调控机制还有待进一步揭示,但是通过对多种药用植物产生的活性物质进行研究发现,内生菌和植物的联合代谢对天然化合物的生产具有重要的影响作用。这些天然化合物有些是在植物和微生物酶类的联合催化作用下获得的产物;有些是在植物体内受生理环境影响而导致合成量增加了的化合物;有些则是宿主植物受内生菌刺激后启动合成的新的次生代谢产物[644]。不同的内生真菌对植物生长发育的影响存在差别。目前,已有较多研究报道了内生菌对植物提高自身抗逆特性具有明显的促进作用(表8-1)。

表8-1 内生菌代谢物提高植物抗逆性的研究

植物	内生菌	化合物	作用
天麻 *Gastrodia elata* Bl.	石斛小菇 *Mycena dendrobii*	IAA	促进种子萌发和植物生长
人参 *Panax ginseng* C. A. Meyer	藤黄微球菌 *Micrococcus luteus*	IAA	促进植物生长
当归 *Angelica sinensis*	枯草芽孢杆菌 *B. subtilis*	苯五胺类生物碱	防止尖孢镰刀霉(*F. oxysporum*)等对植物的浸染
银杏 *Ginkgo biloba* L.	解淀粉芽孢杆菌 *B. amyloliquefaciens*	抗生素等	抑制植物枯萎病
甘草 *Glycyrrhiza uralensis* Fisch	短小芽孢杆菌 *B. pumilus*	抗氧化物及渗透调节物	减轻干旱缺水环境对植物细胞的损伤
大花红景天 *Rhodiola crenulata*(Hook. f. et Thoms.) H. Ohba)	内生菌株 ZPRs-R-11	天普和酪醇	维持红景天的健康生长
青天葵 *Nervilia fordii* (Hanee) Schltr.	MQY-1 *Colletotrichum truncatum*	抗生素等	抑制病原真菌

目前,关于内生菌与宿主植物之间共同进化机制的研究仍不十分清楚。有观点认为,内生菌可以合成与宿主相似或相同的"模拟次生代谢产物",而实际上介导这些"共享代谢物"合成的功能基因可能原本就是内生菌来源的,只是已经通过长期的共同进化过程转移到了植物体内[645]。也就是说,内生菌可以直接合成具有药理活性的化合物,或者以内生菌合成的次生代谢产物为前体物质,再通过宿主植物的合成酶系统催化生成植物的活性成分[646](表8-2)。

表8-2　部分植物内生真菌中的活性化合物

植物	内生菌	化合物	化合物作用
红豆杉 *Taxus chinensis*	黑曲霉 *A. niger*	紫杉醇	抗癌
梅洛葡萄 *Vitis vinifera* L.	链格孢菌 *Alternaria alternata*	白藜芦醇	抗氧化、抗炎、抗癌、心血管保护等
虎杖 *Polygonum cuspidatum* Sieb. et Zucc.	青霉 *Penicillium chrysogenum* JQ228238	紫檀芪	抗氧化剂、抗细胞增殖、降血脂、抑制 $COX-1$ 和 $COX-2$、抗癌、抗真菌等
黄芪 *Astragalus membranaceus*	新萨托菌 *N. hiratsukae*	皂苷元-O-吡喃葡萄糖苷	抗炎、抗肿瘤
三七 *Panax notoginseng*	多节孢菌 *Nodulisporium* sp. JN254790	新化合物 R13	抗血小板凝集
刺柏 *Juniperus formosana* Hayat	烟曲霉 *A. fumigates* DSM 21023	鬼臼毒素	抗癌、抗病毒
青蒿 *Artemisia carvifolia* Buch	草酸青霉 *P. oxalicum* B4	青蒿素	抗肿瘤、抗糖尿病、胚胎毒性、抗真菌等

8.1.3 植物内生真菌代谢产物的多样性

研究发现,植物内生真菌的代谢产物类型多样,主要包括生物碱、萜类、甾类、聚酮类、酮类、异香豆素、酯类等化合物[647],具有抗菌、抗病毒和抗癌等活性。依据微生物种类的不同,又可分为抗细菌、抗真菌和抗寄生虫类化合物。如从蒙古蒿[*Artemisia mongolica*(Fisch. ex Bess.) Nakai.]茎中分离得到的刺盘孢属内生菌(*Colletotrichum gloeosporioides*)可以合成对枯草芽孢杆菌(*B. subtilis*)、金黄色葡萄球菌(*Staphylococcus aureus*)、藤黄八叠球菌(*Sarciua lutea*)具有抑制活性的炭疽菌酸[648];从雷公藤(Tripterygium wilfordii Hook. f.)中分离得到的内生真菌栋树拟隐孢壳菌(Cryptosporiopsis querciua)可以产生一种新型的环肽抗生素,对皮肤病原真菌红色毛鲜菌(Trichophytou rubrum)和白色念珠菌(Cauddida albicau)具有明显的抑制活性;从澳洲药用植物蛇藤(Acacia pennata)中分离到的内生链霉菌(Streptomyces)能够产生多肽型广谱抗生素 Munumbicins A、B、C 和 D,可用于控制结核分枝杆菌(Mycobacterium tuberculosis)、炭疽杆菌(B. authraci)和恶性疟原虫的感染[649]。

此外,还包括由内生菌产生的抗病毒化合物,如从药用植物乌头(Aconitum carmichaeli Debx)的内生黑孢子菌(Nigrospora)合成的代谢产物羟基蒽醌衍生物、6-O-脱甲基-4-脱羟基异色酮醇 A 和 8,11-二脱氢美新酮 B 对流感毒株 H1N1 表现出很强的抗病毒活性[650]。从埃及药用植物中分离得到的内生格孢腔菌(Pleospora tarda)可以产生两种活性化合物交链孢菌醇和交链孢菌醇-9-甲基醚,对单纯疱疹病毒(HSV-2)和水泡性口炎病毒(VSV)显示出40.7%和15.2%的抑制活性[651]。

自从发现从短叶红豆杉树皮中分离得到的内生真菌安德氏紫杉霉(T. andreannae)可以合成抗癌物质紫杉醇以来,利用植物内生菌筛选新型的抗癌药物受到了研究人员的重点关注。现已发现的内生菌来源的抗癌活性化合物种类众多,包括生物碱、缩酚肽、聚酮、色酮、醛、酯、醌、环己酮、木脂素、二萜等多种类型。例如,从银杏内生真菌球毛壳菌(Chaetomium globosum)中提取获得了 3 种新型化合物——氮杂环酮生物碱,对人肝癌细胞株 HepG2 表现出较高的细胞毒活性[652]。而某些红树内生的曲霉属(Aspergillus)真菌可以合成类似于植物体内的苯丙烷类化合物,该类化合物可以有效抑制癌细胞中组蛋白脱乙酰酶基因(HDAC)的表达,从而抑制细胞周期并诱导细胞凋亡,最终达到抑制肿瘤发生的作用[653]。此外,由植物内生菌合成的某些活性化合物还可作为抗癌药物的前体物质。喜树(Camptotheca acuminata)中的生物碱类化合物——喜树碱可以人工转化为水溶性伊立替康和拓扑替康,可作为治疗结直肠癌和卵巢癌的临床药物[654]。

Garcia 等通过研究发现,拟南芥体内寄生内生菌的频率取决于植物的生长发育阶段和植物的物候期,且内生菌定植的概率会随着植物生活史的进程增加[655]。自然条件下,野生型拟南芥种群的内生菌群落多样性较高,降水和温度是决定其群落多样性和物种组成的两个重要因素。Hong 等从拟南芥地上部分提取液中分离得到4株内生细菌,其中 3 个菌株对尖孢镰刀菌(Fusarium oxysporum)具有不同程度的拮抗活性,1 株蜡状芽孢杆菌(Bacillus cereus)显著提高了番茄对灰霉病的抗性[656]。这些研究结果表明,植物的内生菌还可用来开发潜在的生防剂,以对抗植物的各种病原真菌和细菌。

8.2 药用植物内生真菌的研究概况

由于植物内生菌的活性成分较多,研究人员把更多的关注重点放到了对药用植物内生真菌的研究工作中,目前主要聚焦在宿主植物与内生真菌的共生机制、内生真菌种类与代谢物之间的关系、内生真菌代谢产物的活性评价、内生真菌活性药物的研发、内生真菌次生代谢产物对宿主植物的生长发育及抗性的影响机理研究等领域。内生真菌所生产的次生代谢产物具有抗氧化、抗肿瘤、抗病原菌、耐虫咬食等功效,在医学、农业生产、环境科学等领域均有应用[657]。目前已对人参[658]、甘草[659]、三七[660]、金莲花(*Trollius chinensis Bunge*)[661]、青天葵[662]、黄芪[663]、银杏[664]等药用植物开展了内生真菌的研究。

8.2.1 人参内生真菌的研究

人参,是五加科(Araliaceae)人参属(*Panax*)草本植物人参的干燥根与根茎,是中国及亚太地区的传统中草药,具有补益元气、安神益智等作用。现代临床药理学研究证实,人参在增强免疫力、改善心血管功能、抗肿瘤等多个方面发挥重要功效。

2017年,马伟对人参种子内生真菌的种类进行了分析,发现镰刀菌属(*Fusarium*)所占比例最大,为优势菌属;同时,各菌属的丰度及分布不同,说明内生真菌在人参种子中的分布具有多样性[665]。其中,镰刀菌属的序列在各样品中均有分布,可能是受到样品或种子生存环境的影响,导致其在各样品中的分布差异较大。而柄抱壳菌属(*Podospora*)和头囊菌属(*Cephalotheca*)的序列数较多,且各样品之间序列数所占比例差异较小,可能是由于该内生真菌在人参种子中的专一性所致。张亚光等对人参内生真菌中相对丰度在前二十的组成菌属和人参皂苷等活性成分之间的相关性进行了研究,结果表明,短梗霉属、球囊霉属、毛壳菌属和曲霉菌属等与三种皂苷类成分 Re、Rg1 和 Rb1 的含量积累呈现出较为明显的正相关;而子囊菌属和 Re、Rg1、Rb1 和 Rd 具有一定的负相关关系,说明人参中内生真菌的群落组成和人参皂苷的含量积累具有相关性[666]。曹昆等从人参中共分离得到 107 株内生真菌,进一步选取其中的 29 株进行鉴定,结果发现,可以将这些内生真菌从属的层次上划分为 4 类:木霉菌属、篮状菌属、毛霉属和镰刀菌属[667]。其中,木霉属有 13 株,包括 4 个菌种,分别为绿色木霉(*Trichoderma viride*)、康宁木霉(*Trichoderma* koningii)、哈茨木霉(Trichoderma harzianum)和钩状木霉(Trichoderma hamatum)。蓝状菌属有1株,即艾米斯托克篮状菌(Talaromyces amestolkiae)。毛霉属也有1株,即冻土毛霉(Mucorhiemalis)。镰刀菌属的菌株数量最多,达到14株,包括:腐皮镰刀菌(Fusarium solani)、尖孢镰刀菌(Fusarium oxysporum)和芳香镰抱菌(Fusrium redolens)等。相关研究结果提示,人参具有十分丰富的内生真菌资源,而不同真菌类型是否与人参活性成分的种类和积累模式之间存在相关性仍需进一步研究探讨。

8.2.2 甘草内生真菌的研究

甘草,是中国古代最常见的大宗药材之一,始载于《神农本草经》,具有清热解毒、补脾益气、缓急止痛、祛痰止咳等功效。甘草的主要活性成分之一为甘草酸。经现代药理学研究证实,甘草酸具有抗炎、抗肿瘤、保肝、抗病毒和免疫调节等活性,在保健品、药品、化妆品、食品添加剂等行业应用广泛。

赵翀等以新疆塔里木盆地的胀果甘草(Glycyrrhiza inflate)和光果甘草(Glycyrrhiza glabra)为研究对象,采用变性梯度凝胶电泳技术(PCR-DGGE)研究甘草内生真菌的多样性及群落结构特征[668]。相关研究结果显示,胀果甘草和光果甘草,以及同一种类不同组织间内生真菌的多样性和群落结构间存在明显差异。其中,胀果甘草根中内生真菌的多样性最丰富,而光果甘草果中内生真菌的多样性较低。对DGGE条带进行回收测序,共获得25条序列,主要归为11个属,包括绿僵菌属(Metarhizium)、绿僵虫草属(Metacordyceps)、枝顶孢属(Acremonium)、枝孢属(Cladosporium)、链格孢属(Alternaria)、帚枝霉属(Sarocladium)、曲霉属(Aspergillus)、刀菌属(Fusarium)、假裸囊菌属(Pseudogymnoascus)和锤舌菌属(Leotiomycetes)等。其中,链格孢属为优势菌属,占内生真菌总数的32%。此外,甘草的根、茎、叶、果和皮中的内生真菌存在丰富的多样性,并以根与茎中的多样性最为丰富。孙一帆以野生乌拉尔甘草和栽培甘草为研究对象,利用组织块分离法共分离纯化获得365株内生真菌,采用显微学、形态学、分子生物学等手段对分离得到的内生真菌进行鉴定[669],遂将其归为4纲5目6科9属30个种;其中,214株来自野生生境的甘草,151株来自栽培生境的甘草;野生生境甘草的优势菌属为镰刀属(62.62%)和曲霉属(12.15%),栽培生境甘草的优势属为镰刀属(62.91%)和土赤壳属(12.58%);分离出11株野生生境甘草所特有的内生真菌,包括枝状枝孢菌(Cladosporium cladosporioides)、尖孢曲霉(Aspergillus aculeatinus)和粉红粘帚菌(Clouostachys rosea)等;野生甘草内生真菌的总分离率和多样性指数(97.27%和2.07%)均高于栽培甘草(68.64%和1.46%)。相关研究结果丰富了甘草内生真菌的菌种库,为深入探究内生真菌对甘草品质的影响提供了理论依据。刘文杰等对内蒙、甘肃和宁夏甘草中的内生真菌进行了研究,经过表观形态学特征分析,结合 ITS-rDNA 检测共获得 134 株真菌,归属于 16 个属,表现出不同产地甘草中内生真菌群落的多样性,同时还发现青霉属和曲霉属为不同产地甘草内生真菌的优势菌。进一步对所关注的内生真菌的粗提物进行抗菌活性成分筛选与分析,发现 35 株内生真菌的代谢产物具有良好的广谱抗菌活性[670]。

8.2.3 其他药用植物内生真菌的研究概况

药用植物与内生真菌的共生模式研究提升了药用植物内生真菌研究的可能性和研究潜力,陆续有更多药用植物的内生真菌被挖掘。近年来,研究人员对药用植物内生真菌的研究工作开展得如火如荼。王占斌等对毛茛(*Ranunculus japonicus*)、小白酒草(*Conyza canadensis*)、连钱草(*Glechoma longituba*)、土三七(*Gynura segetum*)、白屈(*Chelidonium majus*)和唐松草 *Thalictrum aquilegvfolium*)等 6 种药用植物的内生真菌进行了研究,发现相关内生真菌具有防治植物枯叶病的活性[671]。Khan B 等从美登木(*Maytenus hookeri*)中提取出的内生真菌(*Microdiplodia* sp.,WGHS5)可用于生产倍半萜类抗癌活性物质[672]。Zhao 等从紫荆(*Cercis chinensis*)中分离出的内生真菌(*A. althernata*)可用于生产抗菌活性物质聚酮[673];Mani 等从木橘(*Aegle marmelos*)中分离得到的内生真菌(*C. australiensis*)可用于生产抗癌活性物质表儿茶素二聚体[674];He 等发现木竹子(*Garicinia multiflora*)的内生真菌(*Aspergillus flavus*)可用于生产抑制 α-葡萄糖苷酶的生物碱[675];Xiu 等从红树林(*Mangrove*)中分离出的内生真菌(*Phomopsis liquidambari*)可用于生产抗癌活性物质细胞松弛素[676];而 Zhou 等从红树林中分离出的内生真菌(*Aspergilus candidus*)可用于生产抗癌、抗病毒的芳香类化合物[677]。

近年来,为了寻找到对环境及人类更加友好且安全的新型药物,对于药用植物内生真菌的研究所涉及的领域也不断拓展。目前,可以利用内生真菌入侵植物所产生的激素类物质促进宿主植物的生长发育,以提高植物抵抗生物和非生物胁迫的能力。植物内生真菌的代谢产物可以作为新的药物、新型农药和工业资源的新来源。对植物内生真菌次生代谢物的发掘和功能评价可以进一步丰富现有的次生代谢物资源库。此外,由于内生真菌与宿主植物互作的模式和机理尚不明确,对植物内生真菌次生代谢物合成的分子调控机制仍需着力探究,研究人员在植物内生真菌资源开发与利用方面仍需不断努力探索。

8.3 菘蓝中具抗菌活性的内生真菌的研究

目前有关菘蓝内生真菌的研究报道甚少。课题组以菘蓝为研究对象,从中分离内生真菌,并对分离得到的内生真菌进行分类鉴定;进一步探究内生真菌的抗菌活性及其化学物质基础。相关研究结果将有效展示菘蓝中具有抗菌活性的内生菌资源,也为菘蓝内生真菌资源的开发利用提供了思路。

8.3.1 菘蓝内生真菌的分离

课题组采用组织块法和研磨法将经表面消毒处理后的菘蓝的茎、叶和根分别进行内生真菌的分离培养,累计分离得到 13 株内生真菌,其中 6 株内生真菌由根中分离获得(编号为 ZGA~ZGF),占总菌株数的 46.2%;4 株从茎中分离获得(编号为 ZJA~ZJD),占总菌株数的 30.7%;3 株由叶中分离获得(编号为 ZYA~ZYC),占总菌株数的 23.1%。从菘蓝不同组织部位获得的内生真菌的形态特征如图 8-1 所示。总体而言,从菘蓝不同组织部位获得的内生真菌的菌株数量和形态特征存在较为明显的区别,表明其内生真菌资源相对丰富,需进一步对菌株的种类和特性进行研究。

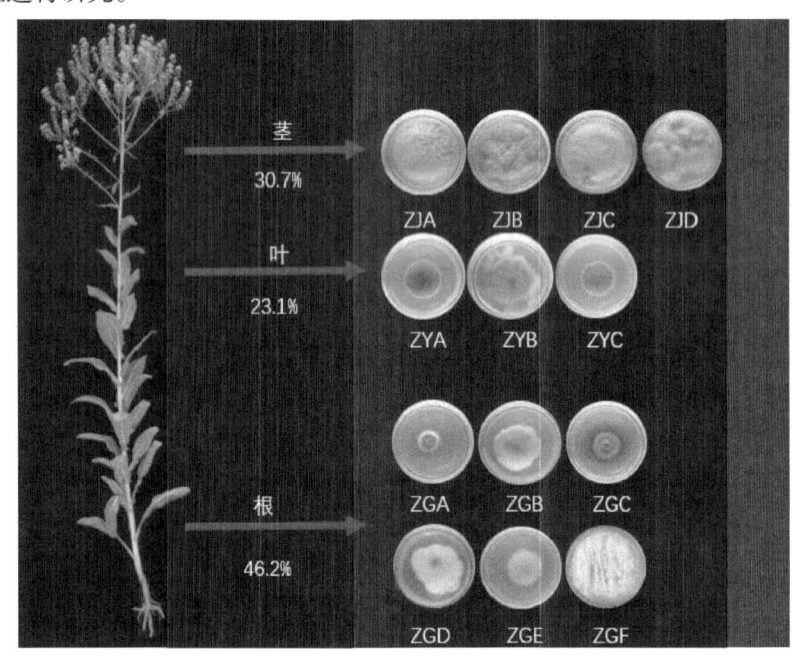

图 8-1 菘蓝内生真菌的形态特征观察

对从菘蓝不同组织部位所获得的内生真菌的形态特征和生长特性进行观察,结果表明:从根中分离得到的菌株 ZGA 的菌丝为白色、较短,菌落形状规则,表面附着青绿色孢子,生长较慢;菌株 ZGB 的菌丝为白色,菌落背面略带黄色、棉花状,菌丝较长,形状规则,生长快速;菌株 ZGC 的菌丝为黄色,菌落背面略带淡紫色,致密,呈地毯状,分泌的代谢产物可使培养基变红,生长较为缓慢;菌株 ZGD 的菌丝为白色,菌落中间略带青绿色,质地疏松,棉花状,生长快速;菌株 ZGE 的菌丝为白色、棉絮状、较长,菌落形状规则,生长快速;菌株 ZGF 的菌丝为淡黄色、粉末状,孢子松散,易挑取,菌落生长快。从茎中分离得到的菌落 ZJA 的菌丝为白色,菌落表面有褶皱,具明显轮纹,生长较快;菌株 ZJB 的菌丝呈灰白色,菌落质地疏松、较厚,生长迅速;菌株 ZJC 的菌丝为白色、绒毛状、较长,菌落生长快;菌株 ZJD 的菌丝呈白色、较长,菌落为棉花状、较厚,生长迅速。从叶中分离得到的菌株 ZYA 的菌丝为灰黑色,呈绒状,质地疏松,菌落较厚,生长快;菌株 ZYB 的菌丝为土黄色,分泌的代谢产物可以使培养基变黄,表面粉末状,产生大量孢子;菌株 ZYC 的菌丝为灰色、绒状,质地疏松,菌落较厚,生长快。

由此可见,从菘蓝不同组织部位分离得到的内生真菌的形态特征多样,且生长速度也各不相同,可以作为菘蓝内生真菌种类鉴定的区分依据。此外,从菘蓝根中分离得到的内生真菌数量最多,其次为茎,而最少的部位是叶片。

8.3.2 菘蓝中具抗菌活性内生真菌的分离与鉴定

在前期研究工作的基础上,课题组以分离得到的 13 株内生真菌为研究对象,以金黄色葡萄球菌(*Staphylococcus aureus*)、大肠杆菌(*Escherichia coli*)、枯草芽孢杆菌(*Bacillus subtilis*)和铜绿假单胞菌(*Pseudomonas aeruginosa*)为指示菌,拟从 13 株内生真菌中筛选出具有明显抑菌作用的菌株。研究结果表明,相较于其他来源的内生真菌,从菘蓝根中分离得到的内生真菌 ZGC 和 ZGD 对四种指示菌均具有较好的抑菌效果。后续研究将重点围绕内生真菌 ZGC 和 ZGD 展开。

采用形态学和分子生物学研究方法,分别对内生真菌 ZGC 和 ZGD 进行形态学鉴定和系统进化分析,为后续开展其活性成分鉴定奠定基础。对菌株 ZGC 进行形态学观察发现,菌落呈圆形,菌丝平铺且致密、短绒状,边缘平滑整齐,菌落正面为黄色,背面为紫红色,致密、地毯状,分泌的代谢产物可使培养基变红,生长较慢。培养 7 d 后,ZGC 菌落的颜色加深,呈深褐色,且生长速度减慢,在 PDA 培养基上有大量分生孢子产生。经光学显微镜观察,其子囊果呈黑色,卵圆形;附属丝多条、较长、不分枝;子囊孢子椭圆或半圆状。对菌株 ZGD 进行形态学观察,其菌落正面呈白色,中间略带青绿色,背面为黄色,菌落平坦,质地疏松,棉花状,生长快速。培养7 d后,菌落表面产生大量青绿色孢子,生长速度也相应减慢。经光学显微镜观察,菌株ZGD的分生孢子头的顶囊半球状,营养菌丝具有分隔,分生孢子近球形或椭圆形。

  构建菘蓝内生真菌ZGC和ZGD的系统发育树,并进行分类鉴定。利用通用引物,以二者的基因组DNA为模板,进行PCR扩增,并送样测序。将测序结果进行Blast比对,同时结合形态学观察结果,进行菌株分类鉴定。利用MEGA7.0软件分析并绘制ZGC和ZGD菌株的系统发育进化树(图8-2)。研究结果表明,菌株ZGC的ITS序列长度为582 bp,与毛壳菌属真菌(*Chaetomium*)的序列相似度为99%,登录号为KM20353.1;结合系统发育树的分析结果(图8-2A),并

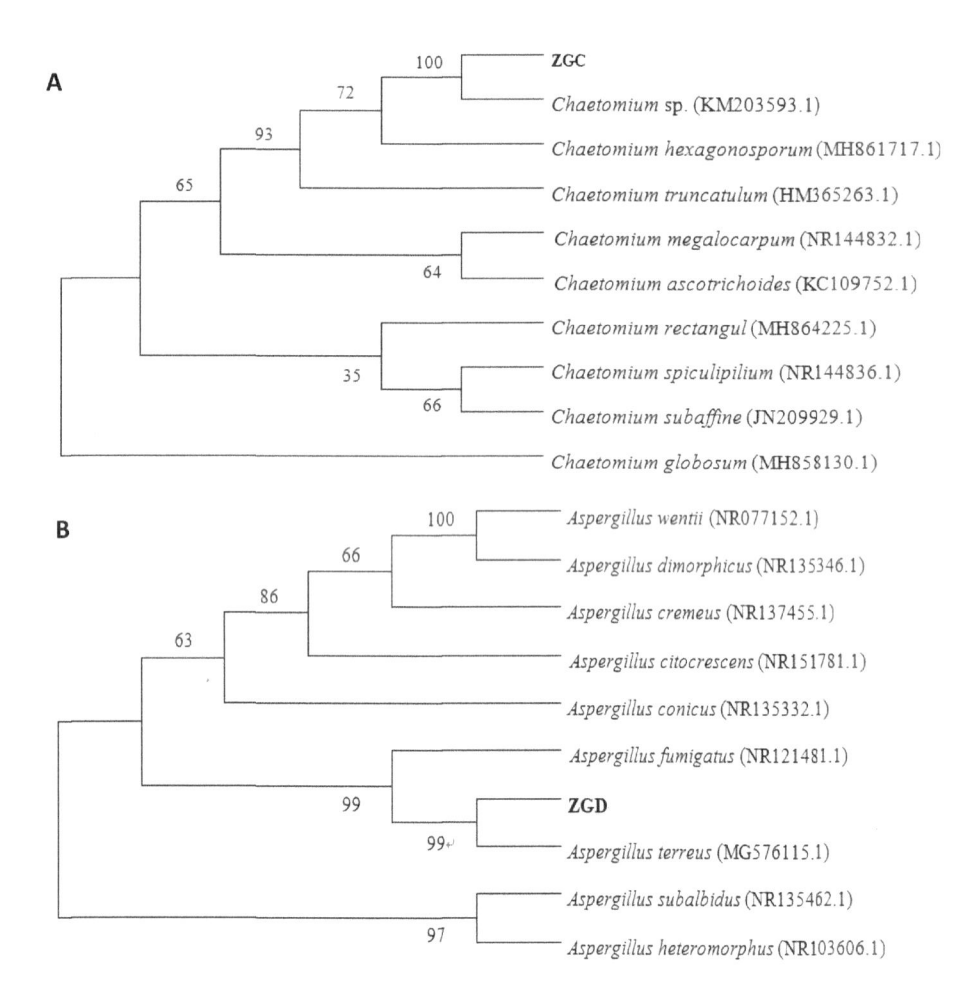

图8-2 菘蓝内生真菌ZGC(A)和ZGD(B)的系统发育树

进一步参考该菌株的形态特征和生长特性,初步将 ZGD 鉴定为毛壳菌,其具体分类地位为:子囊菌亚门(Ascomycota)核菌纲(Pyrenomycetes)球壳菌目(Sphaeriales)毛壳菌科(Chaetomiaceae)毛壳菌属(Chaetomium Kunze)的毛壳菌(Chaetomium sp.)。此外,经 PCR 扩增后获得的 ZGD 菌株的 ITS 序列长度为 569 bp,该序列与曲霉属真菌(Aspergillus terreus)的 ITS 序列相似性为 99%,登录号为 MG576115.1;结合系统发育树的分析结果(图 8 - 2B),同时参考 ZGD 菌株的形态特征及生长特性,初步将 ZGC 鉴定为土曲霉,其具体分类地位为:半知菌纲(Fungi Imperficti)丛梗孢目(Moniliales)丛梗孢科(Moniliaceae)曲霉属(Aspergillus)的土曲霉(Aspergillus terreus)。

研究表明,毛壳菌是植物病原菌的防治菌之一,可用于防治多种植物的真菌病害。毛壳菌属主要分布在各种含纤维素的基质上,对土壤中大多数微生物具有拮抗作用,主要通过产生大量纤维素酶,降解微生物的纤维素和木质素而达到抑菌作用[678]。目前已从毛壳菌属的真菌中分离得到生物碱、黄酮、萜类、酚类、酯类等多种化合物,且大多数化合物都具有较强的生物学活性,如细胞松弛素类生物碱具有显著的抗菌、抗炎、抗肿瘤活性。刘述春等从西藏灵芝中分离得到一株毛壳菌属的真菌,又从其发酵液中分离得到 5 个聚酮类化合物 chaetomones A - E(1 - 5),其中化合物 5 对白色念珠菌具有显著的抑制作用,IC50 为 20.0 μmol/L[679]。刘文静等从小麦(Triticum aestivum L.)中分离出 6 株毛壳菌属的真菌,并发现这 6 株真菌均具有促进小麦生长的作用,其中 1 株具有明显的降解纤维素和小麦秸秆的能力,在提升小麦秸秆的利用度上具有一定的开发利用潜力[680]。此外,有研究报道,某些毛壳菌可以产生增强土壤肥力的生长素、麦角甾醇等次生代谢产物。因此,毛壳菌属真菌的次级代谢产物可能是生物活性物质的新资源,可能从中发现药物先导化合物或新药物,为医药工业与人类健康的发展做出有益的贡献。

土曲霉广泛分布于土壤、动植物体内,其主要成分洛伐他汀是临床降血脂的主要药物,具有较强的羟甲戊二酰辅酶 A 还原酶的抑制作用。此外,土曲霉中其他的化学成分也极为丰富,大多数化学成分具有较强的生物学活性:如木脂素类化合物具有较好的抗氧化、抗肿瘤、抗菌及治疗阿尔茨海默症等作用;生物碱类化合物具有细胞毒活性;杂萜类化合物则具有酶抑制和抗菌活性[681]。姚远蓓等[682]从普哥滨珊瑚(Porites pukoensis)中分离得到了 1 株土曲霉,对其次级代谢产物的组成及活性进行了研究,结果表明,该土曲霉菌株的发酵液对金黄色葡萄球菌、大肠杆菌、枯草芽孢杆菌、铜绿假单胞菌、变形杆菌等均具有较为明显的抑制作用;同时,其发酵液的乙酸乙酯提取物和菌丝体的氯仿提取物对乙酰胆碱酯酶(Ach E)的活性具有显著的抑制作用,相关研究结果为从相应真菌中制备抗生素和治疗老年痴呆症的药物研发奠定了良好的研究基础。

8.3.3 菘蓝内生真菌的抑菌活性物质的分离鉴定

鉴于菘蓝内生真菌中 ZGC 和 ZGD 菌株所具有的良好的抑菌活性,课题组进一步对其抑菌活性物质进行鉴定分析,具体的分离鉴定流程如图 8-3 所示。

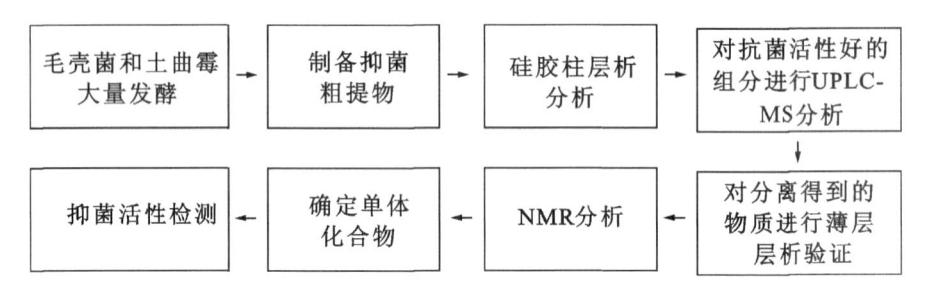

图 8-3 菘蓝内生真菌抑菌活性物质分离鉴定的技术流程

(1) ZGC 和 ZGD 菌株的大量发酵

选取活化后的 ZGC 和 ZGD 菌株长势旺盛的平板,用打孔器沿菌落边缘获取菌饼,将菌饼接种于 PDB 液体培养基中。恒温振荡培养后,经抽滤→离心→收集上清液→减压浓缩→过滤等操作步骤,即得发酵液。

(2) ZGC 和 ZGD 菌株粗提物的制备及纯化

将 ZGC 和 ZGD 菌株的发酵液用等体积的石油醚、乙酸乙酯、氯仿和正丁醇依次萃取 3 次,回收溶剂后得各萃取相。分别称取石油醚相、乙酸乙酯相、氯仿相、正丁醇相和萃余相物质,依次用甲醇溶解,配置成浓度为 200 μg/mL 的药液,分别对五种不同的萃取相进行抑菌活性比较,选择抑菌效果最好的萃取相进行进一步的扩大培养。

在 600 mL PDB 培养基中分别接入 ZGC 和 ZGD 菌饼,28 ℃、160 r/min 条件下进行培养,7 d 后进一步扩大培养,最终得 ZGC 发酵液 50 L 和 ZGD 发酵液 60 L。同法得相应菌株的萃取物,并浓缩蒸干至浸膏状,即得粗提物。采用硅胶柱层析方法对 ZGC 和 ZGD 菌株的粗提物进行纯化,具体的操作流程为:硅胶预处理→装柱→平衡→上样→洗脱→收集,最终得相应粗提物的纯化产物。

研究结果表明,菘蓝内生真菌 ZGC 和 ZGD 菌株的抑菌活性物质主要存在于乙酸乙酯萃取相中。其中,ZGD 菌株经硅胶柱层析共分离得到 15 个组分,编号为 Frc.1~Frc.15,且组分 Frc.8、Frc.11 和 Frc.12 对 4 种指示菌都具有较为明显的抑制作用;ZGC 菌株经硅胶柱层析共分离得到 13 个组分,编号为 Frd.1~Frd.13,且组分 Frd.5、Frd.6 和 Frd.7 对 4 种指示菌的抑菌效果较强。

(3) ZGC 和 ZGD 菌株抑菌活性组分的鉴定分析

进一步对 ZGC 和 ZGD 菌株中的抑菌活性组分进行 UPLC-MS 分析。从 ZGD 菌株的抑菌组分 Frc.8、Frc.11 和 Frc.12 中共鉴定出 14 个化合物（编号为 C1～C14）。其中，组分 Frc.8 包含 5 个化合物，分别为 4-羟基苯甲醇、洋茉莉醛（胡椒醛）、商陆素、3,6-Dihydroxy-p-menth-1-ene 和 3β-乙酰氧基苍术酮；组分 Frc.11 中包含 8 个化合物，分别为苦参醌 A、3,4-二羟基苯乙醇、双没食子酸、红镰霉素、槲皮万寿菊素-3,4′-二甲基醚、2,3′,4,4′,6′-五羟基苯甲酮、没食子儿茶素和 5-羟基-4′,7-二甲氧基二氢黄酮；Frc.12 中有 3 个化合物，分别为 6-姜二酮、双没食子酸和苦参醌 A。从 ZGC 菌株的抑菌组分 Frd.5、Frd.6 和 Frd.7 中共鉴定出 10 个化合物，其中，对 Frd.5 和 Frd.7 重结晶得到 2 个化合物（编号 D1 和 D2）；组分 Frd.6 中共有 9 个化合物（编号 D3～D11），分别为 5-羟甲基糠醛酸、2,6-二甲氧基对苯醌、洋茉莉醛（胡椒醛）、毛蕊异黄酮、蟾毒它里宁、组氨酸、杜仲二醇、2,3′,4,4′,6′-五羟基苯甲酮、2,6-二甲氧基对苯醌和丹参素。

(4) 土曲霉 ZGC 抑菌活性组分的鉴定

依据 UPLC-MS 分析鉴定结果，进一步将从土曲霉 ZGC 中鉴定出的抑菌活性组分 D1 和 D2 在不同展开剂下进行薄层检测，依次经过自然光和紫外灯观察、碘蒸汽和 10% 硫酸乙醇显色等不同分析方法检测化合物的纯度。结果表明，化合物 D1 和 D2 在碘蒸汽处理下显黄色，在紫外灯下显紫色，而在 10% 硫酸乙醇溶液中不显色。化合物 D1 在自然光下呈现淡黄色，化合物 D2 在自然光下呈现淡紫色，且 D1 和 D2 在三种不同展开剂和三种显色剂下均为一个斑点，说明 D1 和 D2 为单体化合物。

此后，将化合物 D1 和 D2 溶解于氘代甲醇溶液中，进行 1H-NMR 和 13C-NMR 分析。结果发现，化合物 D1 为橙黄色针状结晶，可溶于乙酸乙酯和甲醇，不溶于氯仿。且 13C-NMR（600 MHz, MeOD）δ190.67（s），189.78（s），147.50（s），141.56（s），60.51（s），60.33（s），59.39（s），14.16（s）。1H NMR（600 MHz, MeOD）δ3.90（s, 5H），3.68（s, 1H），3.33（dt, J = 3.2, 1.6 Hz, 1H），1.58（s, 5H），这些波谱学数据与文献报道一致[683]，遂将该化合物鉴定为 Fumigatinoxide（$C_8H_8O_5$），CAS 号：1716-19-4。化合物 D2 为浅橙色针状结晶，可溶于乙酸乙酯和甲醇，不溶于氯仿。13C NMR（600 MHz, MeOD）δ143.94（s），140.02（s），137.67（s），135.58（s），121.34（s），108.61（s），61.01（s），15.96（s）。1H NMR（600 MHz, MeOD）δ6.14（s, 1H），3.79（s, 3H），2.11（s, 3H），这些波谱学数据也

与文献报道一致[683]，将该物质鉴定为烟曲霉氢醌 Dihydrofumigatin($C_8H_{10}O_4$)，CAS号:703-45-7。化合物 D1 和 D2 的化学结构式如图 8-4 所示。

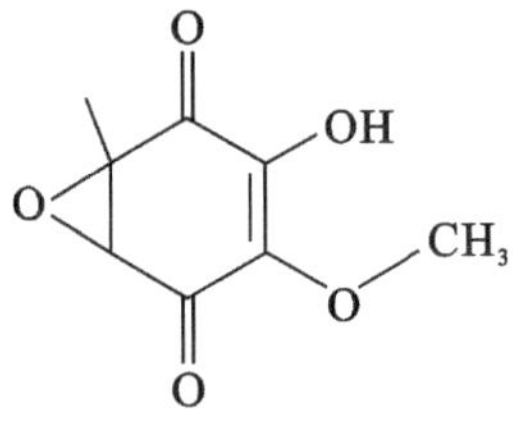

图 8-4　化合物 D1 和 D2 的结构式

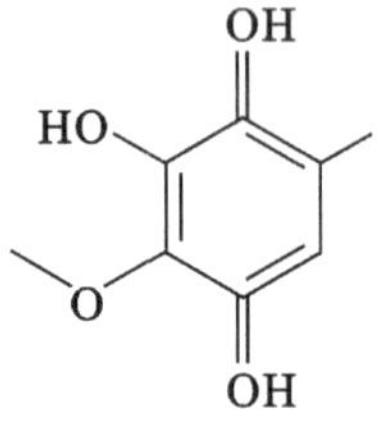

(5) 单体化合物 D1 和 D2 的抑菌活性检测

进一步对单体化合物 D1 和 D2 的抑菌活性进行检测，结果表明，化合物 D1 对枯草芽孢杆菌、铜绿假单胞菌和蜡样芽孢杆菌具有不同程度的抑制作用，尤其对枯草芽孢杆菌和铜绿假单胞菌抑制作用较好。而化合物 D2 对 7 种指示菌有较为明显的抑制活性，具有广谱的抑菌作用。相关研究结果表明，单体化合物 D1 和 D2 是土曲霉的主要抗菌物质。

8.4　本章小结

药用植物内生真菌资源丰富、种类繁多、具有多方面的生物学活性，在与植物长期共存的过程中，逐步建立起与植物类似的代谢物合成积累规律，鉴于内生真菌具有生长周期短、生长速度快，培养成本低等优势，药用植物内生真菌已成为活性次生代谢产物生产的重要来源。作为微生物资源发掘的重要来源，开展药用植物内生真菌的研究已成为药用植物研究的热点。课题组对菘蓝内生真菌的种类和特性进行了研究，筛选到具有抑菌活性的内生真菌，并进一步对相应菌株中的抑菌活性组分进行了分析。相关研究结果明确了菘蓝中具有抑菌活性的内生真菌资源，为菘蓝内生真菌资源的开发利用提供了思路和策略。

第9章 菘蓝种子油的分离提取与鉴定

植物油一般可分为食用植物油与工业植物油两类。生活中常见的食用油有大豆油、花生油、菜籽油、芝麻油、调和油等,工业植物油主要用于肥皂、橡胶、蜡烛、润滑油、化妆品及医药卫生行业。近年来,随着世界人口规模的逐渐扩大,植物油的需求不断增加,我国植物油的自给率明显不足,每年均需大量进口,目前已成为世界最大的食用植物油消费国之一。有限的油脂产量与不断增加的需求之间的矛盾,使得开发新的油脂资源成为研究人员关注的热点。

目前,药用植物资源的开发利用较多聚焦于活性成分的分离鉴定及药理研究,对于种子为非药用部位的药用植物而言,其种子的有效开发利用值得关注。近年来,研究人员先后对柑橘(*Citrus reticulata* Blanco)、薄荷(*Mentha haplocalyx* Briq.)、玉兰(*Magnolia denudata* Desr.)、核桃(*Juglans regia* L.)、黄秋葵[*Abelmoschus esculentus*(Linnaeus) Moench]和柚子[*Citrus maxima*(Burm) Merr.]等植物种子油的提取方法、化学组成,以及活性评价等进行了研究,为植物种子油的开发利用提供了思路和方法。与菘蓝同科不同属的油料植物——油菜是食用植物油的主要来源,而菘蓝种子油的产量、制备方法、化学组成等也同样值得探究。

9.1 药用植物种子油的研究

9.1.1 植物种子油的研究概况

9.1.1.1 种子油

种子油是由植物种子中所提炼出来的富含饱和脂肪酸、不饱和脂肪酸,以及脂肪酸酯的油类物质,包括食用油、工业用油等,被广泛应用于多个领域。随着我国改革开放和国民经济的迅速发展,进出口植物油脂的品种和数量都在逐年增加。

食用种子油是重要的副食品,主要用于烹饪,还可加工成液化植物油、氢化植物油和烘烤常用的起酥油等。工业用种子油的应用也很普遍,可加工成肥皂、油漆、油墨、橡胶、革制品、纺织品、蜡烛、润滑油、合成树脂、化妆品等。种子油与人类生活息息相关,其研究与开发利用值得关注和推进。

9.1.1.2 植物种子油的提取方法

植物种子油的提取方法丰富多样,常见的方法包括机械压榨法、索氏提取法、微波提取法、超声波提取法、超临界 CO_2 萃取法、室温浸提法、快速溶剂提取法等等。

(1) 室温浸提法

室温浸提法,是传统的萃取方法,主要是通过有机溶剂(如石油醚、丙酮、己烷、异丙醇、无水乙醇等),在室温条件下浸泡干燥的种子粉末,提取种子油。该法的提取效率较低,难以将全部的种子油都提取出来。此外,室温浸提法无须特殊抽提装置,操作简单,适合大批量操作,检测时间较短[684]。以40%正己烷+60%石油醚组合,用室温浸提法提取桂桑优12(广西主推桑树品种)的种子油,提取率为35.04%,种子油品质好[685]。以氯仿:甲醇(3:1)为提取溶剂浸提制备红松(Pinus koraiensis)的种子油,可用于测定不同生长阶段种子的出油率[686]。用室温浸提法提取种子油的效率因溶剂的种类不同而存在差别,分别用乙酸乙酯、石油醚、无水乙醇、丙酮和正己烷提取西兰花的种子油,结果显示,以正己烷为溶剂所得种子油的提取效率最高,油样色泽好、无异味[687]。

(2) 机械压榨法

机械压榨法是提取食用油最常用,也是最传统的方法,利用榨油机通过向油料施加机械外力,将油脂从原料中挤压出来,一般可分为冷、热两种压榨法。与有机溶剂萃取法相比,压榨法具有操作简单、适用范围广、生产安全性高等优点。例如,采用压榨法提取长柄扁桃(Amygdalus communis L.)种子油后对其进行理化性质、营养指标、卫生标准和毒性分析实验,发现此方法提取的扁桃种子油质量好,符合食用油的安全标准[688]。但是,压榨法的提取率低、损耗高、残油率高,一般饼粕残油量为6%~8%;油料的出油率较低,对原料的综合利用度不高,油料中的活性成分损失也较大。因此,机械压榨法更适用于含油量较高的油料植物,如花生(Arachis hypogaea L.)、菜籽、芝麻(Sesamum indicum L.)、核桃等,且在压榨前要对油料进行适当的处理,如破碎、蒸炒等处理方法来调节水分含量,以此提高出油率。工业中,用转筒烘炒机对植物种子进行适宜温度的热风烘炒,可生产浓香型食用植物油,由此制备的种子油品质高、风味好,还能保持天然植物油的营养成分和活性物质[689]。

(3)索氏提取法

索氏提取法又叫索氏抽提法、连续提取法,是利用虹吸原理和回流现象,从固体物质中萃取出油脂的一种经典方法,适用于萃取及测定固体物质中的粗脂肪,是提取粗脂肪类物质最为经典的一种方法,也是我国粮油分析的首选标准方法。目前,研究人员采用索氏抽提法对多种植物的种子油进行了提取,如大豆[*Glycine max*(Linn.) Merr.]、西瓜[*Citrullus lanatus*(Thunb.) Matsum.][690]、素心腊梅[*Chimonanthus praecox*(L.) Link][691]、大花紫玉盘(*Uvaria grandiflora* Roxb.)[692]、槭树(*Acer saccharum* Marsh)[693]、香榧(*Torreya grandis* Fort.)[694]、白木乌桕[*Sapium japonicum*(Sieb. et Zucc.)]、乌桕[*Sapium sebiferum*(L.) Roxb.][695]等。此法提取效率高,所得种子油品质好。与室温浸提法相比,索氏提取法对萃取溶剂的利用率大幅增加。利用索氏提取法对菘蓝种子油进行提取,萃取溶剂采用低沸点的石油醚,以80 ℃回流提取12 h。由此获得的菘蓝种子油得率高,耗时长,对操作空间的要求较高,一般来说并不是提取种子油的最佳提取方法。而用冷浸提法代替索氏提取法提取大豆种子油更节能环保,且能够极大地缩短提取时间和成本,对实验条件要求低,提取的种子油也符合国家安全标准[696]。

(4)微波提取法

微波提取法在植物原材料活性物质的提取和植物种子油的制备中广泛应用,其优势主要在于能够提供高的加热效率和较好的热均匀性,降低设备维护成本,实现安全的生产加工。利用微波处理植物种子,让微波能渗透至籽料中,在其内外产生较高温度差,导致内部压力升高,细胞结构被破坏,促使种子油及活性成分在短时间内加速渗出,显著提高种子油的提取效率和色泽品质。微波提取法具有设备成本低、操作简单、溶剂消耗少,提取效率高等优点,是植物种子油制备的常用方法。目前,该法已在多种农作物及药用植物的种子油提取中广泛应用,如蓖麻(*Ricinus communis* L.)[697]、水黄皮[*Pongamia pinnata*(L.) Pierre][698]、樱桃[*Cerasus pseudocerasus*(Lindl.) G. Don][699]、菥蓂[700]、辣木(*Moringa oleifera* Lam.)[701]等。

(5)超声波辅助提取法

超声波辅助提取法是在溶剂萃取法的基础上发展起来的一项萃取工艺,主要用于从植物中分离天然活性有效成分,该方法对植物多糖和油脂类物质的提取效率较高。它是利用超声波的空化作用、机械效应和热效应等增加细胞渗透性,破裂细胞壁,促进胞内物质的有效释放、扩散和溶解[702]。利用超声波的空化效应,使分子在液体界面的扩散加剧,促进细胞破碎及油脂渗出。此法不仅提取效率高,还具有简单、快捷、提取温度低、不破坏物质结构等优点,被广泛应用于油脂、黄酮类、色素、多糖、有机农药等的提取过程。此外,将超声波辅助提取法与传统的提取技术相结合,能够进一步提高提取效率。目前,研究者利用超声波辅助提取法获得了薪蒉[703]、白玉兰(Michelia alba DC.)、凹叶厚朴(Magnolia officinalis Rehder.)、深山含笑(Michelia maudiae Dunn)、醉香含笑(Michelia macclurei Dandy)、南五味子(Kadsura longipedunculata Finet et Gagnep.)[704]、桂花[Osmanthus fragrans(Thunb.) Lour.][705]、薄荷[706]、大戟科假奓包叶[Discocleidion rufescens (Franch.) Pax et Hoffm.][707]、刺梨(Rosa roxburghii Tratt.)和野生玫瑰果(Rosa L.)[708]等植物的种子油。

(6)超临界CO_2萃取法

超临界CO_2萃取法是近年来发展形成的一种先进的物理萃取技术。主要原理是将CO_2作为萃取溶剂,在超临界流体的环境下,被提取的物质在压力和温度的双重作用下改变溶解性,从而达到分离油脂的目的。在低温条件下利用CO_2来源丰富、无毒无害和良好的溶解性等优点,通过不断调整流体密度来提取植物中的油脂。该法克服了传统压榨法的产油率低、有机溶剂残留量高等问题,是一种绿色高效的提取方法。超临界CO_2萃取技术广泛应用于医药、环保、化学及食品行业,渗透于日常生活的衣食住行,与医疗化工行业也有着十分紧密的联系。目前,已经利用此法从厚朴、南五味子[709]、秋橄榄[(Canarium album(Lour.) Raeusch.][710]、白木香[711]、花椰菜[712]等植物中成功制备了种子油,经检测,发现所提取的种子油品质良好,符合食用或工业用油标准。

(7)快速溶剂提取法

快速溶剂萃取法是在一定的温度(50~200 ℃)和压力(1000~3000 psi 或10.3~20.6 MPa)条件下,利用溶剂对固体或半固体样品进行萃取的方法。使用常规的提取溶剂,利用增加温度和提高压力的方法来提高萃取效率,能大大加快萃取的速度并显著降低萃取溶剂的使用量。唐晓伟等用加速溶剂萃取仪提取了西瓜、西葫芦(Cucurbita pepo L.)、白菜、番茄、辣椒等5种蔬菜的种子油,并进行了GC - MS分析,发现5种蔬菜种子油的不饱和脂肪酸含量极高,相关研究结果为未来保健品的开发和生产更健康的食用油提供了基础[713]。

(8)生物酶提取法

生物酶提取法在植物油脂提取中的应用并不广泛,但在一些植物中的提取效果相对较好,如芝麻油的萃取过程。由于油脂与水在比重上有差异,在缓慢搅拌的过程中,油脂会漂浮在水的表面,从而达到油脂与水的分离;而生物酶可在油脂提取过程中发挥对植物种子结构的水解作用,破坏种子内部蛋白,从而使纤维结构松散。此后,利用有机溶剂法或分层法可以有效地提取油脂,并提高提取率。例如,可用酶辅助－有机萃取法提取黑加仑(Ribes nigrum L.)的种子油,而经纤维素酶处理的种子较未处理种子,其提取率提高了25%[714]。

综上所述,机械压榨法和索氏抽提法能够较好地保持种子油的品质,但提取时间长、提取效率低,除日常食用油的提取外,目前在其他行业中已较少应用。超声波提取法因具有操作简单、快捷高效、油脂提取效率高、品质佳等优点,而从众多提取方法中脱颖而出。超临界CO_2萃取法及微波提取法提取效率虽然高,但要求提供专用提取设备,且仪器成本昂贵,仅在基础研究方面应用较多。快速溶剂提取法具有提取速度快、效率高、安全,可同时利用多种溶剂萃取等优点,在一定程度上可取代索氏提取法、微波提取法等。赵影等对大豆脂肪酸进行室温提取法和索氏提取法的比较,结果表明:两种方法均能实现对大豆脂肪酸的提取,但室温浸提法能大大缩短提取时间、操作简单,且能够有效降低生产成本[715]。用微波提取法和超声提取法萃取木兰科4种植物(白玉兰、凹叶厚朴、深山含笑和醉香含笑)的种子油,结果发现:微波法提取率较高,可使种子的油脂细胞在高温条件下更易破裂,而产生更多的种子油[716]。分别以索氏提取法和超临界CO_2萃取法提取柚子的种子油,发现索氏提取法出油率虽高,但耗时长、有机溶剂残留多;而超临界CO_2提取法绿色环保,既无溶剂残留又能有效保持种子油的生物活性[717]。水酶法一般不需要使用有机溶剂,而是以机械和酶解为手段破坏植物的细胞壁,以获得种子油。以索氏提取法、超声提取法和水酶法分别提取续随子(Euphorbia lathyris L.)的种子油,索氏提取法得油率最高,超声提取法次之,水酶法最低[718]。而分别以超声提取法和索氏提取法提取刺梨、金樱子(Rosa laevigata Michx.)和红松的种子油,结果发现:超声提取法所获种子油的出油率低于索氏提取法,但索氏提取法获得的金樱子种子油的抗氧化活性最高[719],表明索氏提取法能够一定程度保护植物种子油的特性。柑橘种子油中所含有的VE和黄酮类物质是提升抗氧化能力的有效化学组分。研究人员利用机械压榨法、室温浸提法和超临界CO_2萃取法对柑橘种子油进行提取,结果发现:机械压榨法的出油率不高,且对油脂内的蛋白起到一定的破坏作用;室温提取法出油率较高,但其萃取溶剂可能会污染油脂,降低油脂品质;而超临界 CO_2 萃取法相对温和、出油率高、污染小,但需要专用设备且提取成本较高,并不适合工业化生产[720]。

9.1.1.3 植物种子油的鉴定分析研究

(1) 理化性质分析

植物种子油的理化性质可通过物理检测法和化学检测法进行分析,其理化性质的指标因检测方法不同而存在差别。一般而言,种子油的色泽、透明度、相对密度、折光指数、凝固点、熔点、黏度、比重、水分及挥发物的数值等属于物理检测法的考察指标;而酸值、碘值、皂化值、过氧化值及乙酰值等属于化学检测法的考察指标。其中,色泽、气味、状态、酸价、过氧化值、极性组分、溶剂残留量等是检测和评价油脂品质优劣的重要指标,也是我国食用油安全标准的重要参考因素。依据 GB2716-2018 规定:食用植物油应有光泽、无焦臭、酸败和其他异味,无正常视力可见的外来异物,食用植物油(包括调和油)的酸价不得超过 3 mg/g,过氧化值不得超过 0.25 g/100 g,溶剂残留量不得检出等[721]。对种子油进行理化性质的检测,可对种子油的质量和应用价值进行有效的评测。例如,利用国家标准方法分析测定木姜花(*Elsholtzia cypriani*)种子油的理化性质,结果表明:木姜花种子油的碘值和折光指数比一般油脂高,说明木姜花种子油为高度不饱和油脂,具有较高的应用价值[722]。

(2) 成分分析研究

一般而言,对于多组分的混合样品进行化学成分分析及含量测定的方法包括色谱法(包括气相色谱法和高效液相色谱法)、质谱法、红外线法等。对于成分复杂的油脂类物质的检测来说,通常需要利用两种及以上的方法来进行测定。气相色谱-质谱联用技术(GC-MS)是测定复杂混合物组分的有效方法,具有检测效率高、方便准确、鉴别能力强等优点,适用于分析易挥发或易衍生的混合物,广泛应用于食品、医药、生命科学等领域。利用 GC-MS 技术,可以检测分析植物种子油的组成成分及相对含量,包括饱和脂肪酸和不饱和脂肪酸的相对含量,各种脂肪酸的种类及占比等。此外,结合多种分析方法对准确检测混合样品中的成分组成和含量测定也具有重要意义,如徐洪宇等在对楸树(*Catalpa bungei* C. A. Mey)种子油的分析研究中,利用 GC-MS 联用法对楸树种子油中脂肪酸及植物甾醇的组成进行测定,利用 HPLC 法测定种子油中生育酚的含量,利用 HPLC-MS 联用法分析脱脂种粕中黄酮类成分的组成和含量[723]，相关研究结果为楸树种子资源的全面开发和利用提供了有效参考。

(3) 抗氧化活性及毒性分析

植物种子油中富含不饱和脂肪酸，不饱和脂肪酸的双键敏感且不稳定，在光照和温度等因素的作用下易氧化，使得植物种子油的过氧化值升高。值得注意的是，在食用植物油中，过氧化值过高不仅不利于储存、降低食用油的品质，还达不到国家食用油的标准，且有害健康。自由基与衰老、癌症及心脑血管疾病的发生具有密切关系，过量的超氧阴离子会损伤细胞 DNA，进而影响人体的生理机能。瞿晓晶等在提取构树 [*Broussonetia papyrifer* (L.) Vent.] 种子油后测定其对超氧阴离子和自由基的清除能力，结果表明：构树种子油对自由基的清除能力高达 93.56%，而对超氧阴离子无清除能力，相关研究结果为构树种子油的安全性评价和开发利用提供了依据[724]。此外，一些新型的、有待开发成为食用油的种子油还要进行毒性分析，达到国家相关标准要求后才有望投入市场。因此，在完成植物种子油的提取分离和鉴定后，一般还要进行抗氧化活性评价和毒性分析。一般来说，需要考察种子油对 DPPH·自由基、ABTS$^+$·自由基、羟自由基的清除能力，以及对铁离子还原能力进行检测与评价，以确定种子油的抗氧化活性。此外，国标 GB15193.3-2014 对于食用植物油的毒性分析进行了严格的规定，包括受试品的浓度、实验动物的选择、实验的基本操作等环节[725]。常用的毒性分析方法包括霍恩氏(Horn)法、寇氏(Korbor)法、对数图解法和最大耐受剂量法等。研究人员将一串红(*Salvia splendens*)种子油以不同剂量给小鼠灌胃后，观察小鼠的行为表现，发现无明显中毒症状及死亡现象；随后对处死动物进行大体解剖，观察肺、肝、胃、肠、肾脏等主要器官是否存在肉眼可见的异常改变，根据急性毒性分级标准，确保是否属于无毒级[726]。研究结果表明，一串红种子油没有毒性，可以作为营养保健的优良油源予以开发。

9.1.1.4 植物种子油的开发利用概况

目前，植物种子油主要用于生物柴油、保健油、缓蚀剂、囊泡、护肤品、肥皂、香皂、食用油等的开发利用。

(1) 生物柴油

植物种子油一方面可以作为食用油保障民生，另一方面在工业、护肤品行业及医药行业广泛应用。近年来，随着市场对石油资源需求量的增加及消耗速度的不断加快，能源危机也越来越受到重视。生物柴油是一种清洁环保的可再生能源,是一种缓解能源危机的有效策略。相比动物油脂,植物油中的不饱和脂肪酸含量更高,熔点和黏度更低,且与醇的互溶性高,更利于油脂的回收与提纯。因此,植物油脂也可以作为制备生物柴油的优质资源。然而,如果以传统食用油及油料植物为原料制备生物柴油可能会影响粮油安全,造成粮油资源的短缺。因此,探索非食用油脂资源制备生物柴油更加合理可行。研究表明,商陆(*Phytolacca acinosa* Roxb.)种子油中总不饱和脂肪酸、单不饱和脂肪酸较其他油料植物(棕榈油、大豆油和菜籽油)为高,且碳链长度在12~22区间,是制备生物柴油的理想来源[727]。

(2)保健油

多数常用食用植物油经氢化或高温油炸会产生对人体有害的成分,食用后可能诱发心脑血管疾病,常见食用植物油的健康及安全性也因此饱受争议,故开发更多的植物种子油作为保健油具有重要意义。药用植物由于其所具有的活性成分而广受重视,其种子油可能具有有益人体健康的有效成分而具有更好的开发应用价值。重阳木[*Bischofia polycarpa*(Levl.) Airy Shaw]作为药赏两用的生态树种,其种子油因饱和脂肪酸的含量较低,而人体必需的亚麻酸和亚油酸等不饱和脂肪酸含量较高而引起重视,是一种具有较好开发应用价值的营养保健油的植物材料来源[728]。

(3)缓蚀剂

缓蚀剂以适当的浓度和形式存在于环境(或介质)中,是一种可以起到防止或减缓腐蚀作用的物质,而咪唑啉类缓蚀剂属于一种新型的绿色缓蚀剂。以文冠果(*Xanthoceras sorbifolium* Bunge.)种子油为原料制备的咪唑啉类缓蚀剂,能有效抑制盐酸对N80钢片的腐蚀,具有健康、环保、低毒、缓释等优点,可以作为开发缓蚀剂的重要植物资源,应用前景广泛[729]。

(4)囊泡

囊泡(vesicle),是由闭合的双分子层所形成的球型或者椭球型的结构,具有单层和多层囊泡,因其所具有的特殊结构,可作为细胞膜的良好模拟体系而受到极大的关注。研究发现,在刺梨酒生产过程中会产生大量的刺梨渣,而刺梨渣中的种子油经提取和鉴定,发现其中含有亚油酸、亚麻酸等多种不饱和脂肪酸,经纯化后可用于混合脂肪酸囊泡的制备,而混合脂肪酸囊泡常用作抗癌药物阿糖胞苷的包埋剂。因此,对刺梨渣的利用可以变废为宝,极大地节约资源。进一步实验研究表明,混合脂肪酸包埋的阿糖胞苷在人工肠液中的释放率远小于游离阿糖胞苷,表明混合脂肪酸囊泡对所包埋药物具有较优的缓释作用[730]。

(5)护肤品

随着人们生活水平和健康意识的不断提升,人们对于护肤的要求逐渐趋于健康化、自然化。近年来,对于护肤品的研究也逐步转向低毒高效的中草药类护肤品的研发和应用领域。药用植物的种子油因含有较多脂肪酸及脂肪酸酯而被广泛应用于护肤品的研制。研究表明,刺梨中丰富的维生素 C,具有延缓衰老、抗辐射等作用。雪花膏是常见的护肤品,具有滋润、保护皮肤的作用。提取刺梨种子油,并将不同组分加入雪花膏中制成护肤品,可进一步提升雪花膏的抗氧化能力,具有美白、抗衰老等功效,由此可以有效提高品质,降低生产成本,具有良好的市场开发前景。

(6)肥皂、香皂

肥皂及香皂通常指高级脂肪酸或混合脂肪酸的碱性盐类,而油脂就是制造这种高级脂肪酸的绝佳原料。植物种子油富含油脂类物质,在工业中常用于制造洗涤类物质如香皂、肥皂等。例如,厚朴种子油含油量很高,且有极高的碘值和皂化值,生产中常用来制造肥皂、香皂等。此外,厚朴种子油还含有一定量的挥发油,也可用来制造香皂及香精等[731]。

(7)食用油

我国是食用油生产大国,以植物油为主,常见的植物油包括大豆油、菜籽油、花生油、芝麻油等;同时我国也是食用油的消费大国,对植物油需求量极大。目前,我国食用油的自给率明显不足,每年仍需大量进口,但缺口还在逐年增加。而植物油在高温下易产生一定的反式脂肪酸,会对人体健康造成不良影响,因此,开发更多产油原料就显得极为重要。一方面可以缓解原料短缺危机,另一方面也可以用于开发更多、更具营养价值、更安全的植物油产品。据报道,长柄扁桃种子油的理化特性和脂肪酸配比更优,且酸值、过氧化值、黄曲霉毒素的含量均符合食用植物油的卫生标准,因而有望开发为高品质新型食用植物油[732]。因此,研究人员可着力关注更多植物种子油的制备及品质特性研究,以筛选更多、更优的食用植物油产品,从而进一步提升相应植物资源的可持续开发利用程度。

9.1.2 药用植物种子油的研究与开发现状

9.1.2.1 药用植物种子油研究的意义

中药材是我国传统医药的根基,也是国家的战略性资源。药用植物因其所具有的卓越的临床疗效而备受关注,研究重点主要集中在药材有效成分的分离提取和鉴定、药理活性的研究、优良品种的筛选和培育、药材的规范化种植等方面。近年来,随着研究手段的不断提升和学科交叉的不断推进,药用植物的分子生物学研究、组学研究、次生代谢调控研究等也成为药用植物研究的主流。由于药用植物含有天然的活性成分,使得药用植物的种子油还具有开发成保健食用油的潜力。

近年来人们对健康问题的关注日益增加,而植物油则因其安全性问题而备受重视。植物油中不饱和脂肪酸的含量较高,性质不稳定,在高温煎炸过程中易发生异化反应而产生心脑血管疾病的元凶——"反式脂肪酸"。由于植物油自然状态下为液态,易于氧化、不稳定、不易储存,在生产中一般是将天然植物油先进行精炼或氢化,制成乳化性、可塑性和稳定性更强的液化植物油或氢化植物油来予以使用[733]。而植物油的液化或氢化过程中往往会发生热聚合反应,可能产生一定量的反式脂肪酸,而人体无法消化和利用反式脂肪酸;且反式脂肪酸会进一步影响人体内的营养物质、胆固醇及信号分子的识别和代谢,诱发动脉硬化、增加心脑血管疾病的风险[734]。

因此,可以深入探究药用植物种子油在医药、食品、保健、工业等领域中应用的可能性,进一步推进药用植物资源的可持续利用,促进药用植物种子油的有效开发,将药用植物种子油的应用逐渐推向更广阔、更高效、更健康的平台,以使药用植物种子油更好地为人类生活和健康服务。

9.1.2.2 药用植物种子油的研究开发概况

目前,已有较多关于药用植物种子油的开发研究报道,涉及一些常用、大宗、珍稀濒危药用植物资源。花椒(*Zanthoxylum bungeanum* Maxim.)在我国栽培历史悠久,种植范围广泛,资源丰富[735]。其干燥成熟果皮常用做调料与药材。花椒种子又名椒目,是生产花椒果皮时的主要副产物。除少量花椒种子被用于中医临床治疗痰饮喘逆、水肿胀满等症外,大多数花椒种子往往被废弃,这对于花椒资源而言无疑是一种浪费。研究表明,花椒种子油中含有大量的游离脂肪酸,不适于食用,但具有生产生物柴油的潜在价值,且随着提取工艺的不断优化,花椒种子油还可以被有效地应用于工业用油的制备[736]。垂序商陆(*Phytolacca americana* L.)是商陆药材的一种,具有商陆皂苷、叶片皂苷、浆果红色素等活性成分[737]。曾被作为观赏植物引入,2016年被列为外来入侵物种名单,一定程度上导致了环境治理的难题。垂序商陆的结籽量大,虽非传统食用油的理想原料,但其成分适于制备生物柴油。

因此,通过垂序商陆种子油的制备一方面可以缓解能源问题,另一方面也可以部分缓解该物种入侵所致的环境治理问题。

此外,研究还发现一些药用植物种子油中不饱和脂肪酸含量较高,具有良好的开发利用价值。以紫苏[Perilla frutescens(L.) Britt.]为例,其种子油中 α-亚麻酸的含量高达60%以上,可转化为二十二碳六烯酸(DHA)和二十碳五烯酸(EPA),这两种成分人体自身不能合成,是大脑和神经活动所必需的脂肪酸[738-739];此外,紫苏种子油在保护细胞膜[740]、调节糖代谢[741]、调控血清脂质浓度[742]等方面具有重要的生理活性。因此,有必要对紫苏种子油开展较为深入的开发利用研究。

当然,有关药用植物种子油的开发利用研究仍在持续开展,所涉及的植物种类丰富,使得人们对药用植物的认识不断拓展,也为植物种子油的开发利用提供了更加丰富的资源。

9.2 菘蓝种子油的研究

迄今为止,有关菘蓝种子油的研究鲜见报道。课题组围绕菘蓝种子油的提取分离技术的优化及机理研究、脂肪酸组分的鉴定等开展了较为系统和全面的工作,相关研究结果为菘蓝种子油的开发利用提供了基础研究数据,有助于菘蓝资源的可持续开发利用,为菘蓝种子油开发为保健食用油提供了思路,具有良好的应用前景[743]。

9.2.1 菘蓝种子油的提取及工艺优化

目前已报道的菘蓝种子油的提取方法有超声波提取法、室温浸提法、索氏提取法,以及超微粉碎提取法等。超声波的应用对固液提取系统的影响较为复杂,课题组利用响应面法(RSM)综合考虑了溶剂与样品比例、粒径、提取温度和提取时间等因素对种子油提取效率的影响,并进一步优化了超声波辅助提取工艺的详细参数[744](图9-1)。此外,索氏提取法提取菘蓝种子油的得率最高,而超声提取法和室温浸提法的得率略低,但超声提取法的时间极大缩短。经鉴定,三种提取方法对菘蓝种子油脂肪酸组成的影响差别并不明显。综合分析,超声提取法大大缩短了提取时间,提取效率也较高,是一种在短时间内高效制备菘蓝种子油的理想方法。

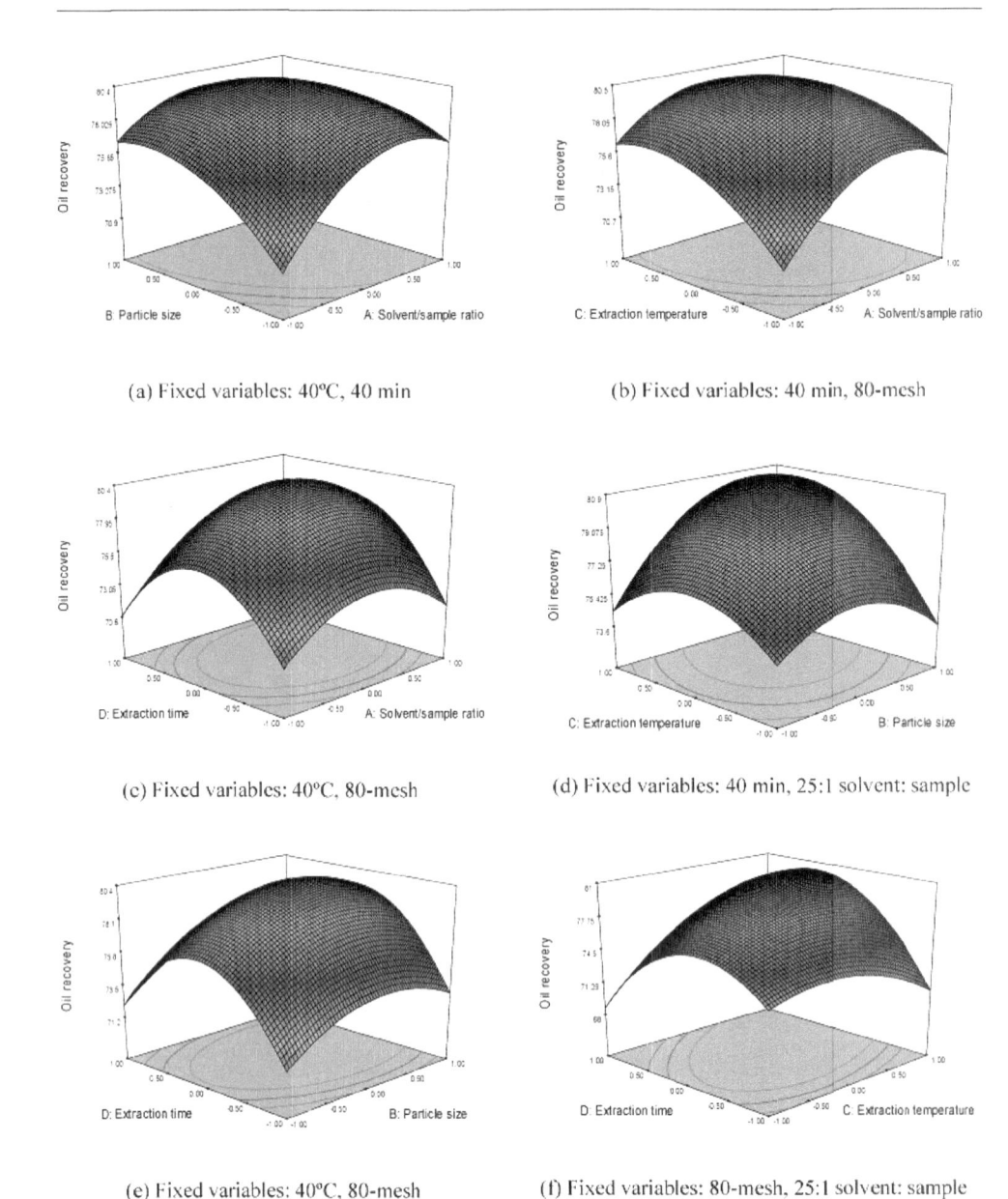

(a) Fixed variables: 40°C, 40 min

(b) Fixed variables: 40 min, 80-mesh

(c) Fixed variables: 40°C, 80-mesh

(d) Fixed variables: 40 min, 25:1 solvent: sample

(e) Fixed variables: 40°C, 80-mesh

(f) Fixed variables: 80-mesh, 25:1 solvent: sample

图 9-1　RSM 法优化菘蓝种子油的提取工艺

此外,超微粉碎提取法是基于传统机械粉碎的不足发展而来。菘蓝种子油分布于细胞内部,而粉碎方法是否破坏细胞壁是影响出油率的重要因素。传统提取方法局限于机械技术而提取效率较低,随着工业技术的快速发展,超微粉碎法目前可将中药材从传统粉碎工艺的中心粒径150~200目的粉末（75 μm以上）提高到中心粒径5~10 μm以内，可将细胞破壁率提高到95%以上，从而使得有效成分高效地溶出和释放[745]。因此，超微粉碎提取法是目前较为可靠的新型中药材加工提取方法，可大大提高植物种子油的提取效率。因此，可较好地应用于菘蓝种子油的提取过程。由于不同方法各有优势，在对菘蓝种子油的综合开发利用时，可以充分分析不同提取方法的优缺点，择优选择适宜的提取方法用于其种子油的制备过程。

9.2.2 菘蓝种子油的鉴定

课题组采用索氏提取法，并结合 GC – MS 技术对菘蓝种子油的脂肪酸组成与含量进行了分析。研究结果表明，菘蓝种子油品质较好，其饱和脂肪酸含量较低，主要包括：棕榈酸（$C_{16}H_{32}O_2$）、硬脂酸（$C_{18}H_{36}O_2$）和山萮酸（$C_{22}H_{44}O_2$）等；而不饱和脂肪酸含量丰富，主要包括：(Z) – 9 – 十六烯酸（$C_{24}H_{46}O_2$）、亚油酸（$C_{18}H_{32}O_2$）、油酸（$C_{18}H_{34}O_2$）、亚麻酸（$C_{18}H_{30}O_2$）、11 – 二十烯酸（$C_{20}H_{38}O_2$）、花生烯酸（$C_{20}H_{32}O_2$）、芥酸（$C_{22}H_{42}O_2$）和鲨油酸（$C_{24}H_{46}O_2$）等。其中，亚麻酸占比最高（24.72%），亚油酸、油酸、亚麻酸、11 – 二十烯酸和芥酸等五种脂肪酸约占所有脂肪酸的90%。此外，比较了室温浸提法、超声提取法、索氏提取法三种方法提取的菘蓝种子油的组成，相关分析结果总体上与牟茂森等的研究结果相一致，但是新增了肉豆蔻酸甲酯与棕榈油酸甲酯，而未鉴定出(Z) – 9 – 十六烯酸甲酯[743]。总体而言，菘蓝种子油中不饱和脂肪酸的含量占总量的90%以上，比常见的花生油、大豆油、玉米油等植物种子油中的不饱和脂肪酸含量更高。同时，菘蓝种子油所含酸和过氧化物含量较低，皂化发生率在食用油允许范围内。因此，菘蓝种子油是否可以开发成食用油值得进一步探究[746]。

表9 – 1 菘蓝种子油的脂肪酸组成

化合物	分子式	分子量	相对含量（%）	符合度（%）
(Z) – 9 – 十六烯酸甲酯 9 – Hexadecenoic acid, methyl ester (Z) –	$C_{17}H_{32}O_2$	268	0.2	80
棕榈酸甲酯 Hexadecanoic acid, methyl ester	$C_{17}H_{34}O_2$	270	4.22	96
亚油酸甲酯 9,12 – Octadecadienoic acid (Z,Z) – , methyl ester	$C_{19}H_{34}O_2$	294	10.76	95

续表

化合物	分子式	分子量	相对含量(%)	符合度(%)
（E）- 油酸甲酯 9 - Octadecadienoic acid, methyl ester	$C_{19}H_{36}O_2$	296	19.11	88
α - 亚麻酸甲酯 All - cis - 9,12,15 - Octadecadienoic acid, methyl ester, (Z,Z,Z)	$C_{19}H_{32}O_2$	292	24.72	95
硬脂酸甲酯 Octadecadienoic acid, methyl ester	$C_{19}H_{38}O_2$	298	1.3	94
11 - 二十烯酸甲酯 11 - Eicosenoic acid, methyl ester	$C_{21}H_{40}O_2$	324	10.72	94
花生酸甲酯 Eicosenoic acid, methyl ester	$C_{21}H_{42}O_2$	326	1.05	89
芥酸甲酯 13 - Docosanoic acid, methyl ester(Z) -	$C_{23}H_{44}O_2$	352	23.9	93
山嵛酸甲酯 Docosanoic acid methyl ester	$C_{23}H_{46}O_2$	354	0.43	85
鲨油酸甲酯 15 - Tetracosenoic acid, methyl ester	$C_{25}H_{48}O_2$	380	1.83	87

9.2.3 菘蓝种子油的提取机理探究

超声提取菘蓝种子油主要是应用了超声波的空化作用、机械效应和热效应，加速种子细胞内有效物质的释放、扩散和溶解，从而显著提高了种子油的提取效率。超声提取过程十分复杂，其提取效率取决于温度、时间、超声波频率、溶剂类型、固液比等较多因素。此外，课题组对菘蓝种子油的超声提取机理进行了初步探究，采用RSM法研究了料液比、种子粉末粒径、提取温度和提取时间等4个变量对菘蓝种子油提取效率的影响，并进一步优化出了菘蓝种子油超声提取的最佳提取工艺条件为：液料比为24:1，粒径为110目，提取温度49 ℃，提取时间44 min。在此优化条件下，菘蓝种子油的最大出油率约为 81.20%，此法具有提取效率高、质量好、耗时短、易操作等特征，可作为菘蓝种子油提取的理想方法。对经超声提取的种子粉末进行观察发现，超声提取能够导致种子表面呈现一些小洞和裂缝等可见的结构变化，使得细胞内溶物有所释放（图 9－2），而索氏提取法提取的种子粉末表面则相对完整[744]。由此说明，超声提取法会破坏种子的组织结构，导致细胞壁破裂，以此增强传质效应，使得细胞内溶物充分释放，从而有效提高种子油的提取效率。

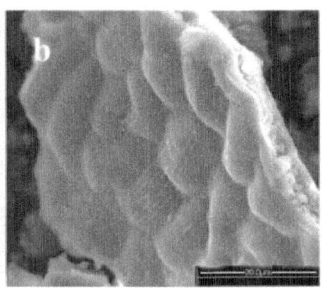

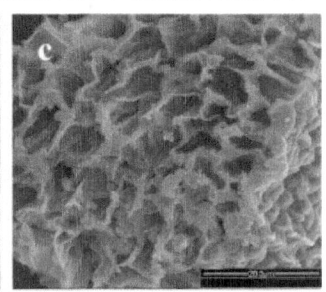

a—未提取种子粉末；b—索氏提取法；c—超声提取法。
图 9－2　菘蓝种子油的提取机理探究

9.3　本章小结

随着生活水平的提高，人们对于健康问题格外关注。无论是食品、医药，还是护肤品行业，都逐渐走向绿色、健康、环保。种子油是植物种子中所提炼出来的富含饱和脂肪酸、不饱和脂肪酸以及脂肪酸酯的油类物质。植物种子油的开发和利用主要涉及医药、保健、食品、工业、护肤品、制造业等多个领域，可以将植物种子油制成生物柴油、食用油、保健油、化妆品、肥皂香皂和药物囊泡等。药用植物种子油因其特有的化学成分和作用也开始引起研究人员的重视。本章主要对植物种子油的基本概念、特性、分离提取方法及研究现状进行了简单概述。重点对菘蓝种子油的研究现状进行了阐述，包括菘蓝种子油的基本特性、提取分离方法的选择及工艺优化、提取原理的初步探究等。相关研究结果为菘蓝种子油的开发利用提供了基础研究数据，有助于进一步提升菘蓝资源的可持续开发利用水平，具有潜在的应用前景。

第 10 章　总结与展望

自然界中的十字花科植物约有 375 属,3200 余种,广布世界各地;中国约有 96 属,411 余种。菘蓝是十字花科的常见、大宗药材板蓝根、大青叶和青黛的源植物,具有清热解毒、凉血消斑、利咽止痛的功效,临床上常见板蓝根颗粒、大青叶片、复方青黛胶囊等成药,具有良好的市场应用前景。中药材生产过程中强调"药材好,药才好",药材品质决定了临床应用效果,也决定了生产企业的经济效益。一方面,植物种类及生产特性极大地影响了药材品质;另一方面植物的次生代谢调控也会一定程度影响药材的品质。因此,药用植物的次生代谢调控研究始终是药用植物基础研究的重点,也是药材新品种培育的新思路和新方向。

10.1　菘蓝是十字花科植物的典型代表

十字花科植物类型丰富、数目繁多,含有一年、两年或多年生植物,分布范围广泛、功能较多,包括了经济作物、观赏植物、药用植物和蜜源植物等类型和品种。经济作物主要包括芥属的芥菜,是普通民众餐桌上十分常见、营养价值丰富的蔬菜,具有和脾、利水、止血、明目的功效;独荇菜属的独行菜,嫩叶可做蔬菜,也可药用,具有利尿、止咳、化痰的功效;菥蓂属的菥蓂,其种子油可用来制作肥皂,制备润滑油,也可食用,全草可药用,具清热解毒、消肿排脓之功效。观赏植物主要包括桂竹香属的桂竹香(*Cheiranthus cheiri* L.),其花的形状与紫罗兰[*Matthiola incana*(L.) R. Br.]类似,常见橙黄和黄褐色,香气浓,喜阳、耐寒,是春季庭院中栽培较为普遍的一种草花,可做切花用;紫罗兰属的紫罗兰,可于庭院或温室中栽种,花瓣紫红、淡红或白色,香气浓郁,花期长,喜冷凉,忌燥热,具清热解毒,美白祛斑等功效,对支气管炎也有调理效果;诸葛菜属的诸葛菜(*Orychophragmus violaceus*),花紫色、浅红色或白色,适应性、耐寒性强,少有病虫害,是理想的园林阴处或林下地被植物,也可用作花径栽培,富含胡萝卜素、维生素等,种子含油量达50%以上,是很好的油料作物。药用植物主要包括了菘蓝属的菘蓝,全国各地均有栽培,具清热解毒、凉血消斑、利咽止痛之功效,也是产蓝类植物的重要来源,可提取色素;种子可榨油,供工业用;蔊菜属的蔊菜[*Rorippa montana*(Wall.) Small],既可食用,也可药用,具清热解毒,镇咳,利尿等功效;糖芥属的糖芥[*Erysimum bungei*(Kitag.) Kitag.],全草或种子入药,性寒,味甘涩,具有健脾和胃,利尿强心之功效。此外,十字花科芸薹属的植物油菜是产量高且稳定的蜜源植物,其一个花期的最高产蜜量可达40~50 kg。同时,油菜也是人们日常生活中十分常见的蔬菜品种,价廉质高,深受人们喜爱。

由此可见,十字花科植物的类型十分丰富,涵盖了从经济作物、观赏植物、药用植物,以及蜜源植物等众多类型,与人类的日常生活息息相关。而十字花科的药用植物中,尤以菘蓝为源植物的板蓝根、大青叶和青黛更为常见,属大宗和常用的药材品种。相对于蔊菜属和糖芥属的药用植物而言,板蓝根、大青叶和青黛的应用范围更为广泛,研究成果积累较多,相应的药品开发和使用也更为成熟。板蓝根颗粒在我国是家庭抗病毒、防治感冒等的常备药。此外,菘蓝有效成分种类丰富,关于其有效成分分离提取的研究工作报道甚众;基于其活性组分的药理研究也是层出不穷;近些年,随着大数据分析手段的不断成熟,菘蓝的分子生物学研究也日新月异,一定程度上推进了菘蓝次生代谢调控的研究水平。相较于十字花科的其他药用植物而言,无论是从药材产量、需求量、还是对于源植物的关注度方面,菘蓝都是该科药用植物的典型代表,同时,又由于菘蓝与模式植物拟南芥同属一科,亲缘关系上的优势,也使得人们对菘蓝的关注度更高,同时拟南芥的相关研究成果也可以为菘蓝的次生代谢研究提供有利的参考和借鉴。

10.2 菘蓝具有十分重要的研究和应用价值

菘蓝的研究和应用价值十分广泛。菘蓝与十字花科部分植物在外观形态、生长特性方面具有较多相似之处。如菘蓝的花期与同科的油菜几乎一致,每年在油菜花开的季节,菘蓝花海也是一道别样的风景。同时,菘蓝的花蜜是否也可进行有效的采集加工值得进行探索,考虑到菘蓝所具有的药用价值,菘蓝的花蜜在保健价值方面是否具有更为突出的优势,相关研究工作需要进一步的探索,以利对菘蓝资源进行深度的开发和利用。

菘蓝所包含的活性成分众多,从药用植物研究角度进一步鉴别其活性成分种类、含量和分布情况,对于深入挖掘菘蓝的药用价值具有十分重要的意义,这也是药用植物研究的经典工作;此外,分离提取及纯化技术的优化与提升对于菘蓝活性成分的鉴别与分析具有重要的推动作用,而对于菘蓝化学本质的揭示也依然是科研人员始终需要不断坚持和努力的研究方向。

菘蓝的药理作用研究成果丰硕,其在抗病毒、抗内毒素、抗菌、抗肿瘤,调节机体免疫作用等方面都具有十分突出的作用。在全球新冠肺炎肆虐的大环境下,我国在临床治疗和预防新冠肺炎的实践中,充分发挥国粹中医药的优势,有效地将包括板蓝根在内的有针对性的中药配方应用于临床,极大地降低了患者死亡率、提升了预防疗效,也让世界对中国在新冠肺炎疫情防控方面发挥的重要作用刮目相看。

在欧洲的一些发达国家,菘蓝的主要应用在于作为提取色素的源植物,靛蓝、靛玉红等色素成分在食品、轻工业等领域的应用十分广泛,需求量也相对较大,尽管目前靛蓝类成分的化学合成技术已经十分成熟,但化学合成染料和生物合成的天然染料之间在色泽上仍然存在着显而易见的差别,尤其是对于一些艺术品的着色而言,天然色素的优势不言而喻。因此,探明靛蓝类色素物质的合成积累规律,有效调控目标产物的生产,未来也是菘蓝等产蓝类植物在次生代谢调控方面研究的重点,随着色素物质合成积累规律的不断明晰,也有望在培育蓝色等珍稀色泽花卉植物的研究领域中取得令人欣喜的研究成果。

作为药用植物,研究菘蓝主要活性物质的合成积累规律,分析参与活性物质合成积累过程中关键酶的功能,并进一步探究编码酶基因及转录因子的功能,进而利用现代生物技术手段培育次生代谢产物含量升高的菘蓝新品种具有十分重要的研究前景。作为产蓝植物的典型代表,同样可以依据相应研究策略提高靛蓝类物质的产量,从而提高其经济利用价值。

此外,菘蓝作为十字花科植物,与油菜等蔬菜一样也具有很高的食用价值,可以作为蔬菜鲜食或烹饪,同时,其种子油也因含有较多不饱和脂肪酸而备受关注,具有较为明显的开发应用价值。

10.3 菘蓝的遗传背景需要进一步明晰

近年来,随着高通量测序技术的不断提升和完善,基因组、转录组、蛋白质组、代谢组、表型组等一些组学技术逐渐被建立并被应用到基础研究和实际应用领域。基因组测序技术能够较为全面地揭示生物的遗传背景,结合转录组测序、蛋白质组技术等,有助于了解生物的表型和基因型之间的对应关系,对于深入探究基因功能,并借助于基因工程手段改良生物品质,提高活性产物含量,培育新品种,等等,具有十分重要的指导意义。

目前,已有几家科研机构对菘蓝的基因组进行了测序研究,最早的菘蓝基因组测序工作始于对欧洲菘蓝的基因组测序工作,其后分别有南京农业大学、陕西师范大学的菘蓝基因组测序工作相继公布,相关工作的有序开展也为进一步揭开菘蓝神秘的遗传面纱奠定了基础。作为十字花科药用植物的典型代表,菘蓝的生长周期相对较短,具有与拟南芥较近的亲缘关系,目前已有较多活性成分的分离鉴定工作被报道,结合已有的基因组、转录组测序结果,可以进一步追踪参与菘蓝重要活性成分合成积累过程的关键酶基因和调控因子,相关研究结果对于进一步明晰菘蓝的遗传背景具有十分重要的推动作用,同时也支持菘蓝生长发育、系统进化等其他基础研究工作,在此基础上,可进一步结合现代生物技术手段对相关基因的功能进行验证,为菘蓝的品质提升、良种培育等工作提供有效的参考和借鉴。

10.4 菘蓝的次生代谢调控研究任重道远

菘蓝作为我国传统、大宗、道地药材的源植物,其药材的使用历史悠久,在抗病毒、抗内毒素、抗菌、抗肿瘤、免疫调节等多个领域都具有十分重要的作用。其药理作用的化学物质基础涉及的化合物种类较多,目前菘蓝的次生代谢调控研究关注的重点主要集中在靛蓝类物质、木脂素类成分、芥子油苷成分等活性成分的合成积累规律及参与相应次生代谢调控过程的基因资源的挖掘和功能探究,但由于菘蓝的分子生物学研究起步较晚,相关的研究成果积累相对不足,与药用模式植物丹参的研究工作比较而言,仍有较大的差距。因此,有关菘蓝次生代谢调控的研究还需着力开展和推进。

阐明菘蓝活性成分的代谢调控机理具有十分重要的理论和实际应用价值。作为药用植物分子生物学研究的主要工作,有必要对菘蓝的次生代谢调控机理进行全面和深入的探究,目前已报道的靛蓝类物质、木脂素类成分、芥子油苷成分等活性物质的次生代谢调控研究工作主要是活性成分的合成积累规律研究,并进一步利用正向遗传学和各种组学技术对调控相关活性成分的基因资源进行挖掘和鉴定,并验证其功能,相关研究工作有助于拓展菘蓝分子生物学的研究领域,明确菘蓝活性物质的分子调控机理,为菘蓝的品质改良和新品种培育奠定良好的研究基础。

10.5 菘蓝的新品种培育和种质创新研究亟待加强

随着菘蓝分子生物学研究工作的不断深入和推进,迫切需要进一步推动和提升菘蓝的新品种培育和种质创新研究工作。不可否认,传统的品种选育和培育工作仍然是菘蓝新品种培育和种质创新工作的源动力,然而现代生物技术与育种工作的有效结合也是新品种培育和种质创新的必由之路。以活性成分获取为目标的新品种培育与传统中医药的思路并不冲突,利用现代生物技术手段,可以将提升菘蓝品质的功能基因导入到植物体内,使得植物生产次生代谢产物的能力显著提高,从而高效获得活性成分,用于药材相关产品的生产、开发和利用。此外,通过分子育种手段培育得到的菘蓝新品种也可作为杂交育种的亲本来源,为开展菘蓝的新品种培育提供更为广阔的材料来源,更加丰富菘蓝的种质资源,以最终实现菘蓝资源的可持续开发利用。

参考文献

[1] 乔传卓,崔熙.菘蓝和欧洲菘蓝的鉴别研究[J].第二军医大学学报,1984,22(3):237-242.

[2] 中国科学院中国植物志编辑委员会.中国植物志[M].北京:科学出版社,1993.

[3] 叶青.菘蓝生物学特性的研究[D].杨陵:西北农林科技大学,2006.

[4] 张金霞,陈垣,郭凤霞,等.二倍体菘蓝开花习性及传粉特性研究[J].草业学报,2019,28(6):157-166.

[5] 韩文静,万河妨,付晓东,等.菘蓝种质资源和品种选育研究进展[J/OL].分子植物育种:1-14[2022-12-01].http://kns.cnki.net/kcms/detail/46.1068.S.20210629.1138.006.html.

[6] 王茜,黄勇,李斌,等.不同菘蓝种质主要表型性状对品质和产量的影响[J].河南农业科学,2020,49(7):44-52.

[7] 叶青,董娟娥,李小平,等.菘蓝种子中营养物质积累过程及不同采收期种子的活力差异[J].西北农林科技大学学报(自然科学版),2006,34(4):69-72.

[8] 冯娇,吴启南.菘蓝种子萌芽习性初步研究[J].中华中医药学刊,2008,26(3):576-577.

[9] 贺永斌,王宏霞.全生育期水分胁迫对菘蓝形态特征和生理特性的影响[J].中兽医医药杂志,2020,39(4):23-28.

[10] 唐晓清,肖云华,赵雪玲,等.不同氮素形态及其比例对菘蓝生物学特性的影响[J].植物营养与肥料学报,2014,20(1):129-138.

[11] 朱凤羽,陈亚洲,阎秀峰.植物芥子油苷代谢与硫营养[J].植物生理学报,2007,43(6):1189-1194.

[12] 缪雨静,关佳莉,曹艺雯,等.硫素形态对苗期菘蓝生长生理特性及次生代谢的影响[J].草业学报,2019,28(3):101-110.

[13] 杨福红,赵鑫,王盼,等.菘蓝种质资源评价[J].中成药,2022,44(5):1515-1521.

[14] 刘盛,谢华,乔传卓.板蓝根药材道地性初步研究总结[J].中药材,2001,24(5):319-321.

[15] 赵文龙,晋玲,王惠珍,等.板蓝根药材品质区划研究[J].中国中药杂志,2017,42(22):4414-4418.

[16] 刘怀德,冯京华,张忠鹏.菘蓝特性及栽培措施的研究[J].生物学通报,1995,30(6):45-47.

[17] 陈宇航,闫相伟,郭巧生,等.播种期对板蓝根形态学特征、产量及质量的影响[J].中国中药杂志,2009,34(21):2709-2712.

[18] 黄豆豆.菘蓝属植物的化学表征及菘蓝化学演化研究[D].上海:中国人民解放军海军军医大学,2020.

[19] 叶青,梁宗锁,董娟娥.不同播期菘蓝的生长及结籽差异性研究[J].中草药,2006,37(7):1089-1092.

[20] 牟玉杰,王春艳.菘蓝的栽培采收和加工[J].林业实用技术,2003,3:34.

[21] 黄柏麟,魏绍忠,饶月辉.菘蓝早花现象的控制及菌核病的防治[J].农业科技通讯,1995,5:12.

[22] 李娟.菜粉蝶的生态习性及防治措施[J].农村实用科技信息,2007,4:30.

[23] 李敬,宋东平.菘蓝栽培与常见病虫害防治[J].特种经济动植物,2009,12(4):39.

[24] 孙瑞红,姜莉莉,武海斌,等.国桃蚜防治药剂及抗药性发展[J].2020,59(1):1-5.

[25] 张瑞贤.中药材的一部"法典":《药用动植物种养加工技术》介绍[J].北方牧业,2003,1:23.

[26] 曾海东,万来邦.菘蓝加工青黛方法[J].江苏药学与临床研究,2000,3:36.

[27] 周富荣.《中华人民共和国药典》2000年版一部评价[J].中国中药杂志,2000,7:57-60.

[28] 王寒迎.基于深度学习的中药材鉴别方法研究[D].桂林:桂林电子科技大学,2019.

[29] 沈蕴青,杨卫贤,张永萍.层析法比较板蓝根药材及其制剂的质量[J].中国药学杂志,1984,10:25-26.

[30] 郑国成,周永妍,张岩岩,等.对2015年版《中国药典》(一部)板蓝根鉴别方法的改进[J].中国药房,2019,30(5):657-660.

[31] 范丽芳,张兰桐,袁志芳,等.HPLC法测定板蓝根药材中靛蓝和靛玉红的含量[J].药物分析杂志,2008,28(4):540-543.

[32] 鄢丹,任永申,骆骄阳,等.中药质量生物测定的思考与实践:以板蓝根为例[J].中国中药杂志,2010,35(19):2637-2640.

[33] 中华中医药学会.中药材商品规格等级[S].北京:中国中医药出版社,2018.

[34] 米永伟,王国祥,龚成文,等.盐胁迫对菘蓝幼苗生长和抗性生理的影响[J].草业学报,2018,155(6):43-51.

[35] 唐晓清,杨月,吕婷婷,等.夏播菘蓝不同居群干物质和活性成分积累特征[J].西北植物学报,2014,34(3):565-571.

[36] 肖培根,杨世林.药用动植物种养加工技术[M].北京:中国中医药出版社,2000.

[37] 袁婧.一种治疗慢性咽炎的中药方:中国 A61K36/8968(20060101)[P],2015-8-19.

[38] KANG L,DU X,ZHOU Y,et al. Development of a complete set of monosomic alien addition lines between *Brassica napus* and *Isatis indigotica*[J]. Plant Cell Report,2014,33(8):1355-1364.

[39] 杨汉,康雷,李鹏飞,等.甘蓝型油菜-菘蓝二体附加系的创制和细胞学分析[J].中国油料作物学报,2016,38(3):281-286.

[40] 康雷,李鹏飞,王爱凡,等.利用菘蓝创建抗病毒油菜及新的雄性不育恢复系统[J].中国油料作物学报,2018,40(5):674-678.

[41] 杨健,袁媛,唐金富,等.蓝菜1号特征特性及标准化栽培技术[J].中国现代中药,2016,18(8):1006-1008.

[42] 孙建.甘蓝型油菜与菘蓝族间杂种的分子及细胞遗传学研究[D].武汉:华中农业大学,2006.

[43] 崔成,李浩杰,张锦芳,等.菘油2号选育及油蔬两用价值初探[J].中国油料作物学报:2022,44(5):973-980.

[44] 郑本川,李浩杰,张锦芳,等.采摘次数对油蔬两用甘蓝型油菜菜薹和菜籽品质及产量的影响[J].中国农学通报,2022,38(22):1-7.

[45] 崔明昆,赵文娟,孙敏,等.布依族染色植物资源的民族植物学研究——以云南罗平县多依村调查为例[J].云南师范大学学报(自然科学版),2011,31(4):21-25.

[46] 左丽,李建北,徐景,等.板蓝根的化学成分研究[J].中国中药杂志,2007,32(8):688-691.

[47] LIU Y H,WU X Y,FANG J G,et al. Studies on chemical constituents from Radix Isatidis[J]. Herald of Medicine,2003,22(9):591-594.

[48] 杨立国,王琪,苏都那布其,等.菘蓝属植物化学成分及药理作用研究进展[J].中国现代应用药学,2021,38(16):2039-2048.

[49] 罗晓铮,代丽萍,刘孟奇,等.菘蓝叶和根的解剖及生物碱的组织化学定位研究[J].河南农业科学,2016,45(10):119-122.

[50] 王艳,刘玉明,杨明,等.靛蓝与靛玉红的量子化学研究[J].四川大学学报(自然科学版),2004,41(1):143-147.

[51] 许桢灿,林绍乐.中药板蓝根抑菌作用评价[J].中成药研究,1987,12:9-11.

[52] 国家药典委员会.中华人民共和国药典(一部)[S].北京:中国医药科技出版社,2020.

[53] 潘淑琴.菘蓝中靛蓝与靛玉红代谢积累规律的研究[D].西安:陕西师范大学,2015.

[54] 方淑贤,刘云海,谢委.板蓝根有机酸等中药成分抗内毒素研究现状[J].中国药房,2003,11:51-53.

[55] BIN L I,CHEN W S,YANG G J,et al. Organic acids of tetraploidy *Isatis indigotica*[J]. Academic Journal of Second Military Medical University,2000,21(3):207-208.

[56] 刘云海,秦国伟,方建国,等.板蓝根抗内毒素活性化学成分的筛选[J].医药导报,

2002,21(2):74-75.
[57] 徐丽华,黄芳,陈婷,等.板蓝根中的抗病毒活性成分[J].中国天然药物,2005,3(6):2.
[58] 黄芳,熊雅婷,徐丽华,等.板蓝根不同提取物中抗病毒成分表告依春在大鼠体内的药代动力学[J].中国药科大学学报,2006,37(6):519-522.
[59] 刘倩倩,王康才,罗春红,等.不同品种类型菘蓝根中表告依春累积规律研究[J].中药材,2013,36(2):199-201.
[60] 许春萱,宋力,马稳.原子吸收光谱法测定板蓝根中微量元素[J].信阳师范学院学报(自然科学版),2001,14(4):420-421.
[61] 孙彦君,王雪,陈辉,等.四氢呋喃型木脂素类化合物研究进展[J].中草药,2013,44(21):3067-3079.
[62] MENG L,GUO Q,LIU Y,et al. 8,4′-Oxyneolignane glucosides from an aqueous extract of "ban lan gen" (*Isatis indigotica* root) and their absolute configurations[J]. Acta Pharmaceutica Sinica B, 2017,7(6):638-646.
[63] YING X A,JING X F,QING L,et al. IiWRKY34 positively regulates yield,lignan biosynthesis and stress tolerance in *Isatis indigotica*[J]. Acta Pharmaceutica Sinica B, 2020, 10(12):2417-2432.
[64] 陈亚洲,阎秀峰.芥子油苷在植物-生物环境关系中的作用[J].生态报,2007,27(6):2584-2593.
[65] AGERBIRK N,OLSEN C E. Glucosinolate structures in evolution[J]. Phytochemistry, 2012,77(1):16-45.
[66] ETTLINGER M G,LUNDEEN A J. The structures of sinigrin and sinalbin: an enzymatic rearrangement[J]. Journal of The American Chemical Society,2002,78(16),4172-4173.
[67] 张天翼.菘蓝芥子油苷积累规律的研究及其代谢通路分析[D].西安:陕西师范大学,2019.
[68] 何立巍,吴晓培,杨婧妍,等.板蓝根总生物碱的提取纯化工艺及其抗病毒药理作用研究[J].中成药,2014,36(12):2611-2614.
[69] 黄晓玲,郑兆广,封亮,等.正交试验优化板蓝根生物碱的提取工艺[J].中国实验方剂学杂志,2013,19(9):66-68.
[70] 李进,李祥,陈建伟,等.微波法提取板蓝根生物碱活性部位的工艺优选[J].中国医院药学杂志,2013,33(8):616-619.
[71] 黄润芸,陈凯,崔清华,等.板蓝根总生物碱的含量测定方法研究[J].齐鲁药事,2012,31(12):703-704.
[72] 蒋小文,吴启南,沈金辉.大青叶中靛玉红提取方法的研究[J].时珍国医国药,2006,17(4):583-584.
[73] 余陈欢,吴巧凤,盛振华,等.大青叶中靛玉红的提取工艺研究[J].中药材,2006,29

(7):721-723.

[74] 常宝勤,李梅梅,蔺华吉,等.板蓝根中生物碱靛蓝、靛玉红的提取与分析[J].农业科技与信息,2019,22:40-43.

[75] 王金鹏,孙翠萍,林海霞,等.HPLC测定复方南板蓝根颗粒中靛蓝和靛玉红的含量[J].中国实验方剂学杂志,2012,18(21):128-130.

[76] 张时行,万邦莉.双波长分光光度法测定青黛中靛蓝和靛玉红含量的研究[J].药学学报,1985,20(4):301-305.

[77] 马方,陈秀英.薄层层析法检测板蓝根所含靛玉红、靛蓝的方法研究[J].河南中医学院学报,2008,23(2):39-41.

[78] 董小平,孙波.大青叶、板蓝根中靛玉红含量测定[J].南京中医药大学报,1995,11(2):101-102.

[79] 孙波,贾晓斌.不同产地、采收期大青叶中靛玉红的含量测定[J].基层中药杂志,2000,14(2):18.

[80] 董娟娥,龚明贵,梁宗锁.板蓝根、大青叶中靛蓝和靛玉红的测定方法比较[J].西北农林科技大学学报(自然科学版),2007,35(2):215-219.

[81] 罗华玲,朱敏凤.液质联用法测定复方板蓝根颗粒中2种成分的含量[J].西南医科大学学报,2020,43(5):456-462.

[82] 雷黎明,蒋云凯,高倩,等.正交试验优选微波法提取板蓝根总有机酸的工艺[J].中国药房,2008,24:1866-1867.

[83] 汤杰,万进,马永贵,等.大孔吸附树脂分离纯化板蓝根有机酸组分[J].中国医院药学杂志,2011,31(18):1504-1507.

[84] 金薇,尤献民,张曦弘.电位滴定法测定复方板蓝根冲剂中总有机酸的含量研究[J].中医药学刊,2004,22(3):574.

[85] 庄会荣,王爱香.离子色谱法测定板蓝根颗粒中的有机酸[J].临沂大学学报,2016,38(1):139-141.

[86] 王小雪,郑文捷,谢国祥,等.高效毛细管电泳同时测定板蓝根中水杨酸、丁香酸、苯甲酸和邻氨基苯甲酸[J].中国中药杂志,2009,34(2):189-192.

[87] 年四辉,李萍,刘丽敏,等.HPLC测定板蓝根及其制剂中水杨酸、苯甲酸的含量[J].中国实验方剂学杂志,2012,18(21):92-95.

[88] 古丽斯坦·阿吾提,玛依热·买买提.正交试验优选板蓝根总生物碱中表告依春的提取工艺[J].新疆医学,2013,43(10):177-180.

[89] 安益强,贾晓斌,陈彦,等.HPLC-DAD法测定板蓝根药材及其制剂中主要抗病毒生物碱含量[J].中成药,2009,31(5):733-736.

[90] 闫峻,谢胜凯,刘瑞萍,等.基于微量元素分析技术的植物菘蓝和马蓝不同部位营养元素分布及富集作用[J].世界核地质科学,2020,37(3):215-218.

[91] 腊贵晓,孔海民,方萍,等.芥蓝芥子油苷提取条件优化研究[J].中国农业科技导报,

2014, 16 (3):150 - 155.

[92] DOHENY - ADAMS T, REDEKER K, KITTIPOL V, et al. Development of an efficient glucosinolate extraction method[J]. Plant Method,2017,13:17.

[93] ZHENG J L,WANG M H,YANG X Z,et al. Study on bacteriostasis of *Isatis indigotic* Fort. [J]. Chinese Journal of Microecol,2003,15(1):18 - 19.

[94] 张一鸣,黄元贞,万会花,等.植物中靛蓝生物合成途径研究进展[J].中国中药杂志, 2020, 45(3):491 - 496.

[95] KONG W J,ZHAO Y L,SHAN L M,et al. Investigation of the effect of four organic acids in Radix isatidis on *E. coli* growth by microcalorimetry[J]. Chinese Journal of Chemistry, 2008,26(1): 113 - 115.

[96] 宋兆友,李清华,金继曙,等.中药青黛抗真菌成份的研究报告[J].蚌埠医药,1984,1: 77 - 78.

[97] 郝敬友,霍墨涵,梁蒙,等.基于抗菌及抗炎作用探究板蓝根微粉对雏鸡沙门菌病的防治效果[J].中国兽医学报,2021,41(12):2468 - 2474,2496.

[98] LUO Z,LIU L F,WANG X H,et al. Epigoitrin, an alkaloid from *Isatis indigotica*, reduces H1N1 infection in stress - induced susceptible model *in vivo* and *in vitro*[J]. Frontiers in Pharmacology, 2019,10:78.

[99] 吴佳,董五辈.菘蓝抗菌肽 R - AMP1 的抑菌作用机制[C].中国植物病理学会2019年学术年会论文集,2019.

[100] 邓文龙.中医解毒法实质的研究及内毒素性疾病的中医药防治[J].中药药理与临床, 1992, 4:40 - 44.

[101] 常晓波.板蓝根与抗内毒素药效作用及化学基础研究[J].吉林医学,2013,34 (27):5539.

[102] 阮德清.板蓝根水提取物对LPS诱导内毒素败血症小鼠的保护作用及机制研究[D]. 上海:上海中医药大学,2019.

[103] 汤杰,施春阳,方建国,等.板蓝根对内毒素性DIC家兔血清LPO、SOD水平的影响 [J].医药导报,2004,23(1):4 - 5.

[104] 刘云海,方建国,王文清,等.板蓝根抗内毒素活性物质筛选[J].中南药学,2004,2 (6):326.

[105] 林爱华,方淑贤,方建国,等.板蓝根F(022)部位抗内毒素活性研究[J].中国中药杂志,2002, 27(6):42 - 45.

[106] 刘云海,方建国,谢委.板蓝根抗内毒素机制研究[J].中国药科大学学报,2003,34 (5):56 - 61.

[107] 吴琦玮,葛忠良,高月,等.靛玉红对肿瘤细胞抑制作用的研究及相关机制探讨[J]. 天津中医药,2008,25(1):4.

[108] 况秀平.青黛活性成分靛玉红抗乳腺癌药效机制研究[D].昆明:云南中医药大

学,2021.

[109] MARKO D,SCHATZLE S,FRIEDEL A,et al. Inhibition of cyclin – dependent kinase1 (CDK1) by indirubin derivatives in human tumour cells [J]. British Journal of Cancer, 2001,84(2):283 – 289.

[110] 梁永红,侯华新,黎丹戎,等.板蓝根二酮B体外抗癌活性研究[J].中草药,2000,31 (7):53 – 55.

[111] 侯华新,黎丹戎,秦箐,等.板蓝根高级不饱和脂肪组酸体内抗肿瘤实验研究[J].中药新药与临床药理,2002,13(3):156 – 157,198.

[112] 李吉萍,朱冠华,袁野,等.板蓝根多糖体内抗肿瘤作用与免疫功能调节实验研究[J].天然产物研究与开发,2017,29(12):2010 – 2016.

[113] 高明星.板蓝根高级不饱和脂肪酸衍生物J抗肿瘤作用的研究[D].南京:广西医科大学,2010.

[114] 翚明莉,莫斯锐,欧冰凝,等.N,N′ – 二环己基 – N – 亚麻酸酰脲的体外抗肿瘤活性[J].广西医学,2019,41(11):1402 – 1405.

[115] 黎锦,杨占秋,陈文,等.菘蓝有效成分抗流感病毒作用的实验研究[J].中药新药与临床药理,2010,21(4):389 – 393.

[116] 杨子峰,王玉涛,秦笙,等.板蓝根水提物S – 03体外抑制甲、乙型流感病毒感染的实验研究[J].病毒学报,2011,27(3):218 – 223.

[117] 马丽娜,章从恩,鄢丹,等.超滤质谱技术筛选板蓝根中抗流感病毒的活性成分[J].中国中药杂志,2014,39(5):812 – 816.

[118] 邓九零,陶玉龙,何玉琼,等.板蓝根抗流感病毒活性成分及其作用机制研究进展[J].中国中药杂志,2021,46(8):8.

[119] 赵玲敏,杨占秋,方建国,等.菘蓝的4种有效成分及配伍组合抗腺病毒作用的研究[J].中药新药与临床药理,2005,16(3):4.

[120] 赵玲敏,杨占秋,钟琼,等.菘蓝的4种单体成分抗柯萨奇病毒作用的研究[J].武汉大学学报(医学版),2005,26(1):5.

[121] 张军.板蓝根注射液联合聚肌胞注射液治疗单疱病毒性角膜炎临床观察[J].吉林医学,2013,34(6):1062.

[122] 何超蔓,闻良珍.三种中药体外抗巨细胞病毒效应的比较[J].中国中药杂志,2004, 29(5):4.

[123] 李金鸢.磷酸奥司他韦颗粒联合板蓝根颗粒治疗小儿急性病毒性腮腺炎的效果分析[J].临床医学工程,2018,25(5):629 – 630.

[124] 肖莹,马瑞芳,陈军峰,等.板蓝根抗病毒活性成分生物合成的研究进展[J].世界科学技术 – 中医药现代化,2016,18(11):1908 – 1913.

[125] 李彬.板蓝根活性成分及品质评价[D].上海:第二军医大学,2003.

[126] ZHOU B X,CHEN T T,JING Q Y,et al. Lariciresinol – 4 – O – beta – D – glucopyranoside

from the root of *Isatis indigotica* inhibits influenza A virus – induced pro – inflammatory response[J]. Journal of Ethnopharmacology. 2015,174:379 – 386.

[127] YE W Y,LI X,CHENG J W. Screening of eleven chemical constituents from Radix Isatidis for antiviral activity [J]. African Journal of Pharmacy and Pharmacology. 2011,5(16), 1932 – 1936.

[128] HIETER P M. Functional genomics:it's all how you read it[J]. Science, 1997, 278 (5338): 601 – 602.

[129] 岳桂东,高强,罗龙海,等.高通量测序技术在动植物研究领域中的应用[J]. 中国科学:生命科学,2012,42(2):107 – 124.

[130] SHENDURE J,JI H. Next – generation DNA sequencing[J]. Nature Biotechnology,2008, 26 (10):1135 – 1145.

[131] CRONN R,LISTON A,PARKS M,et al. Multiplex sequencing of plant chloroplast genomes using Solexa sequencing – by – synthesis technology[J]. Nucleic Acids Research, 2008,36 (19): e122.

[132] MUNROE D J,HARRIS T J R. Third – generation sequencing fireworks at Marco Island [J]. Nature Biotechnology,2010,28(5):426 – 428.

[133] MICHAEl T P,VANBUREN R. Progress,challenges and the future of crop genomes[J]. Current Opinion in Plant Biology,2015,24:71 – 81.

[134] HAN D H,CROUCH G M,FU K Y,et al. Single – molecule spectroelectrochemical cross – correlation during redox cycling in recessed dual ring electrode zero – mode waveguides [J]. Chemical Science,2017,8(8):5345 – 5355.

[135] RHEE M,BURNS M A. Nanopore sequencing technology:research trends and applications [J]. Trends in Biotechnology,2006,24(12):580 – 586.

[136] KORLACH J,GEDMAN G,KINGAN S B,et al. *De novo* PacBio long – read and phased avian genome assemblies correct and add to reference genes generated with intermediate and short reads[J]. Gigascience,2017,6(10):1 – 16.

[137] ZHANG L,CAI X,Wu J,et al. Improved *Brassica rapa* reference genome by single – molecule sequencing and chromosome conformation capture technologies[J]. Horticulture Research,2018,5:50.

[138] ZHANG J X,LEI Y Y,WANG B T,et al. The high – quality genome of diploid strawberry (*Fragaria nilgerrensis*) provides new insights into anthocyanin accumulation[J]. Plant Biotechnology Journal,2020,18(9):1908 – 1924.

[139] ZHANG L W,XU Y,ZHANG X T,et al. The genome of kenaf (*Hibiscus cannabinus* L.) provides insights into bast fibre and leaf shape biogenesis[J]. Plant Biotechnology Journal, 2020,18 (8):1796 – 1809.

[140] XIE D S,XU Y C,WANG J P,et al. The wax gourd genomes offer insights into the genetic

diversity and ancestral cucurbit karyotype[J]. Nature Communications, 2019, 10(1):5158.

[141] DONG X G, WANG Z, TIAN L M, et al. De novo assembly of a wild pear (*Pyrus betuleafolia*) genome[J]. Plant Biotechnology Journal, 2019, 18(2):581-595.

[142] ZHU Q G, XU Y, YANG Y, et al. The persimmon (*Diospyros oleifera* Cheng) genome provides new insights into the inheritance of astringency and ancestral evolution[J]. Horticulture Research, 2019, 6:138.

[143] GUILHERME G, C LUÍSA, HELENA O, et al. Cytogenetic characterization and genome size of the medicinal plant *Catharanthus roseus* (L.) G. Don[J]. AoB Plants, 2012:pls002.

[144] SANDRA Y, MANUEL G, JULIO R, et al. Effect of different fractions from hydroalcoholic extract of Black Maca (*Lepidium meyenii*) on testicular function in adult male rats[J]. Fertility and Sterility, 2008, 89(S):1461-1467.

[145] HAUDRY A, PLATTS A E, VELLO E, et al. An atlas of over 90,000 conserved noncoding sequences provides insight into Crucifer regulatory regions[J]. Nature Genetics, 2013, 45(8):891-898.

[146] SATORU A, RIE S I, SHIMIZU K K, et al. Genome-wide quantification of homeolog expression ratio revealed nonstochastic gene regulation in synthetic allopolyploid *Arabidopsis*[J]. Nucleic Acids Research, 2014, 42(6):e46.

[147] HU T T, PATTYN P, BAKKER E G, et al. The *Arabidopsis lyrata* genome sequence and the basis of rapid genome size change[J]. Nature Genetics, 2011, 43(5):476-481.

[148] ROUNSLEY S, BUSH D, SUBRAMANIAM S, et al. Analysis of the genome sequence of the flowering plant *Arabidopsis thaliana*[J]. Nature, 2000, 408(6814):796-815.

[149] WILLING E M, RAWAT V, MANDAKOVA T, et al. Genome expansion of *Arabis alpina* linked with retrotransposition and reduced symmetric DNA methylation[J]. Nature Plants, 2015, 1:14023.

[150] BYRNE S L, ERTHMANN P S, AGERBIRK N, et al. The genome sequence of *Barbarea vulgaris* facilitates the study of ecological biochemistry[J]. Scientific Reports, 2017, 7:40728.

[151] KLIVER S, RAYKO M, KOMISSAROV A, et al. Assembly of the *Boechera retrofracta* genome and evolutionary analysis of apomixis-associated genes[J]. Genes, 2018, 9(4):185.

[152] SONG X M, WEI Y P, XIAO D, et al. *Brassica carinata* genome characterization clarifies U's triangle model of evolution and polyploidy in *Brassica*[J]. Plant Physiology, 2021, 186(1):388-406.

[153] YANG J H, LIU D Y, WANG X M, et al. The genome sequence of allopolyploid *Brassica juncea* and analysis of differential homoeolog gene expression influencing selection[J]. Na-

ture Genetics,2016,48(10):1225-1232.

[154] CHALHOUB B,DENOEUD F,LIU S Y,et al. Early allopolyploid evolution in the post-Neolithic *Brassica napus* oilseed genome[J]. Science,2014,345(6199):950-953.

[155] LIU S Y,LIU Y M,YANG X H,et al. The *Brassica oleracea* genome reveals the asymmetrical evolution of polyploid genomes[J]. Nature Communications,2014,5:3930.

[156] SUN R,WU J,LIU S, et al. The genome of the mesopolyploid crop species *Brassica rapa*. [J]. Nature Genetics,2011,43(10):1035-1039.

[157] KAGALE S,KOH C S,NIXON J,et al. The emerging biofuel crop *Camelina sativa* retains a highly undifferentiated hexaploid genome structure[J]. Nature Communications, 2014, 5:3706.

[158] KASIANOV AS, KLEPIKOVA AV, KULAKOVSKIY IV, et al. High-quality genome assembly of *Capsella bursa*-pastoris reveals asymmetry of regulatory elements at early stages of polyploid genome evolution[J]. Plant Journal,2017,91(2):278-291.

[159] SLOTTE T,HAZZOURI K M,AGREN J A,et al. The *Capsella rubella* genome and the genomic consequences of rapid mating system evolution[J]. Nature Genetics,2013,45(7):831-835.

[160] GAN X,HAY A,KWANTES M,et al. The *Cardamine hirsuta* genome offers insight into the evolution of morphological diversity[J]. Nature Plants,2016,2(11):16167.

[161] RELLSTAb C,ZOLLER S,SAILER C,et al. Genomic signatures of convergent adaptation to Alpine environments in three Brassicaceae species[J]. Molecular Ecology, 2020, 29 (22):4350-4365.

[162] ZHANG T C, QIAO Q,NOVIKOVA P Y, et al. Genome of *Crucihimalaya himalaica*, a close relative of *Arabidopsis*, shows ecological adaptation to high altitude[J]. Proceedings of the National Academy of Sciences of the United States of America. 2019,116(14):7137-7146.

[163] NOWAK M D,BIRKELAND S,MANDAKOVA T,et al. The genome of *Draba nivalis* shows signatures of adaptation to the extreme environmental stresses of the Arctic[J]. Molecular Ecology Resources,2020,21(3):661-676.

[164] BELL L,CHADWICK M,PURANIK M,et al. The *Eruca sativa* genome and transcriptome: a targeted analysis of sulfur metabolism and glucosinolate biosynthesis pre and postharvest [J]. Frontiers in Plant Science,2020,11:525102.

[165] ZUST T,STRICKLER S R,POWELL A F,et al. Independent evolution of ancestral and novel defenses in a genus of toxic plants (*Erysimum*, *Brassicaceae*) [J]. eLife, 2020, 9:e51712.

[166] GUO X Y,HU Q J,HAO G Q,et al. The genomes of two *Eutrema* species provide insight into plant adaptation to high altitudes[J]. DNA Research,2018,25(3):307-315.

[167] YANG R L,JARVIS D E,CHEN H,et al. The reference genome of the halophytic plant *Eutrema salsugineum*[J]. Frontiers in Plant Science,2013,4:46.

[168] KANG M H,WU H L,YANG Q,et al. A chromosome – scale genome assembly of *Isatis indigotica*, an important medicinal plant used in traditional Chinese medicine[J]. Horticulture Research,2020,7(1):18.

[169] ZHANG J,TIAN Y,YAN L,et al. Genome of plant Maca (*Lepidium meyenii*) illuminates genomic basis for high altitude adaptation in the central andes[J]. Molecular Plant,2016,9(7): 1066 – 1077.

[170] HUANG L,MA Y Z,JIANG J B,et al. A chromosome – scale reference genome of *Lobularia maritima*, an ornamental plant with high stress tolerance[J]. Horticulture Research,2020,7(1): 197.

[171] YANG Q,Bi H,YANG W J,et al. The genome sequence of alpine *Megacarpaea delavayi* identifies species – specific shole – genome duplication[J]. Frontiers in Genetics,2020,11: 812.

[172] YANG W J,ZHANG L,MANDAKOVA T,et al. The chromosome – level genome sequence and karyotypic evolution of *Megadenia pygmaea*(Brassicaceae)[J]. Molecular Ecology Resources, 2020,21(3):871 – 879.

[173] MISHRA B,PLOCK S,RUNGE F,et al. The genome of *Microthlaspi erraticum*(Brassicaceae) provides insights into the adaptation to highly calcareous soils[J]. Frontiers in Plant Science, 2020, 11:943.

[174] LIN M Y,KOPPERS N,DENTON A,et al. Whole genome sequencing and assembly data of *Moricandia moricandioides* and *M. arvensis*[J]. Data in Brief,2021,35(3):106922.

[175] DONG Y N,GUPTA S,SIVERS R,et al. Genome draft of the *Arabidopsis* relative *Pachycladon cheesemanii* reveals novel strategies to tolerate New Zealand's high ultraviolet B radiation environment[J]. BMC Genomics,2019,20(1):838.

[176] MOGHE G D,HUFNAGEL D E,TANG H B,et al. Consequences of whole – genome triplication as revealed by comparative genomic analyses of the wild radish *Raphanus raphanistrum* and three other Brassicaceae species[J]. Plant Cell,2014,26(5):1925 – 1937.

[177] HIROYASU K,FENG L,HIDEKI H,et al. Draft sequences of the radish (*Raphanus sativus* L.) genome[J]. DNA Reaearch,2014,21(5):481 – 490.

[178] KUMARI P,SINGH K P,RAI P K,et al. Draft genome of multiple resistance donor plant *Sinapis alba*: an insight into SSRs, annotations and phylogenetics[J]. Plos One,2020,15(4): e0231002.

[179] DASSANAYAKE M,OH D H,HAAS J S,et al. The genome of the extremophile crucifer *Thellungiella parvula*[J]. Nature Genetics,2011,43(9):913 – 918.

[180] DORN K M,FANKHAUSER J D,WYSE D L,et al. A draft genome of field pennycress

(*Thlaspi arvense*) provides tools for the domestication of a new winter biofuel crop[J]. DNA Research,2015,22(2):121-131.

[181] SUN W,LENG L,YIN Q,et al. The genome of the medicinal plant *Andrographis paniculata* provides insight into the biosynthesis of the bioactive diterpenoid neoandrographolide [J]. Plant Journal,2019,97(5):996.

[182] DING X,MEI W,LIN Q,et al. Genome sequence of the agarwood tree *Aquilaria sinensis* (Lour.) Spreng: the first chromosome - level draft genome in the Thymelaeceae family [J]. Gigascience,2020,9(3):1-10.

[183] QIAN S,ZHANG L,LIAO Z,et al. The genome of *Artemisia annua* provides insight into the evolution of Asteraceae family and artemisinin biosynthesis[J]. Molecular Plant,2018,11(6):776-788.

[184] BAKEL H V,STOUT J M,COTE A G,et al. The draft genome and transcriptome of *Cannabis sativa*[J]. Genome Biology,2011,12(10):R102.

[185] WANG X,XU Y,ZHANG S,et al. Genomic analyses of primitive, wild and cultivated citrus provide insights into asexual reproduction[J]. Nature Genetics,2017,49(5):765-772.

[186] WANG L,HE F,HUANG Y,et al. Genome of wild mandarin and domestication history of mandarin[J]. Molecular Plant,2018,11(8):1024-1037.

[187] XU Q,CHEN L L,RUAN X,et al. The draft genome of sweet orange (*Citrus sinensis*)[J]. Nature genetics,2013,45(1):59-92.

[188] YAN L,WANG X,LIU H,et al. The genome of *Dendrobium officinale* illuminates the biology of the important traditional Chinese orchid herb[J]. Molecular Plant,2015,8(6):922-934.

[189] LIN Y L,MIN J M,Lai R L,et al. Genome - wide sequencing of longan (*Dimocarpus longan* Lour.) provides insights into molecular basis of its polyphenol - rich characteristics [J]. Gigascience, 2017,6(5):1-14.

[190] YANG J,ZHANG G H,ZHANG J,et al. Hybrid *de novo* genome assembly of the Chinese herbal fleabane *Erigeron breviscapus*[J]. Gigascience,2017,6(6):1-7.

[191] JIANG S,AN H S,XU F J,et al. Chromosome - level genome assembly and annotation of the loquat (*Eriobotrya japonica*) genome[J]. Gigascience,2020,9:1-9.

[192] WUYUN T N,WANG L,LIU H M,et al. The hardy rubber tree genome provides insights into the evolution of polyisoprene biosynthesis[J]. Molecular Plant,2018,11(3):429-442.

[193] YANG Y Z,SUN P C,LV L K,et al. Prickly waterlily and rigid hornwort genomes shed light on early angiosperm evolution[J]. Nature Plants,2020,6(3):215-222.

[194] YUAN Y,JIN X H,LIU J,et al. The *Gastrodia elata* genome provides insights into plant

adaptation to heterotrophy[J]. Nature Communications,2018,9:1615.

[195] MOCHIDA K,SAKURAI T,SEKI H,et al. Draft genome assembly and annotation of *Glycyrrhiza uralensis*, a medicinal legume[J]. The Plant Journal,2017,89(2):181-194.

[196] GUAN R,ZHAO Y,ZHANG H,et al. Draft genome of the living fossil *Ginkgo biloba*[J]. Gigascience,2016,5(1):49.

[197] MARTINEZ-GARCIA P J,CREPEAU M W,PUIU D,et al. The walnut (*Juglans regia*) genome sequence reveals diversity in genes coding for the biosynthesis of nonstructural polyphenols[J]. Plant Journal,2016,87(5):507-532.

[198] PU X D,LI Z,TIAN Y,et al. The honeysuckle genome provides insight into the molecular mechanism of carotenoid metabolism underlying dynamic flower coloration[J]. New Phytologist, 2020,227(3):930-943.

[199] MING R,VANBUREN R,LIU Y L,et al. Genome of the long-living sacred lotus (*Nelumbo nucifera* Gaertn.)[J]. Genome biology,2013,14(5):41.

[200] CHEN W, KUI L,ZHANG G H,et al. Whole-genome sequencing and analysis of the Chinese herbal plant *Panax notoginseng*[J]. Molecular Plant,2017,10(6):899-902.

[201] XU J,CHU Y,LIAO B S,et al. *Panax ginseng* genome examination for ginsenoside biosynthesis[J]. Gigascience,2017,6(11):1-15.

[202] GUO L,WINZE T,YANG X F,et al. The opium poppy genome and morphinan production [J]. Science,2018,362(6412):343-346.

[203] HE Y,XIAO H T,DENG C,et al. Survey of the genome of *Pogostemon cablin* provides insights into its evolutionary history and sesquiterpenoid biosynthesis[J]. Scientific Reports, 2016, 6(1):26405.

[204] ZHANG Y H,ZHENG L L,ZHENG Y,et al. Assembly and annotation of a draft genome of the medicinal plant *Polygonum cuspidatum*[J]. Frontiers in Plant Science,2019,10:1274.

[205] QIN G,XU C,MING R,et al. The pomegranate (*Punica granatum* L.) genome and the genomics of punicalagin biosynthesis[J]. Plant Journal,2017,91(6):1108-1128.

[206] FU Y Y,LI L W,HAO S J,et al. Draft genome sequence of the Tibetan medicinal herb *Rhodiola crenulata*[J]. Gigascience,2017,6(6):1-5.

[207] ZHANG G H,TIAN Y,ZHANG J,et al. Hybrid *de novo* genome assembly of the Chinese herbal plant danshen (*Salvia miltiorrhiza* Bunge) [J]. Gigascience,2015,4(1):62.

[208] MAHESH H B,SUBBA P,ADVANI J,et al. Multi-omics driven assembly and annotation of the Sandalwood (*Santalum album*) genome [J]. Plant Physiology, 2018, 176 (4): 2772-2788.

[209] ZHAO Q,YANG J,CUI M Y,et al. The reference genome sequence of *Scutellaria baicalensis* provides insights into the evolution of wogonin biosynthesis[J]. Molecular Plant,2019, 12(7): 935-950.

[210] ITKIN M, DAVIDOVICH - RIKANATI R, Cohen S, et al. The biosynthetic pathway of the nonsugar, high - intensity sweetener mogroside V from *Siraitia grosvenorii*[J]. Proceedings of the National Academy of Sciences, 2016, 133(47):201604828.

[211] QIN S S, WU L Q, WEI K H, et al. A draft genome for *Spatholobus suberectus*[J]. Scientific Data, 2019, 6:113.

[212] LIU M J, ZHAO J, CAI Q L, et al. The complex jujube genome provides insights into fruit tree biology[J]. Nature Communications, 2014, 5:5315.

[213] YANG S, WANG Z. The complete chloroplast genome sequence of the medicinal and economic plant woad *Isatis indigotica* (Brassicaceae)[J]. Mitochondrial DNA Part B, 2017, 2(2): 514 - 515.

[214] ZHOU Y, LEI K, LIAO S, et al. Transcriptomic analysis reveals differential gene expressions for cell growth and functional secondary metabolites in induced autotetraploid of Chinese woad (*Isatis indigotica* Fort.)[J]. Plos One, 2015, 10(3):e0116392.

[215] ZHAO Z G, HU T T, Ge X H, et al. Production and characterization of intergeneric somatic hybrids between *Brassica napus* and *Orychophragmus violaceus* and their backcrossing progenies[J]. Plant Cell Reports, 2008, 27(10):1611 - 1621.

[216] 庹忠云,阿不来提·哈德尔,周桂玲.新疆12种十字花科植物核型报道[J].新疆农业大学学报,2012(6):12 - 18.

[217] 孙千代,徐杰英.真核生物基因组注释的主要步骤及方法[J].生物学教学,2017,42(12):2.

[218] 刘贯山.烟草基因组知识篇:3.基因组注释[J].中国烟草科学,2010,31(3):82 - 83.

[219] NEAL C S, FREDERICKS D P, GRIFFITHS C A, et al. The characterisation of *AOP2*: a gene associated with the biosynthesis of aliphatic alkenyl glucosinolates in *Arabidopsis thaliana*[J]. BMC Plant Biology, 2010, 10(1):170.

[220] JENSEN L M, KLIEBENSTEIN D J, MEIKE B. Investigation of the multifunctional gene *AOP3* expands the regulatory network fine - tuning glucosinolate production in *Arabidopsis*[J]. Frontiers in Plant Science, 2015, 6:762.

[221] QIN M M, WANG J, ZHANG T Y, et al. Genome wide identification and analysis on YUCCA gene family in *Isatis indigotica* Fort. and *IiYUCCA6 - 1* functional exploration[J]. International Journal of Molecular Sciences, 2020, 21(6):2188 - 2204.

[222] JUN Q, JING Y S, HUANHUAN G, et al. The complete chloroplast genome sequence of the medicinalplant *Salvia miltiorrhiza*[J]. Plos One, 2013, 8(2):e57607.

[223] LI X, HU Z, LIN X, et al. High - throughput pyrosequencing of the complete chloroplast genome of *Magnolia officinalis* and its application in species identification[J]. Acta Pharmacologica Sinica, 2012, 47(1):124 - 130.

[224] LIN C P, WU C S, HUANG Y Y, et al. The complete chloroplast genome of *Ginkgo biloba*

reveals the mechanism of inverted repeat contraction[J]. Genome Biology and Evolution,2012, 4(3):374-381.

[225] 李岩,吕光辉,张雪妮,等.十字花科植物叶绿体基因组结构及变异分析[J].西北植物学报,2017,37(6):12.

[226] 张韵洁,李德铢.叶绿体系统发育基因组学的研究进展[J].植物分类与资源学报,2011, 33 (4):11.

[227] EDMONDSON J. Flora of China 8:Brassicaceae through Saxifragaceae[J]. Botanical Journal of the Linnean Society,2010,152(1):132.

[228] 楼之岑,秦波.常用中药材品种整理和质量研究(北方编)第1册[M].北京:中国协和医科大学联合出版社,1995.

[229] MOBN T,HAMBURGER M. Glucosinolate pattern in *Isatis tinctoria* and *I. indigotica* seeds[J]. Planta Medica,2008,74(8):885-888.

[230] SPATARO G,TAVIANI P,NEGRI V. Genetic variation and population structure in a Eurasian collection of *Isatis tinctoria* L. [J]. Genetic Resources and Crop Evolution,2007,54:573-584.

[231] 于英君,肖井仁,姜颖,等.菘蓝和马蓝基因组 DNA RAPD 指纹图谱的建立[J].中医药学报, 2013,41(6):26-27.

[232] 杨飞,徐延浩.温度对菘蓝基因组 DNA 甲基化的影响[J].中国实验方剂学杂志,2013, 19 (6):113-116.

[233] 杨飞,聂浩,徐延浩.盐胁迫对菘蓝基因组 DNA 甲基化的影响[J].中药材,2013,36(4):515-518.

[234] 段英姿.菘蓝二倍体及其同源四倍体遗传差异的 ISSR 分析[J].西北植物学报,2012, 32(8): 1534-1538.

[235] 杨飞,徐延浩.四倍体菘蓝基因组 DNA 甲基化的甲基化敏感扩增多态性分析[J].中草药,2013,44(3):344-348.

[236] YANG S,LI J,ZHANG X,et al. Rapidly evolving R genes in diverse grass species confer resistance to rice blast disease[J]. Proceedings of the National Academy of Sciences,2013,110 (46):18572-18577.

[237] SHAO Z Q,ZHANG Y M,HANG Y Y,et al. Long-term evolution of nucleotide-binding site-leucine-rich repeat genes:understanding gained from and beyond the Legume family[J]. Plant Physiology,2014,166(1):217-234.

[238] 季磊,杨艳梅.十字花科 NBS-LRR 相关基因的同源比对分析[J].吉林农业,2019,1:57.

[239] HOPKINS R J,VAN DAM N M,VAN LOON J J A. Role of glucosinolates in insect-plant relationships and multitrophic interactions [J]. Annual review of entomology, 2009, 54 (1):57-83.

[240] 陈士林,宋经元.本草基因组学[J].中国中药杂志,2016,41(21):9.

[241] CHEN S L,LIU J,ZHU C,et al. Genome sequence of the model medicinal mushroom *Ganoderma lucidum*[J]. Nature Communications,2012,3:913.

[242] 浦香东,徐志超,宋经元.基于组学的丹参酮生物合成途径新基因 *CYP71D375* 克隆和功能研究[J].中国科学,2018,48(4):390-398.

[243] LIU H,SHUHUA F,ZHICHAO X,et al. Hybrid sequencing of full-length cDNA transcripts of stems and leaves in *Dendrobium officinale*[J]. Genes,2017,8(10):1-13.

[244] 杜涧超,梁竹,许剑涛,等.植物来源的磷脂酰胆碱可介导抗肺纤维化小 RNA(HJT-sRNA-m7)进入哺乳动物细胞[J].中国科学:生命科学,2018,48(4):125-137.

[245] 李光,李宜航,吕亚娜,等.基于代谢组学技术探讨特色傣药肾茶的"雅解"作用机制[J].中国科学(生命科学),2018,48(4):455-468.

[246] 吴明煜,郭晓红,王万贤,等.生物芯片研究现状及应用前景[J].科学技术与工程,2005,5(7):421-426,430.

[247] 李晓艳,周敬雯,严铸云,等.基于转录组测序揭示适度干旱胁迫对丹参基因表达的调控[J].中草药,2020,51(6):1600-1608.

[248] 陈姝欣,朱浩东,杨梦思,等.基于人参果转录组测序的 SSR 和 SNP 特征分析[J].西南农业学报,2020,33(11):2412-2416.

[249] 李琦,王怡超,刘畅,等.黄花蒿 R2R3-MYB 转录因子全基因组鉴定及生物信息学分析[J].生物技术通报,2021,37(8):65-74.

[250] 肖守军,陈凌,许宁.生物芯片进展[J].化学进展,2009,21(11):2397-2410.

[251] GIUSEPPE A,MILANO M. Ontology-based analysis of microarray data[J]. Methods in Molecular Biology,2015,1375:117-121.

[252] 石建涛.基于知识库的高通量数据分析方法的开发和应用[D].北京:中国科学院大学,2012.

[253] 周辉,唐静锋,张天缘,等.大肠杆菌应激诱导基因表达谱芯片分析[J].基因组学与应用生物学,2019,38(2):650-656.

[254] 黄丽俊.应用基因芯片筛选植物激活蛋白处理水稻相关差异基因及其验证[D].重庆大学:重庆大学,2005.

[255] 李筱乐.基因芯片技术在生物研究中的应用进展[J].知识文库,2020,5:134-135.

[256] 崔凯,吴伟伟,刁其玉.转录组测序技术的研究和应用进展[J].生物技术通报,2019,35(7):1-9.

[257] SANGER F,NICKLEN S,COULSON A R. DNA sequencing with chain-termination inhibitors[J]. Proceedings of the National Academy of Science,1977,74(12):5463-5467.

[258] 周晓光,任鲁风,李运涛,等.下一代测序技术:技术回顾与展望[J].中国科学:生命科学,2010,40(1):23-37.

[259] 梁烨,陈双燕,刘公社.新一代测序技术在植物转录组研究中的应用[J].遗传,2011,

33(12):1317-1326.

[260] RHOADS A,AU K F. PacBio sequencing and its applications[J]. Genomics,Proteomics & Bioinformatics,2015,13(5):12.

[261] 刘厚伯,上官艳妮,潘胤池,等. RNA-Seq 在药用植物研究中的应用[J]. 中草药,2019,50(21):5346-5354.

[262] 房学爽,徐刚标. 表达序列标签技术及其应用[J]. 经济林研究,2008,26(2):127-130.

[263] BOHELER K R,TARASOV K V. SAGE analysis to identify embryonic stem cell-predominant transcripts[J]. Methods in Molecular Biology,2006,329:195-221.

[264] NUEDA M J,CARBONELL J,MEDINA I,et al. Serial expression analysis:a web tool for the analysis of serial gene expression data[J]. Nucleic Acids Research,2010,38:239-245.

[265] MATSUMURA H,NIRASAWA S,TERAUCHI R. Technical advance:transcription profiling inrice (*Oryza sativa* L.) seedlings using serial analysis of gene expression (SAGE) [J]. Plant Journal,1999,20(6):719-726.

[266] KEIM P. SAGE analysis of soybean immature cotyledon gene expression[C]. San Diego,California:Plant & Animal Genomes 7th Conference,1999:17-21.

[267] VODKIN L O,SHOEMAKER R C,KEIM P. Soybean functional genomics[C]. San Diego,California:Plant & Animal Genomes 9th Conference,2001:13-17.

[268] HOTH S,MORGAN TE M,SANCHEZ J P,et al. Genome-wide gene expression profiling in *Arabidopsis thaliana* reveals new targets of abscisic acid and largely impaired gene regulation in the *abi1-1* mutant[J]. Journal of Cell Science,2002,115(24):4891-4900.

[269] 陈杰. 大规模平行测序技术(MPSS)研究进展[J]. 生物化学与生物物理进展,2004,31(8):761-765.

[270] 王楚彪,卢万鸿,林彦,等. 转录组测序的发展和应用[J]. 桉树科技,2018,35(4):20-26.

[271] ALLEN G J,KUCHITSU K,CHU S P,et al. *Arabidopsis abi1-1* and *abi2-1* phosphatase mutations reduce abscisic acid-induced cytoplasmic calcium rises in guard cells.[J]. The Plant Cell,1999,11(9):1785-1798.

[272] NAGALAKSHMI U,WANG Z,WAERN K,et al. The transcriptional landscape of the yeast genome defined by RNA sequencing[J]. Science,2008,320(5881):1344-1349.

[273] SULTAN M,SCHULZ M H,RICHARD H,et al. A global view of gene activity and alternative splicing by deep sequencing of the human transcriptome[J]. Science,2008,321(5891):956-960.

[274] WANG Z,GERSTEIN M,SNYDER M. RNA-Seq:a revolutionary tool for transcriptomics [J]. Nature reviews. Genetics,2009,10(1):57-63.

[275] WILHELM B T, MARGUERAT S, WATT S, et al. Dynamic repertoire of a eukaryotic transcriptome surveyed at single-nucleotide resolution[J]. Nature, 2008, 453(7199):1239-1243.

[276] TRAPNELL C, WILLIAMS B A, PERTEA G, et al. Transcript assembly and quantification by RNA-Seq reveals unannotated transcripts and isoform switching during cell differentiation[J]. Nature Biotechnol, 2010, 28(5):511-515.

[277] WANG E T, SANDBERG R, LUO S, et al. Alternative isoform regulation in human tissue transcriptomes[J]. Nature, 2008, 456(7221):470-476.

[278] DENOEUD F, AURY J M, DA SILVA C, et al. Annotating genomes with massive-scale RNA sequencing[J]. Genome Biology, 2008, 9(12):R175.

[279] PICKRELL J K, PAI A A, GILAD Y, et al. Noisy splicing drives mRNA isoform diversity in human cells[J]. Plos Genetics, 2010, 6(12):e1001236.

[280] PICKRELL J K, MARIONI J C, PAI A A, et al. Understanding mechanisms underlying human gene expression variation with RNA sequencing[J]. Nature, 2010, 464(7289):768-772.

[281] QUINN E M, CORMICAN P, KENNY E M, et al. Development of strategies for SNP detection in RNA-seq data: application to lymphoblastoid cell lines and evaluation using 1000 Genomes data[J]. Plos One, 2013, 8(3):e58815.

[282] MAJEWSKI J, PASTINEN T. The study of eQTL variations by RNA-seq: from SNPs to phenotypes[J]. Trends in Genetics, 2011, 27(2):72-79.

[283] LALONDE E, HA K C, WANG Z, et al. RNA sequencing reveals the role of splicing polymorphisms in regulating human gene expression[J]. Genome Research, 2011, 21(4):545-554.

[284] MAHER C A, KUMAR-SINHA C, CAO X, et al. Transcriptome sequencing to detect gene fusions in cancer[J]. Nature, 2009, 458(7234):97-101.

[285] EDGREN H, MURUMAGI A, KANGASPESKA S, et al. Identification of fusion genes in breast cancer by paired-end RNA-sequencing[J]. Genome Biology, 2011, 12(1):R6.

[286] LI J, CAI Y, YE L, et al. MicroRNA expression profiling of the fifth-instar posterior silk gland of *Bombyx mori*[J]. BMC Genomics, 2014, 15(1):410.

[287] KUMAR S, RAZZAQ S K, VO A D, et al. Identifying fusion transcripts using next generation sequencing[J]. Wiley Interdisciplinary Reviews, 2016, 7(6):811-823.

[288] CARTHEW R W, SONTHEIMER E J. Origins and mechanisms of miRNAs and siRNAs [J]. Cell, 2009, 136(4):642-655.

[289] KAPRANOV P, CHENG J, DIKE S, et al. RNA maps reveal new RNA classes and a possible function for pervasive transcription[J]. Science, 2007, 316(5830):1484-1488.

[290] BARRETT T, WILHITE S E, LEDOUX P, et al. NCBI GEO: archive for functional genomics

data sets – update[J]. Nucleic Acids research,2012,41(D1):991 – 995.

[291] 熊婉迪,徐开宇,陆林,等.长链非编码 RNA 在阿尔茨海默病中的研究进展[J].遗传,2022,44(3):189 – 197.

[292] TIROSH I,IZAR B,PRAKADAN S M,et al. Dissecting the multicellular ecosystem of metastatic melanoma by single – cell RNA – seq[J]. Science,2016,352(6282):189 – 196.

[293] MOOR A E,ITZKOVITZ S. Spatial transcriptomics:paving the way for tissue – level systems biology[J]. Current Opinion in Biotechnology,2017,46:126 – 133.

[294] 危莹,张小丹,胡苗苗,等.空间转录组技术研究进展[J].生物化学与生物物理进展,2022,49(3):561 – 571.

[295] LALMANSINGH A S,ARORA K,DEMARCO R A,et al. High – throughput RNA FISH analysis by imaging flow cytometry reveals that pioneer factor Foxa1 reduces transcriptional stochasticity[J]. Plos One,2013,8(9):e76043.

[296] RONANDER E,BENGTSSON D C,JOERGENSEN L,et al. Analysis of single – cell genetranscription by RNA fluorescent in situ hybridization (FISH)[J]. Journal of Visualized Experiments,2012,68:e4073.

[297] CUI C,SHU W,LI P. Fluorescence in situ hybridization:cell – based genetic diagnostic and research applications[J]. Frontiers in Cell and Developmental Biology,2016,4:89.

[298] 师豪杰.基于高通量测序数据的基因表达水平预测方法研究[D].大连:大连理工大学,2020.

[299] 韩雪莹,王晓南,王静静,等.二代测序和荧光原位杂交在骨髓增生异常综合征中的临床价值[J].肿瘤基础与临床,2021,34(5):369 – 373.

[300] 林辰,张心雅,马伟燕,等.空间转录组学技术及其应用的研究进展[J].厦门大学学报(自然科学版),2022,61(3):506 – 516.

[301] 李益,孙超.植物单细胞转录组测序研究进展[J].生物技术通报,2021,37(1):60 – 66.

[302] WANG W,WANG Y,ZHANG Q,et al. Global characterization of *Artemisia annua* glandular trichome transcriptome using 454 pyrosequencing[J]. BMC Genomics, 2009, 10(1):465.

[303] SUN C,LI Y,WU Q,et al. *De novo* sequencing and analysis of the American ginseng root transcriptome using a GS FLX Titanium platform to discover putative genes involved in ginsenoside biosynthesis[J]. BMC Genomics,2010(1):2758 – 2763.

[304] 李滢,孙超,罗红梅,等.基于高通量测序 454GSFLX 的丹参转录组学研究[J].药学学报,2010,45(4):524 – 529.

[305] ZENG S,XIAO G,GUO J,et al. Development of a EST dataset and characterization of EST – SSRs in a traditional Chinese medicinal plant, *Epimedium sagittatum* (Sieb. Et Zucc.) Maxim [J]. BMC Genomics,2010,11:94.

[306] CHEN S,LUO H,LI Y,et al. 454 EST analysis detects genes putatively involved in ginsenoside biosynthesis in *Panax ginseng*[J]. Plant Cell Report,2011,30(9):1593-1601.

[307] TANG Q,MA X,MO C,et al. An efficient approach to finding *Siraitia grosvenorii* triterpene biosynthetic genes by RNA-seq and digital gene expression analysis[J]. BMC Genomics,2011,12:343.

[308] YUAN Y,SONG L,LI M,et al. Genetic variation and metabolic pathway intricacy govern the active compound content and quality of the Chinese medicinal plant *Lonicera japonica* thumb[J]. BMC Genomics,2012,13:195.

[309] HAO D C,MA P,MU J,et al. *De novo* characterization of the root transcriptome of a traditional Chinese medicinal plant *Polygonum cuspidatum*[J]. Science China-Life Sciences,2012,55(5):452-466.

[310] HUANG L L,YANG X,SUN P,et al. The first Illumina-based *de novo* transcriptome sequencing and analysis of safflower flowers[J]. Plos One,2012,7(6):e38653.

[311] GAHLAN P,SINGH H R,SHANKAR R,et al. *De novo* sequencing and characterizationof *Picrorhiza kurrooa* transcriptome at two temperatures showed major transcriptome adjustment[J]. BMC Genomics,2012,13(1):126-146.

[312] SHAHIN A,VAN KAAUWEN M,ESSELINK D,et al. Generation and analysis of expressed sequence tags in the extreme large genomes *Lilium* and *Tulipa*[J]. BMC Genomics,2012,13(1):640-640.

[313] 郝大程,马培,穆军,等.中药植物虎杖根的高通量转录组测序及转录组特性分析[J].中国科学:生命科学,2012,42(5):398-412.

[314] 李铁柱,杜红岩,刘慧敏,等.杜仲果实和叶片转录组数据组装及基因功能注释[J].中南林业科技大学学报,2012,32(11):122-130.

[315] KIM M J,NELSON W,CAROL A,et al. Next-generation sequencing-based transcriptional profiling of sacred lotus"China Antique"[J]. Tropical Plant Biology,2013,6,(2-3):161-179.

[316] 吴宏清,王磊,陶美华,等.化学诱导后白木香转录组文库的构建与测序[J].生物技术通报,2013,8:63-67.

[317] 于安民.基于RNA-Seq的阳春砂果实发育过程中糖和萜类代谢的研究[D].广州:广州中医药大学,2014.

[318] ZHANG G H,MA C H,ZHANG J J,et al. Transcriptome analysis of *Panax vietnamensis* var. *fuscidicus* discovers putative ocotillol-type ginsenosides biosynthesis genes and genetic markers[J]. BMC Genomics,2015,16(1):159-177.

[319] LIU Y,ZHANG P,SONG M,et al. Transcriptome analysis and development of SSR molecular markers in *Glycyrrhiza uralensis* Fisch[J]. Plos One,2015,10(11):e0143017.

[320] 孙蓉,刘姗,唐自钟,等.四川道地中药金龙胆草叶片转录组特性研究[J].分子植物

育种,2015,13(12):2754-2760.

[321] 王西亮.肉苁蓉主要药用成分相关基因的挖掘及分子标记的鉴定[D].北京:中国科学院北京基因组研究所,2015.

[322] ZHAO Y M,ZHOU T,LI Z H,et al. Characterization of global transcriptome using Illumina paired-end sequencing and development of EST-SSR markers in two species of *Gynostemma* (Cucurbitaceae)[J]. Molecules,2015,20(12):21214-21231.

[323] CHEN R B,LIU J H,XIAO Y,et al. Deep sequencing reveals the effect of MeJA on scutellar in biosynthesis in *Erigeron breviscapus*[J]. Plos One,2015,10(12):e0143881.

[324] TIAN H,XU X,Z HANG F,et al. Analysis of *Polygala tenuifolia* transcriptome and description of secondary metabolite biosynthetic pathways by Illumina sequencing[J]. International Journal of Genomics,2015,2015:782635.

[325] FAN R,LI Y,LI C,et al. Differential microRNA analysis of glandular trichomes and young leaves in *Xanthium strumarium* L. reveals their putative roles in regulating terpenoid biosynthesis [J]. Plos One,2015,10(9):e0139002.

[326] CHEN Z,TANG N,YOU Y,et al. Transcriptome analysis reveals the mechanism underlying the production of a high quantity of chlorogenic acid in young leaves of *Lonicera macranthoides* Hand.-Mazz[J]. Plos One,2015,10(9):e0137212.

[327] 周茜,赵惠新,李萍萍,等.独行菜种子转录组的高通量测序及分析[J].中国生物工程杂志,2016,36(1):38-46.

[328] CHERUKUPALLI N,DIVATE M,MITTAPELLI S R,et al. *De novo* assembly of leaf transcriptome in the medicinal plant *Andrographis paniculata*[J]. Frontiers in Plant Science,2016,7:1203-1215.

[329] LI J,WANG C,HAN X,et al. Transcriptome analysis to identify the putative biosynthesis and transport genes associated with the medicinal components of *Achyranthes bidentata* Bl. [J]. Frontiers in Plant Science,2016,7(S15):1860-1875.

[330] SHIRAISHI A,MURATA J,MATSUMOTO E,et al. *De novo* transcriptomes of *Forsythiakoreana* using a novel assembly method:insight into tissue and species-specific expression of lignan biosynthesis-related gene. [J]. Plos One,2016,11(10):e0164805.

[331] OKADA T,TAKAHASHI H,SUZUKI Y,et al. Comparative analysis of transcriptomes in aerial stems and roots of *Ephedra sinica* based on high-throughput mRNA sequencing [J]. Genomics Data,2016,10:4-11.

[332] ZHANG G H,JIANG N H,SONG W L,et al. *De novo* sequencing and transcriptome analysis of *Pinellia ternate* identify the candidate genes involved in the biosynthesis of benzoic acid and ephedrine[J]. Frontiers in Plant Science,2016,7:1209.

[333] RAI A,NAKAMURA M,TAKAHASHI H,et al. High-throughput sequencing and *de novo* transcriptome assembly of *Swertia japonica* to identify genes involved in the biosynthesis of

therapeutic metabolites[J]. Plant Cell Reports,2016,35(10):2091-2111.

[334] ZHANG C,LI X,ZHAO Z,et al. Comprehensive analysis of the triterpenoid saponins biosynthetic pathway in *Anemone flaccida* by transcriptome and proteome profiling[J]. Frontiers in Plant Science,2016,7:1094.

[335] SHAKEEL A,ZHAN C,YANG Y,et al. The transcript profile of a traditional Chinese medicine, *Atractylodes lancea*, revealing its sesquiterpenoid biosynthesis of the major active components[J]. Plos One,2016,11(3):e0151975.

[336] KOTWAL S,KAUL S,SHARMA P,et al. *De novo* transcriptome analysis of medicinally important *Plantago ovate* using RNA-Seq[J]. Plos One,2016,11(3):e0150273.

[337] TAO L,ZHAO Y,WU Y,et al. Transcriptome profiling and digital gene expression by deep sequencing in early somatic embryogenesis of endangered medicinal *Eleutherococcus senticosus* Maxim.[J]. Gene,2016,578(1):17-24.

[338] LIAO D,WANG P,JIA C,et al. Identification and developmental expression profiling of putative alkaloid biosynthetic genes in *Corydalis yanhusuo* bulbs[J]. Scientific Reports, 2016,6:19460.

[339] 唐娟.三个茯苓品种的品质特性及转录组分析[D].长沙:湖南农业大学,2016.

[340] SU X,LI Q,CHEN S,et al. Analysis of the transcriptome of *Isodon rubescens*, and key enzymes involved in terpenoid biosynthesis[J]. Biotechnology & Biotechnological Equipment, 2016,30(3):592-601.

[341] LI Y,ZHOU J G,CHEN X L,et al. Gene losses and partial deletion of small single-copy regions of the chloroplast genomes of two hemiparasitic Taxillus species[J]. Scientific Reports, 2017,7(1):12834.

[342] MEHTA R H,PONNUCHAMY M,KUMAR J,et al. Exploring drought stress-regulated genes in senna (*Cassia angustifolia* Vahl.): a transcriptomic approach[J]. Functional & Integrative Genomics,2017,17(1):1-25.

[343] AMURA K,TERANISHI Y,UEDA S,et al. Cytochrome P450 monooxygenase CYP716A141 is a uniqueβ-amyrin C-16β oxidase involved in triterpenoid saponin biosynthesis in *Platycodon grandiflorus*[J]. Plant and Cell Physiology,2017,58(5):874-884.

[344] 谢冬梅,俞年军,黄璐琦,等.基于高通量测序的药用植物"凤丹"根皮的转录组分析[J].中国中药杂志,2017,42(15):2954-2961.

[345] 黄羽琪,童锌芯,陶向,等.基于转录组测序的冬虫夏草虫草素生物合成研究[J].中草药, 2017,48(19):4044-4050.

[346] 林爽.布渣叶转录组测序及ACGs生物合成关键基因的挖掘[D].广州:广东药科大学,2017.

[347] 代娇,时小东,顾雨熹,等.厚朴转录组SSR标记的开发及功能分析[J].中草药, 2017,48(13):2726-2732.

[348] HA J,LEE T,KIM M Y,et al. Comprehensive transcriptome analysis of *Lactuca indica*, a traditional medicinal wild plant[J]. Molecular Breeding,2017,37(9):112-123.

[349] LI Q, DING G,LI B,et al. Transcriptome analysis of genes involved in dendrobine biosynthesis in *Dendrobium nobile* Lindl. infected with mycorrhizal fungus MF23(*Mycena* sp.)[J]. Scientific Reports,2017,7(1):316-331.

[350] WANG S,WANG B,HUA W,et al. *De novo* assembly and analysis of *Polygonatum sibiricum* transcriptome and identification of genes involved in polysaccharide biosynthesis[J]. International Journal of Molecular Sciences,2017,18(9):1950-1966.

[351] ATSUSHI F,MICHIMI N,HIDEYUKI S,et al. Comparative characterization of the leaftissue of *Physalis alkekengi* and *Physalis peruviana* using RNA-seq and metabolite profiling[J]. Frontiers in Plant Science,2016,7(598):1883-1894.

[352] NADIYA F,ANJALII N,THOMAS J,et al. Transcriptome profiling of *Elettaria cardamomum* (L.) Maton(Small cardamom)[J]. Genomics Data,2017,11(C):102-103.

[353] LIU Y,WANG Y,GUO F,et al. Deep sequencing and transcriptome analyses to identify genes involved in secoiridoid biosynthesis in the Tibetan medicinal plant *Swertia mussotii*[J]. Scientific Reports,2017,7:43108-43121.

[354] LI H,FU Y,SUN H,et al. Transcriptomic analyses reveal biosynthetic genes related to rosmarinic acid in *Dracocephalum tanguticum*[J]. Scientific Reports,2017,7(1):74-83.

[355] SHEN C,HONG G,CHEN H,et al. Identification and analysis of genes associated with the synthesis of bioactive constituents in *Dendrobium officinale* using RNA-Seq[J]. Scientific Reports,2017,7(1):187-197.

[356] ZENG X,LI Y,LING H,et al. Transcriptomic analyses reveal clathrin-mediated endocytosis involved in symbiotic seed germination of *Gastrodia elata*[J]. Botanical Studies,2017,58:31.

[357] 张红艳,罗杰. 中国科学家完成博落回全基因组测序并解析苄基异奎宁类生物碱途径[J]. 植物学报,2018,53(3):289-292.

[358] 姜福星,魏丕伟,魏帼英,等. 白及转录组特性分析[J]. 分子植物育种,2018,16(7):2155-2165.

[359] PRAGATI C,MUNIYA R,SANGWAN R S,et al. *De novo* sequencing,assembly and characterisation of *Aloe vera*, transcriptome and analysis of expression profiles of genes related to saponin and anthraquinone metabolism[J]. BMC Genomics,2018,19(1):427-447.

[360] YUAN X,LI K,HUO W,et al. *De novo* transcriptome sequencing and analysis to identify genes involved in the biosynthesis of flavonoids in *Abrus mollis* leaves[J]. Russian Journal of Plant Physiology,2018,65(3):333-344.

[361] ZHANG W,TAO T,LIU X,et al. *De novo* assembly and comparative transcriptome analysis: Novel insights into sesquiterpenoid biosynthesis in *Matricaria chamomilla* L. [J]. Acta

Physiologiae Plantarum,2018,40(7):129-142.

[362] 常家东.基于转录组与代谢组学研究增加 CO_2 和升高温度对紫金牛生理和酚类合成途径的影响[D].杭州:浙江理工大学,2017.

[363] 徐文娟.滇重楼种子发育与种子休眠解除机理研究[D].北京:北京协和医学院,2013.

[364] 王琳璇.羌活全长转录组分析及苯丙氨酸代谢关键酶基因克隆与功能分析[D].西宁:青海师范大学,2021.

[365] 邓娟.基于转录组学的茅苍术种质资源研究[D].武汉:湖北中医药大学,2018.

[366] 关思静,王楠,徐蓉蓉,等.甘草幼苗响应干旱胁迫的光合、抗氧化特性及转录组分析[J].草业科学.2021,38(11):2176-2190.

[367] 王得运.水分胁迫下栀子的生理响应与转录组分析[D].南昌:江西中医药大学,2020.

[368] 蔡芷辰.基于多组学的盐胁迫下金银花的品质形成机制研究[D].南京:南京中医药大学,2021.

[369] YUAN Y,SONG L,LI M,et al. Genetic variation and metabolic pathway intricacy govern the active compound content and quality of the Chinese medicinal plant *Lonicera japonica* thumb[J]. BMC Genomics,2012,13:195.

[370] 许辉辉.蓼蓝转录组测序用于靛蓝靛玉红生物合成相关基因表达分析研究[D].长沙:湖南大学,2018.

[371] 康恒,赵志礼,倪梁红,等.全尊秦艽转录组中环烯醚萜类相关基因挖掘及验证[J].中国中药杂志.2021,46(18):4704-4711.

[372] 曹小迎,张盼盼,张方舟,等.药用植物大戟转录组及萜类代谢途径中关键酶基因的挖掘[C].中国生物工程学会第六次全国会员代表大会暨第九届学术年会论文集.2015,638.

[373] 李玥.低氮胁迫下灯盏花的转录组学研究[D].昆明:云南师范大学,2014.

[374] 李珮.基于多组学技术的药用植物亲缘学探索研究[D].北京:北京协和医学院.2021.

[375] 王一涵.葡萄科药用植物三叶崖爬藤的亲缘地理学和分子鉴定研究[D].杭州:浙江大学,2016.

[376] 陈军峰,李卿,王芸,等.高通量测序解析大青叶有效成分的生物合成途径[J].中国科学:生命科学,2018,48(4):412-422.

[377] ZHANG T Y,LIU R,ZHENG J Y,et al. Insights into glucosinolate accumulation and metabolic pathways in *Isatis indigotica* Fort. [J]. BMC Plant Biology,2022,22(1):78.

[378] 田薇,李秀梅,杨娟,等.基于网络药理学研究板蓝根抑菌活性成分及其作用机制[J].畜牧兽医学报,2022,53(8):2782-2793.

[379] CHEN J,DONG X,LI Q,et al. Biosynthesis of the active compounds of *Isatis indigotica*

based on transcriptome sequencing and metabolites profiling[J]. BMC Genomics,2013, 14:857.

[380] XIAO Y,JI Q,GAO S H,et al. Combined transcriptome and metabolite profiling reveals that *Ii*PLR1 plays an important role in lariciresinol accumulation in *Isatis indigotica*[J]. Journal of Experimental Botany,2015,66(20):6259 - 6271.

[381] ZHANG L,CHEN J,LI Q,et al. Transcriptome - wide analysis of basic helix - loop - helix transcription factors in *Isatis indigotica* and their methyl jasmonate responsive expression profiling[J]. Gene,2016,576(1):150 - 159.

[382] MA R,YING X,LV Z,et al. AP2/ERF transcription factor, *Ii*049, positively regulates lignan biosynthesis in *Isatis indigotica* through activating salicylic acid signaling and lignan/lignin pathway genes[J]. Frontiers in Plant Science,2017,8:1361.

[383] BAILEY P C,MARTIN C,TOLEDO - ORTIZ G,et al. Update on the basic helix - loop - helix transcription factor gene gamily in *Arabidopsis thaliana*[J]. Plant Cell,2003,15(11):2497 - 2501.

[384] XIAO Y,FENG J X,LI Q,et al. *Ii*WRKY34 positively regulates yield, lignan biosynthesis and stress tolerance in *Isatis indigotica*[J]. Acta Pharmaceutica Sinica B,2020,10(12):2417 - 2432.

[385] 周影影.菘蓝同源多倍体及白菜菘蓝异源多倍体后代的细胞学及转录组学研究[D].武汉:华中农业大学,2014.

[386] 林琳,刁勇,周心怡,等.靛蓝的生物活性研究进展[J].染料与染色,2019,56(4):16 - 18.

[387] 薛运生.若干靛族染料化合物结构与性能的量子化学研究[D].南京:南京理工大学,2004.

[388] 刘一萍,卢明,吴大洋.植物靛蓝染色历史及其发展[J].丝绸,2014,51(11):67 - 72.

[389] WANG S Q,KOPF A W,MARX J,et al. Reduction of ultraviolet transmission through cotton t - shirt fabrics with low ultraviolet protection by various laundering methods and dyeing: Clinical implications[J]. Journal of the American Academy of Dermatology,2001,44(5):767 - 774.

[390] ZHOU L,SHAO J Z,CHAI L Q. Study on the camouflage - protective and dyeing properties of natural dye indigo[J]. Journal of Dong Hua University,2010,27(1):46 - 51.

[391] SARKAR A K. An evaluation of UV protection imparted by cotton fabrics dyed with natural colorants[J]. BMC Dermatology,2004,4(1):15.

[392] ZHAO G,LI T,QU X,et al. Optimization of ultrasound - assisted extraction of indigo and indirubin from *Isatis indigotica* Fort. and their antioxidant capacities[J]. Food Science and Biotechnology,2017,26(5):1313 - 1323.

[393] FARIAS - SILVA E,COLA MAÍRA,CALVO T R,et al. Antioxidant activity of indigo and

its preventive effect against ethanol - induced DNA damage in rat gastric mucosa[J]. Planta Medica,2007,73(12):1241 - 1246.

[394] ANDREAZZA N L,DE LOURENO C C,STEFANELLO,et al. Photodynamic antimicrobial effects of bis - indole alkaloid indigo from *Indigofera truxillensis* Kunth (Leguminosae) [J]. Lasers in Medical Science,2015,30(4):1315 - 1324.

[395] 李伟勇,高光东.天然植物染料染色纺织品的抗菌性能试验[J].化纤与纺织技术, 2019,48(4):18 - 21.

[396] 牛亚婷.靛蓝对小鼠炎性痛的镇痛作用及其机制研究[D].银川:宁夏医科大学,2017.

[397] KAWAI S,IIJIMA H,SHINZAKI S,et al. Indigo Naturalis ameliorates murine dextran sodium sulfate - induced colitis *via* aryl hydrocarbon receptor activation[J]. Journal of Gastroenterology, 2017(52):904 - 919.

[398] 王通,曾耀英,肇静娴,等.靛蓝和靛玉红对小鼠T细胞活化与增殖的影响[J].中国药科大学学报,2005,36(5):444 - 447.

[399] KUNIKATA T,TATEFUJI T,AGA H,et al. Indirubin inhibits inflammatory reactions in delayed - type hypersensitivity[J]. European Journal of Pharmacology,2000,410(1):93 - 100.

[400] JUNG H J,NAM K N,SON M S,et al. Indirubin - 3' - oxime inhibits inflammatory activation of rat brain microglia[J]. Neuroscience Letters,2011,487(2):139 - 143.

[401] BLAEVI T,SCHAIBLE A M,WEINHUPL K,et al. Indirubin - 3 - monoxime exerts a dual mode of inhibition towards leukotriene - mediated vascular smooth muscle cell migration [J]. Cardiovascular Research,2013,101(3):522 - 532.

[402] 赖金伦.中药单体靛玉红抗LPS诱导的小鼠乳腺炎作用及机制研究[D].武汉:华中农业大学,2017.

[403] 林健,林志立,陈良善,等.靛玉红对耐甲氧西林金黄色葡萄球菌的抗菌作用[J].九江学院学报(自然科学版),2017,32(1):92 - 94.

[404] 赖金伦,刘玉辉,刘畅,等.中药靛玉红作用机理及其临床应用研究进展[J].中兽医医药杂志,2017,36(1):76 - 79.

[405] 张爱军,侯明,孙念政,等.靛玉红诱导免疫性血小板减少性紫癜小鼠免疫耐受机制的研究[J].山东大学学报(医学版),2010,48(12):42 - 45.

[406] 满媛.靛玉红对ATP引起的巨噬细胞免疫反应的影响及其机制[D].天津:南开大学,2011.

[407] DN N T,GIANG N T,CNG T O,et al. Synthesis and *in vitro* evaluation of anticancer activity of new indirubin derivatives[J]. Vietnam Journal of Chemistry,2019,56(4A):50 - 54.

[408] CHANG S J,CHANG Y C,LU K Z,et al. Antiviral activity of *Isatis indigotica* extract and its derived indirubin against Japanese encephalitis virus[J]. Evidence - Based Comple-

mentray and Alternative Medicine,2012,12(2012):1 - 7.

[409] HSUAN S L,CHANG S C,WANG S Y,et al. The cytotoxicity to leukemia cells and antiviral effects of *Isatis indigotica* extracts on pseudorabies virus[J]. Journal of Ethnopharmacology, 2009,123(1):61 - 67.

[410] MOK C,KANG S,CHAN R,et al. Anti - inflammatory and antiviral effects of indirubin derivatives in influenza A (H5N1) virus infected primary human peripheral blood - derived macrophages and alveolar epithelial cells[J]. Antiviral Research,2014,106:95 - 104.

[411] 谈德斐,郭文洁,夏娟,等.靛玉红吲哚 - 3 - 取代物对肝癌 HepG2 细胞生物学行为的影响及其机制[J].江苏大学学报:医学版,2015,25(1):38 - 42.

[412] 曹婧.靛玉红对膀胱癌细胞株中 Nanog 基因表达的影响[J].中外医疗,2012,31(25):43,45.

[413] CZELEŃ P,SZEFLER B. Molecular dynamics study of the inhibitory effects of ChEMBL474807 on the enzymes GSK - 3β and CDK - 2[J]. Journal of Molecular Modeling, 2015,21(74):1 - 8.

[414] XIAO Z,HAO Y,LIU B,et al. Indirubin and meisoindigo in the treatment of chronic myelogenous leukemia in China[J]. Leukemia Lymphoma,2002,43:1763 - 1768.

[415] 刘依,韩鲁佳,阎巧娟,等.板蓝根中靛蓝和靛玉红的提取及其质量分数的测定[J].中国农业大学学报,2003,8(6):5 - 8.

[416] 唐晓清,王康才,解芳.菘蓝叶片不同部位靛蓝、靛玉红分布规律研究[J].江西农业学报,2008,20(6):74 - 76.

[417] 邓锐,刘静,杨骏威,等.大青叶中靛蓝和靛玉红的微波法提取工艺研究[J].食品工业,2012,33(2):38 - 41.

[418] 董娟娥,龚明贵,梁宗锁,等.干燥方法和提取温度对板蓝根、大青叶有效成分的影响[J].中草药,2008,39(1):111 - 114.

[419] 唐晓清,王康才,陈暄.菘蓝花期靛蓝、靛玉红和多糖分布规律研究[J].中草药, 2011,42(7):1425 - 1428.

[420] 刘依.板蓝根有效成分的提取分离及含量测定[D].北京:中国农业大学,2002.

[421] 李海怡,黎艳光,梁青云,等.菘蓝根茎叶中靛蓝和靛玉红的提取及含量的比较[J].广东化工,2016,43(2):27 - 28.

[422] 常宝勤,李梅梅,蔺华吉,等.板蓝根中生物碱靛蓝靛玉红的提取与分析[J].农业科技与信息,2019,22:40 - 43.

[423] 马方,陈秀英.薄层层析法检测板蓝根所含靛玉红、靛蓝的方法研究[J].河南中医学院学报,2008,23(2):39,41.

[424] 王邦林,王强.板蓝根、大青叶中靛玉红、靛蓝的高效液相色谱分析[J].天津药学, 1994,6(3):30 - 33.

[425] 陈晓亚,刘培.植物次生代谢的分子生物学及基因工程[J].生命科学,1996,8(2):8-9.

[426] 戴勋.植物次生代谢[J].昭通师范高等专科学校学报,2002,24(5):35-38.

[427] DAYKIN T. Dissecting the indigo pathway[D]. Melbourne, Rmit University,2011.

[428] XIA Z Q,ZENK M H. Biosynthesis of indigo precursors in higher plants[J]. Phytochemistry, 1992,31(8):2695-2697.

[429] FREY M,SCHULLEHNER K,DICK R,et al. Benzoxazinoid biosynthesis a model for evolution of secondary metabolic pathways in plants[J]. Phytochemistry,2009,70(15-16):1645-1651.

[430] FREY M,STETTNER C,PARE P W,et al. An herbivore elicitor activates the gene for indole emission in maize[J]. Proceedings of the National Academy of Sciences,2000,97(26):14801-14806.

[431] YOSHIKO M,HIROYASU T,TAKEO K,et al. rβ-Glucosidase in the indigo plant:intracellular localization and tissue specific expression in leaves[J]. Plant and Cell Physiology,1997,38(9):1069-1074.

[432] 龚明贵.菘蓝有效成分合成积累动态与含量差异性研究[D].杨凌:西北农林科技大学,2005.

[433] 吴祺.拜耳与合成靛蓝[J].化学通报,2001,64(8):527-529.

[434] 涂小军.天然产物靛玉红及间苯三酚类衍生物的合成研究[D].西安:西北大学,2010.

[435] 顾梅英,张秀文,田淑浩.[3—^{14}C]靛玉红的合成[J].同位素,1995,8(3):160-162.

[436] WANG C L,YAN J X,DU M,et al. One step synthesis of indirubins by reductive coupling of isatins with KBH4[J]. Tetrahedron,2017,73(19):2780-2785.

[437] 姬长安,于健,严国兵.靛玉红及其衍生物的合成与研究进展[J].广州化工,2020,48(20):16-19.

[438] 辛嘉英,王艳,章俭,等.生物合成靛蓝的研究进展[J].现代化工,2008,28(7):37-41.

[439] ENSLEY B D,RATZKIN B J,OSSLUND T D,et al. Expression of naphthalene oxidation genes in Escherichia coli results in the biosynthesis of indigo[J]. Science,1983,222(4620):167-169.

[440] 马桥,曲媛媛,张旭旺,等.靛蓝的微生物合成研究新进展[J].应用与环境生物学报,2012,18(2):184-190.

[441] 李阳,朱俊歌,王建军,等.组合蛋白质工程和代谢工程设计全细胞催化剂合成靛蓝和靛玉红[J].生物工程学报,2016,32(1):41-50.

[442] YIN H F,CHEN H P,YAN M,et al. Efficient bioproduction of indigo and indirubin by optimizing a novel terpenoid cyclase XiaI in Escherichia coli[J]. ACS Omega,2021,6(31):

20569-20576.

[443] 龚明贵.菘蓝有效成分合成积累动态与含量差异性研究[D].杨凌:西北农林科技大学,2005.

[444] 陈敏.菘蓝离体培养系统的建立及其次生代谢产物的分析[D].重庆:西南师范大学,2001.

[445] 傅翔,张汉明,丁如贤.菘蓝组织培养物中靛蓝和靛玉红含量的变化[J].第二军医大学学报,2000,21(1):33-37.

[446] 毕宇.前体和诱导子对黄芩悬浮细胞生物量积累及黄芩苷含量的影响[D].齐齐哈尔:齐齐哈尔大学,2016.

[447] SANCHEZ-SAMPEDRO M A,FERNANDEZ-TARRAGO J,CORCHETE P. Yeast extract and methyl jasmonateinduced silymarin production in cell cultures of *Silybum marianum*(L.) Gaertn[J]. Journal of Biotechnology,2005,119(1):60-69.

[448] ZINDORN C. Altitudinal variation of secondary metabolites in flowering heads of the Asteraceae:trends and causes[J]. Phytochem,2009,9:197-203.

[449] 陈雅君,闫庆伟,张璐,等.氮素与植物生长相关研究进展[J].东北农业大学学报,2013,44(4):144-148.

[450] 关佳莉,王刚,张梦蕊,等.不同氮素供应水平对菘蓝生长及药材质量的影响[J].核农学报,2019,33(10):2077-2085.

[451] 关佳莉,王刚,陈曦,等.氮营养对苗期菘蓝生长及活性成分的影响[J].生态学杂志,2018,37(8):2331-2338.

[452] 高中超,张喜林,马星竹.植物体内硫素的生理功能及作用研究进展[J].黑龙江农业科学,2009,5:153-155.

[453] 缪雨静,关佳莉,曾佳乐,等.氮硫配施对苗期菘蓝中营养物质及活性成分的影响[J].中国中药杂志,2018,43(8):1571-1578.

[454] 客绍英,马艳芝.PEG 和 NaCl 胁迫对菘蓝不同四倍体株系靛蓝和靛玉红含量的影响[J].中药材,2013,36(4):525-527.

[455] 段飞,杨建雄,周西坤,等.逆境胁迫对菘蓝幼苗靛玉红含量的影响[J].干旱地区农业研究,2006,24(3):111-114.

[456] BOITELCONTI M,LABERCHE J C,LANOUE A,et al. Influence of feeding precursors on tropane alkaloid production during an abiotic stress in *Datura innoxia* transformed roots[J]. Plant Cell Tissue Organ culture,2000,60(2):131-137.

[457] 李天,王艳颖,张馨跃,等.茉莉酸甲酯处理对鲜切芹菜生理品质的影响[J].食品研究与开发,2014,35(9):120-124.

[458] VERNOOIJ B,FRIEDRICH L,WEYMANN K,et al. A central role of salicylic acid in plant disease resistance[J]. Science,1994,266(5188):1247-1250.

[459] 林忠平,胡鸢雷.植物抗逆性与水杨酸介导的信号转导途径的关系[J].植物学报,

1997,24(3):220-224.

[460] 刘春朝,王玉春,赵兵,等.生物诱导子调节植物组织次生代谢的研究[J].植物学通报,1999,16(2):36-42.

[461] 肖春桥,高洪,池汝安.诱导子促进植物次生代谢产物生产的研究进展[J].天然产物研究与开发,2004,16(5):473-476.

[462] XU W,ZHANG L B,CUNNINGHAM A B,et al. Blue genome:chromosome-scale genome reveals the evolutionary and molecular basis of indigo biosynthesis in *Strobilanthes cusia* [J]. The Plant Journal,2020,104(4):864-879.

[463] WANG W J,WU Y,XU H H,et al. Accumulation mechanism of indigo and indirubin in *Polygonum tinctorium* revealed by metabolite and transcriptome analysis[J]. Industrial Crops and Products,2019,141:111783.

[464] KIM H J,JANG S,KIM J,et al. Biosynthesis of indigo in *Escherichia coli* expressing self-sufficient CYP102A from *Streptomyces cattleya*[J]. Dyes and Pigments,2017,140:29-35.

[465] WARZECHA H,FRANK A,PEER M,et al. Formation of the indigo precursor indican ingenetically engineered tobacco plants and cell cultures[J]. Plant Biotechnology Journal,2007,5(1):185-191.

[466] INOUE S,MORITA R,MINAMI Y. An indigo-producing plant, *Polygonum tinctorium*, possesses a flavin-containing monooxygenase capable of oxidizing indole[J]. Biochemical and Biophysical Research Communications,2021,543:199-205.

[467] 杨树.基于菘蓝基因组测序的大数据分析和功能基因研究[D].西安:陕西师范大学,2019.

[468] NGUYEN V P T,STEWART J D,LOPEZ M,et al. Glucosinolates:natural occurrence,biosynthesis,accessibility,isolation,structures,and biological activities[J]. Molecules,2020,25(19):4537.

[469] 阮颖,周朴华,刘春林.植物硫代葡萄糖苷-黑芥子酶底物酶系统[J].湖南农业大学学报(自然科学版),2007,33(1):18-23,78.

[470] 腊贵晓,方萍.芥子油苷分解研究进展[J].食品科学,2008,29(1):350-354.

[471] 苗慧莹,郭容芳,赵彦婷,等.芥子油苷代谢调控和葡萄糖信号转导研究进展[J].食品安全质量检测学报,2012,3(5):367-372.

[472] 袁高峰,陈思学,汪俏梅.芥子油苷及其代谢产物的生物学效应研究与应用[J].核农学报,2009,23(4):664-668,716.

[473] ANDINI S,ARAYA-CLOUTIER C,SANDERS M,et al. Simultaneous analysis of glucosinolates and isothiocyanates by Reversed-Phase Ultra-High-Performance Liquid Chromatography-Electron Spray Ionization-Tandem Mass Spectrometry[J]. Journal of Agricultural and Food Chemistry,2020,68(10):3121-3131.

[474] HALKER B A, DU L. The biosynthesis of glucosinolates[J]. Trends in Plant Science, 1997, 2(11):425-431.

[475] WITTSTOCK U, HALKIER BA. Glucosinolate research in the *Arabidopsis* era[J]. Trends in Plant Science, 2002, 7(6):263-270.

[476] 赵桂红. 基于 RNA-seq 的菘蓝 CYP450 基因家族分析及芥子油苷合成相关基因的初步研究[D]. 西安:陕西师范大学, 2017.

[477] HARUN S, ABDULLAH-ZAWAWI M R, GOH H H, et al. A comprehensive gene inventory for glucosinolate biosynthetic pathway in *Arabidopsis thaliana*[J]. Journal of Agricultural and Food Chemistry, 2020, 68(28):7281-7297.

[478] MITHEN R, BENNETT R N, MARQUEZ J, et al. Glucosinolate biochemical diversity and innovation in the Brassicales[J]. Phytochemistry, 2010, 71(17-18):2074-2086.

[479] 钟海秀, 陈亚州, 阎秀峰. 植物芥子油苷代谢及其转移[J]. 生物技术通报, 2007, 3:44-48.

[480] 王军伟, 黄科, 黄英娟, 等. 十字花科蔬菜硫代葡萄糖苷合成相关转录因子调控研究进展[J]. 园艺学报, 2019, 46(9):1752-1764.

[481] 杨雨剑. 地钱中合成芥子油苷的初步研究[D]. 哈尔滨:东北农业大学, 2021.

[482] MIKKELSEN M D, PETERSEN B L, OLSEN C E, et al. Biosynthesis and metabolic engineering of glucosinolates[J]. Amino Acids, 2002, 22(3):279-95.

[483] LAI D, MAIMANN A B, MACEA E, et al. Biosynthesis of cyanogenic glucosides in *Phaseolus lunatus* and the evolution of oxime-based defenses[J]. Plant Direct, 2020, 4(8):1-13.

[484] 汪俏梅, 曹家树. 芥子油苷研究进展及其在蔬菜育种上的应用前景[J]. 园艺学报, 2001(S1):669-675.

[485] 张凯鑫, 赵海燕, 李晶. 芥子油苷-黑芥子酶防御系统的最新研究进展[J]. 植物生理学报, 2017, 53(12):2069-2077.

[486] ZHANG L B, YANG H Z, WANG Y N, et al. Blue footprint: Distribution and use of indigo-yielding plant species *Strobilanthes cusia* (Nees) Kuntze[J]. Global Ecology and Conservation, 2021, 30:e01795

[487] ROLLIN P, TATIBOU, T A. Glucosinolates: The synthetic approach[J]. Comptes Rendus-Chimie, 2011, 14(2-3):194-210.

[488] BROWN P D, TOKUHISA J G, REICHELT M, et al. Variation of glucosinolate accumulation among different organs and developmental stages of *Arabidopsis thaliana*[J]. Phytochemistry, 2003, 62(3):471-481.

[489] 徐文佳, 陈亚州, 阎秀峰. 芥子油苷-黑芥子酶系统及其在植物防御和生长发育中的作用[J]. 植物生理学通讯, 2008, 44(6):1189-1196.

[490] CLARKE J D, DASHWOOD R H, HO E. Multi-targeted prevention of cancer by sulfora-

phane[J]. Cancer Letters,2008,269(2):291-304.

[491] 汪俏梅,ABEL S.异硫代氰酸盐的抗癌机理及其相关研究[J].细胞生物学杂志, 2002,24(3):171-175.

[492] PAPPA G,LICHTENBERG M,IORI R,et al. Comparison of growth inhibition profiles and mechanisms of apo-ptosis induction inhuman colon cancer cell lines by isothiocyanate and indoles from Brassicaceae[J]. Mutation Research/Fundamental & Molecular Mechanisms of Mutagenesis,2006,599(1-2):76-87.

[493] 蔡晓明,胡秀卿,吴珉,等.芥子油苷在十字花科植物与昆虫相互关系中的作用[J].应用生态学报,2012,23(2):573-580.

[494] MüLLER R,VOS M D,SUN J Y,et al. Differential effects of indole and aliphatic glucosinolates on *Lepidopteran Herbivores*[J]. Journal of Chemical Ecology,2010,36(8):905-913.

[495] 李一蒙,陈亚州,阎秀峰.植物中的吲哚族芥子油苷与生长素代谢途径的关系[J].植物生理学通讯,2009,45(2):195-201.

[496] LEE J G,KIM J S. Variation of glucosinolate content in the root of susceptible and resistant Chinese cabbage cultivars during development of clubroot disease[J]. Korean Journal of Horticultural Science & Technology,2010,28(2):200-208.

[497] KUNKEL B N,BROOKS D M. Cross talk between signaling pathways in pathogen defense [J]. Current Opinion in Plant Biology,2002,5(4):325-331.

[498] 石璐,李梦莎,王丽华,等.COI1参与茉莉酸调控拟南芥吲哚族芥子油苷生物合成过程[J].生态学报,2012,32(17):5438-5444.

[499] MIKKELSEN M D,PETERSEN B L,GLAWISCHNIG E,et al. Modulation of CYP79 genes and glucosinolate profiles in *Arabidopsis* by defense signaling pathways[J]. Plant Physiology,2003,131(1):298-308.

[500] TEASDALE J R,TAYLORSON R B. Weed seed response to methyl isothiocyanate and metham[J]. Weed Science,1986,34(4):520-524.

[501] MOHN T,SUTER K,HAMBURGER M. Seasonal changes and effect of harvest on glucosinolates in *Isatis* leaves[J]. Planta Medica,2008,74(5):582-587.

[502] MOHN T,HAMBURGER M. Glucosinolate pattern in *Isatis tinctoria* and *I. indigotica* seeds [J]. Planta Medica,2008,74(8):885-888.

[503] ANGELINI L G,TAVARINI S,ANTICHI D,et al. Fatty acid and glucosinolate patterns of seed from *Isatis indigotica* Fortune as bioproducts for green chemistry[J]. Industrial Crops & Products,2015,75(S1):51-58.

[504] GUO Q,SUN Y,TANG Q,et al. Isolation,identification,biological estimation,and profiling of glucosinolates in *Isatis indigotica* roots[J]. Journal of Liquid Chromatography & Related Technologies,2020,43(15-16):645-656.

[505] GUO Q,LI Z,SHEN L,et al. Quantitative 1H nuclear magnetic resonance (qHNMR) methods for accurate purity determination of glucosinolates isolated from *Isatis indigotica* roots[J]. Phytochemical Analysis,2020,32(1):104-111.

[506] 钱丽丽,刘江丽,李扬,等.西兰花中硫代葡萄糖苷的提取及抑菌试验初报[J].中国农学通报,2008,24(2):335-338.

[507] 胡相云,何华.茎瘤芥叶芥子油苷的提取工艺优化研究[J].食品科技,2015,40(7):217-220.

[508] DOHENY-ADAMS T,REDEKER K,KITTIPOL V,et al. Development of an efficient glucosinolate extraction method[J]. Plant Methods,2017,13:17.

[509] CHENG L,WU J,LIANG H,et al. Preparation of Poly (glycidyl methacrylate) (PGMA) and amine modified PGMA adsorbents for purification of glucosinolates from Cruciferous plants[J]. Molecules,2020,25(14):3286.

[510] 周锦兰,胡健华,裘爱泳.油菜籽中主要硫甙的分离提纯[J].色谱,2005,23(4):411-414.

[511] XIE Z,WANG R,WU Y,et al. An efficient method for separation and purification of glucosinolate stereoisomers from Radix Isatidis[J]. Journal of Liquid Chromatography & Related Technologies,2012,35(1-4):153-161.

[512] FAHEY J W,WADE K L,STEPHENSON K K,et al. Separation and purification of glucosinolates from crude plant homogenates by high-speed counter-current chromatography[J]. Journal of Chromatography A,2003,996(1-2):85-93.

[513] SONG L,IORI R,THORNALLEY P J. Purification of major glucosinolates from Brassicaceae seeds and preparation of isothiocyanate and amine metabolites[J]. Journal of the Science of Food & Agriculture, 2006,86(8):1271-1280.

[514] 李秋云,戴绍军,陈思学,等.萝卜芥子油苷组分及含量的分析[J].园艺学报,2008,35(8):1205-1208.

[515] 腊贵晓,方萍,李亚娟,等.液相色谱质谱联用分离、鉴定芥蓝中脱硫芥子油苷[J].浙江大学学报(农业与生命科学版),2008,34(5):557-563.

[516] 甘瑾,冯颖,张弘,等.三种色型玛咖芥子油苷组分及含量分析[J].中国农业科学,2012,45(7):1365-1371.

[517] 唐霖,殷红军,斯聪聪,等.HPLC测定不同产地玛咖中苄基芥子油苷的含量[J].中国中药杂志,2015,40(23):4541-4544.

[518] 钟海秀,戴绍军,阎秀峰.水培拟南芥中芥子油苷组成与含量的初步分析[J].黑龙江大学自然科学学报,2007,24(3):321-323,327.

[519] 田云霞,戴绍军,陈思学,等.机械损伤对拟南芥莲座叶芥子油苷含量和组成的影响[J].生态学报,2009,29(4):1647-1654.

[520] FAHEY J W,ZHANG Y,TALALAY P,et al. Broccoli sprouts:An exceptionally rich

source of inducers of enzymes that protect against chemical carcinogens[J]. Proceedings of the National Academy of Sciences of the United States of America,1997,94(19):10367 - 10372.

[521] SCHWEIZER F,FERNáNDEZ - CALVO P,ZANDER M,et al. *Arabidopsis* basic helix - loop - helix transcription factors MYC2,MYC3,and MYC4 regulate glucosinolate biosynthesis,insect performance, and feeding behavior[J]. Plant Cell,2013,25(8):3117 - 3132.

[522] 李一蒙.脂肪族芥子油苷 MYB 转录因子的独立功能解析[D].哈尔滨:东北林业大学,2013.

[523] 夏洪宇.拟南芥吲哚族芥子油苷调控基因的表达模式分析[D].哈尔滨:东北农业大学, 2017.

[524] FRERIGMANN H,GIGOLASHVILI T. MYB34, MYB51 and MYB122 distinctly regulate indolic glucosinolate biosynthesis in *Arabidopsis thaliana*[J]. Molecular Plant,2014,7(5):814 - 828.

[525] MALITSKY S,BLUM E,LESS H,et al. The transcript and metabolite networks affected by the twoclades of *Arabidopsis* glucosinolate biosynthesis regulators[J]. Plant Physiology,2008,148(4):2021 - 2049.

[526] BENDER J,FINK G R. A Myb homologue,ATR1, activates tryptophan gene expression in *Arabidopsis*[J]. Proceedings of the National Academy of Sciences of The United States of America,1998,95(10):5655 - 5660.

[527] CELENZA J L,QUIEL J A,SMOLEN G A,et al. The *Arabidopsis* ATR1 Myb transcription factor controls indolicglucosinolate homeostasis[J]. Plant Physiology,2005,137(1):253 - 262.

[528] SCHNEIDER A,KIRCH T,GIGOLASHVILI T,et al. A transposon - based activation - tagging population in *Arabidopsis thaliana* (TAMARA) and its application in the identification of dominant developmental and metabolic mutations[J]. Febs Letters,2005,579(21):4622 - 4628.

[529] 陆苗,李明宵,王晶,等.菘蓝 *MYB34* 基因的克隆及其表达分析[J].西北植物学报,2017,37(11):2139 - 2145.

[530] GIGOLASHVILI T,BERGER B,MOCK H P,et al. The transcription factor HIG1/MYB51 regulates indolicglucosinolate biosynthesis in *Arabidopsis thaliana*[J]. Plant Journal for Cell & Molecular Biology,2007,50(5):886 - 901.

[531] SCHLAEPPI K,ABOU - MANSOUR E,BUCHALA A,et al. Disease resistance of *Arabidopsis* to *Phytophthora* Brassicae is established by the sequential action of indole glucosinolates and camalexin[J]. Plant Signaling & Behavior,2010,62(5):840 - 851.

[532] AGERBIRK N,VOS M D,KIM J H,et al. Indole glucosinolate breakdown and its biologi-

caleffects[J]. Phytochemistry Reviews,2009,8(1):101 - 120.

[533] GIGOLASHVILI T,BERGER B,FLÜGGE U I. Specific and coordinated control of indolic and aliphatic glucosinolate biosynthesis by R2R3 - MYB transcription factors in *Arabidopsis thaliana*[J]. Phytochemistry Reviews,2009,8(1):3 - 13.

[534] ZHOU J,KONG W,ZHAO H,et al. Transcriptome - wide identification of indole glucosinolate dependent flg22 - response genes in *Arabidopsis*[J]. Biochemical and Biophysical Research Communications,2019,520(2):311 - 319.

[535] 王晶莹. 地钱遗传转化体系的建立及芥子油苷代谢工程的初探[D]. 哈尔滨:东北农业大学,2019.

[536] FRERIGMANN H. Glucosinolate regulation in a complex relationship - MYC and MYB - no one can act without each other[J]. Advances in Botanical Research,2016,80:57 - 97.

[537] PFALZ M,MUKHAIMAR M,PERREAU F,et al. Methyl transfer in glucosinolate biosynthesis mediated by indole glucosinolate O - Methyl transferase 5[J]. Plant Physiology,2016,172(4):2190 - 2203.

[538] ALTSCHUL S F,GISH W,MILLER W,et al. Basic local alignment search tool[J]. Journal of Molecular Biology,1990,215(3):403 - 410.

[539] GASTEIGER E,GATTIKER A,HOOGLAND C,et al. ExPASy:the proteomics server for in - depth protein knowledge and analysis[J]. Nucleic Acids Research,2003,31(13):3784 - 3788.

[540] CHOU K C,SHEN H B. A new method for predicting the subcellular localization of eukaryotic proteins with both single and multiple sites:Euk - mPLoc 2.0[J]. PLos One, 2010, 5(4):e9931.

[541] POTTER S C,LUCIANI A,EDDY S R,et al. HMMER web server:2018 update[J]. Nucleic Acids Research Web Server Issue,2018,46(W1):W200 - W204.

[542] PRICE M N,DEHAL P S,ARKIN A P. Fasttree 2 - approximately maximum likelihood trees for large alignments[J]. Plos One,2010,5(3):e9490

[543] KUMAR S,STECHER G,TAMURA K. MEGA7:Molecular evolutionary genetics analysis version 7.0 for bigger datasets[J]. Molecular Biology and Evolution,2016,33(7):1870 - 1874.

[544] VOORRIPS R E. MapChart:Software for the graphical presentation of linkage maps and QTLs[J]. The Journal of Heredity,2002,93(1):77 - 78.

[545] MARION K,JUTTA P. The multi - protein family of *Arabidopsis* sulphotransferases and their relatives in other plant species[J]. Journal of Experimental Botany,2004,55(404):1809 - 1820.

[546] HIRSCHMANN F,PAPENBROCK J. The fusion of genomes leads to more options:A comparative investigation on the desulfo - glucosinolate sulfotransferases of *Brassica napus* and

[547] ZANG Y,KIM H U,KIM J A,et al. Genome-wide identification of glucosinolate synthesis genes in *Brassica rapa*[J]. Febs Journal,2009,276(13):3559-3574.

[548] TIM I,STEFANIE K,SEEMA S,et. al. Transcriptional activation and production of tryptophan-derived secondary metabolites in *Arabidopsis* roots contributes to the defense against the fungal vascular pathogen *Verticillium longisporum*[J]. Molecular Plant,2012,5(6):1389-1402.

[549] JENSEN L M,JEPSEN H K,HALKIER B A,et al. Natural variation in cross-talk between glucosinolates and onset of flowering in *Arabidopsis*[J]. Frontiers in Plant Science,2015,6:697.

[550] NEAL C S,FREDERICKS D P,GRIFFITHS C A,et al. The characterisation of *AOP2*:a gene associated with the biosynthesis of aliphatic alkenyl glucosinolates in *Arabidopsis thaliana*[J]. BMC Plant Biology,2010,10:170.

[551] JENSEN L M,KLIEBENSTEIN D J,BUROW M. Investigation of the multifunctional gene *AOP3* expands the regulatory network fine-tuning glucosinolate production in *Arabidopsis*[J]. Frontiers in Plant Science,2015,6:762.

[552] GRUBB C D,ZIPP B J,LUDWIG-MüLLER J,et al. *Arabidopsis* glucosyltransferase UGT74B1 functions in glucosinolate biosynthesis and auxin homeostasis[J]. Plant Journal,2004,40(6):893-908.

[553] 苍炜.脂肪族芥子油苷侧链修饰酶黄素单氧化酶FMOGS-OX家族在十字花科植物中的进化研究[D].哈尔滨:东北农业大学,2018.

[554] MIAO H,WEI J,ZHAO Y,et al. Glucose signalling positively regulates aliphatic glucosinolate biosynthesis[J]. Journal of Experimental Botany,2013,64(4):1097-1109.

[555] 吕山花,孙宽莹,樊颖伦.拟南芥根特异表达基因启动子在烟草中的表达[J].西北植物学报,2011,31(6):1105-1109.

[556] WHEAT C W,VOGEL H,WITTSTOCK U,et al. The genetic basis of a plant-insect coevolutionary key innovation[J]. Proceedings of the National Academy of Sciences of The United States of America,2007,104(51):20427-20431.

[557] BACKENKOHLER A,EISENSCHMIDT D,SCHNEEGANS N,et al. Iron is a centrally bound cofactor of specifier proteins involved in glucosinolate breakdown[J]. Plos One,2018,13(11):e0205755.

[558] MIAO Y,ZENTGRAF U. The antagonist function of *Arabidopsis* WRKY53 and ESR/ESP in leaf senescence is modulated by the jasmonic and salicylic acid equilibrium[J]. The Plant Cell,2007,19(3):819-830.

[559] 马燕勤,李典珍,姚静雯,等.菘蓝环硫指定蛋白基因 *IiESP* 的克隆及其编码产物的亚细胞定位[J].植物生理学报,2016,52(1):73-84.

[560] WU J,CAI G,TU J,et al. Identification of QTLs for resistance to sclerotinia stem rot and *BnaC. IGMT5. a* as a candidate gene of the major resistant QTL *SRC6* in *Brassica napus* [J]. Plos One,2013,8(7):e67740

[561] HE H, LIANG G, LI Y, et al. Two young MicroRNAs originating from target duplication mediate nitrogen starvation adaptation via regulation of glucosinolate synthesis in *Arabidopsis thaliana*[J]. Plant Physiol, 2014,164:853-865.

[562] KLIEBENSTEIN D J, LAMBRIX V M, REICHELT M, et al. Gene duplication in the diversification of secondary metabolism: tandem 2-oxoglutarate-dependent dioxygenases control glucosinolate biosynthesis in *Arabidopsis*[J]. Plant Cell Online, 2001, 13(3): 681-693.

[563] GIGOLASHVILI T,ENGQVIST M K,YATUSEVICH R,et al. HAG2/MYB76 and HAG3/MYB29 exert a specific and coordinated control on the regulation of aliphatic glucosinolate biosynthesis in *Arabidopsis thaliana*[J]. New Phytologist,2008,177(3):627-642.

[564] SONDERBY I E,BUROW M,ROWE H C,et al. A complex interplay of three R2R3 MYB transcription factors determines the profile of aliphatic glucosinolates in *Arabidopsis*[J]. Plant Physiology,2010,153(1):348-363.

[565] 安娜.木脂素类化合物药理作用的研究进展[J].科学技术创新,2019,4:28-29.

[566] 陶凯奇,王红,周宗宝,等.木脂素类化合物的结构及生物活性研究进展[J].中南药学,2017,15(1):70-74.

[567] 王彦志,牛堃,冯卫生,等.复合型木脂素类化合物的研究进展[J].中医学报,2010,25(6):1246-1248.

[568] CLERCQ E D. New anti-HIV agents and targets[J]. Medicinal Research Reviews. 2002,22(6):531-565.

[569] LI S,WANG Z T,ZHANG M,et al. A new pinoresinol-type lignan from *Ligularia kanaitizensis*[J]. Natural Product Research,2005,19(2):125-129.

[570] LI R T,HAN Q B,ZHENG Y T,et al. Anti-HIV lignans from *Schisandra micrantha*[J]. Chinese Journal of Natural Medicines,2005,3(4):208-212.

[571] LEE J S,HUH M S,KIM Y C,et al. Lignan, sesquilignans and dilignans, novel HIV-1 protease and cytopathic effect inhibitors purified from the rhizomes of *Saururus chinensis* [J]. Antiviral Research,85(2):425-428.

[572] CHEN D F, ZHANG S X, CHEN K, et al. Two new lignans, interiotherins A and B, as anti-HIV principles from *Kadsura interior*[J]. Journal of Natural Products, 1996, 59(11):1066-1068.

[573] Li Z T,LI L,CHEN T T,et al. Efficacy and safety of Ban-Lan-Gen granules in the treatment of seasonal influenza: study protocol for a randomized controlled trial [J]. Trials, 2015, 16(1):126.

[574] LIN C W,TSAI F J,TSAI C H,et al. Anti – SARS coronavirus 3C – like protease effects of *Isatis indigotica* root and plant – derived phenolic compounds[J]. Antiviral Research, 2005,68(1): 36 – 42.

[575] 杨华,蔡于琛,庞冀燕,等.苯并呋喃类木脂素衍生物通过抑制细胞周期蛋白质活性诱导 MGF – 7 细胞 G2/M 期阻滞及凋亡[J].药学学报,2008,43(2):138 – 144.

[576] 禹洁,刘培勋,龙伟,等.五味子总木脂素的分离纯化与体外抗肿瘤活性的研究[J].中国药师,2009,12(12):1718 – 1720.

[577] 米靖宇,宋纯清.牛蒡子中木脂素类化合物的抗肿瘤及免疫活性[J].时珍国医国药,2002,13(3):168 – 169.

[578] 王晓闻,章华平,陈峰,等.绞股蓝中木脂素体外抗氧化及抑菌活性研究[J].食品科学,2010,31(13):154 – 157.

[579] 谢景宇,张贵龙,于志国.野艾蒿中双四氢呋喃类木脂素的提取分离及其抑菌活性[J].农药学学报,2019,21(3):383 – 388.

[580] 洪梦佳,黄庆德,许继取,等.亚麻木脂素抗氧化性能的研究及应用现状[J].中国油脂,2018,43(11):122 – 126.

[581] 崔桂友,段海,纪莉莲.蜂胶中具有抗氧化活性的木脂素[J].食品科学,2002,23(12):117 – 120.

[582] 王会娟,陆兔林,毛春芹,等.高效液相色谱法同时测定五味护肝咀嚼片中 7 种木脂素类成分的含量[J].中国医院药学杂志,2013,33(8):660 – 661.

[583] KIM J H,KWON S S,JEONG H U,et al. Inhibitory effects of dimethyllirioresinol, epimagnolin A, eudesmin, fargesin, and magnolin on cytochrome P450 enzyme activities in human liver microsomes[J]. International Journal of Molecular Sciences,2017,18(5):952.

[584] 谷娟,欧阳冬生,李玲,等.醛糖还原酶抑制剂及杜仲木脂素对自发性高血压大鼠心血管重塑的影响[C].湖南省生理—药理科学青年论坛论文摘要汇编:2009:22 – 23.

[585] 孙晶,徐俭.木脂素对小鼠免疫功能的影响[J].哈尔滨医科大学学报,2010,44(5):467 – 470.

[586] CAI E B,YANG L M,JIA C X,et al. The synthesis and evaluation of arctigenin amino acid ester derivatives[J]. Chemical & Pharmaceutical Bulletin,2016,64(10):1466 – 1473.

[587] MAIOLI M,BASSOLI V,CARTA P,et al. Synthesis of magnolol and honokiol derivatives and their effect against hepatocarcinoma cells[J]. Plos One,2018,13(2):e0192178.

[588] HE T,WANG Q Y,SHI J Z,et al. Synthesis and the hepatoprotective activity of dibenzocyclooctadiene lignan derivatives[J]. Bioorganic & Medicinal Chemistry Letters,2014,24(7):1808 – 1811.

[589] 汪丽.鬼臼毒素衍生物的设计、合成及抗肿瘤活性研究[D].杭州:浙江大学,2011.

[590] 解可波,陈日道,张玉娇,等.4′ – 去甲基表鬼臼毒素的酶法糖基化[J].中国中药杂志.2017,42(12):2323 – 2328.

[591] BERNASKOVA M,SCHOEFFMANN A,SCHUEHLY W,et al. Nitrogenated honokiol derivatives allosterically modulate GABA(A) receptors and act as strong partial agonists[J]. Bioorganic & Medicinal Chemistry,2015,23(20):6757-6762.

[592] 魏雪苗,侯建成,刘洋,等.五味子木脂素研究进展[J].吉林医药学院学报,2010,39(2):115-118.

[593] 夏提古丽·阿不利孜,贾晓光,熊元君,等.八角莲的研究进展[J].新疆中医药,2006,28(3):69-72.

[594] 张曜武,牛晓丽,王超.淫羊藿属木脂素类化学成分研究进展[J].天津化工,2010,24(6):8-10,16.

[595] 张旗,苏涅,汤明杰,等.连翘的木脂素类化合物研究进展[C].中华中医药学会.中药化学分会学术年会论文集:2013:121-128.

[596] 荆文光,张权,杜杰,等.不同产地厚朴药材中3种木脂素类成分含量测定及聚类分析[J].世界科学技术:中医药现代化,2018,20(10):1822-1827.

[597] 刘抗伦.牛蒡子木脂素成分的抗肿瘤作用和机理研究[D].广州:广州中医药大学,2013.

[598] 黄坤,蒋伟,赵纪峰,等.濒危药用植物桃儿七中鬼臼毒素和总木脂素含量测定[J].中国中药杂志,2012,37(10):1360-1365.

[599] 张英.杜仲木脂素类成分及其测定方法的研究进展[J].北方药学,2014,11(3):53-54.

[600] 左月明,张忠立,吴华强,等.三白草木脂素类化学成分的研究[J].中国实验方剂学杂志,2013,19(21):70-73.

[601] 李瑞,李彦程,武玉卓,等.赤芍水提物化学成分的研究[J].中国中药杂志,2018,43(14):2956-2963.

[602] 徐诺.海南蒲桃中的木脂素葡糖甙[J].国外医学(中医中药分册),1999,5:44.

[603] 杜如男.两种八角属植物与青蒿的化学成分研究[D].昆明:昆明医科大学,2018.

[604] 顾健,李佳川,樊利娜.藏药波棱瓜子总木脂素对刀豆球蛋白(ConA)致免疫性肝损伤小鼠保护作用及其机制探讨[J].西南民族大学学报(自然科学版),2014,40(3):375-387,481.

[605] 冯卫生,陈辉,郑晓珂.中华卷柏的化学成分研究[J].中草药,2008,39(5):654-656.

[606] 王景丽,马燕子,赵春雪,等.三尖杉茎叶的木脂素类化合物研究[J].中草药,2020,51(1):36-42.

[607] 田二丽,杨光忠,梅之南,等.五叶山小橘化学成分的研究[J].中草药,2014,45(10):1358-1362.

[608] 陈辉,朱莹,孔江波,等.黄精中1个新的苯骈呋喃型木脂素[J].中草药,2020,51(1):21-25.

[609] 刘海利,吴立军,吴斌.板蓝根木脂素苷A的平面结构研究[J].波谱学杂志,2002,19(3):315-319.

[610] 张永文,俞敏倩,陈玉武,等.板蓝根中的木脂素双葡萄糖苷[J].中国中药杂志,2005,30(5):395-397.

[611] 陈瀚.板蓝根醇提部位化学成分及抗氧化活性研究[D].南京:南京中医药大学,2012.

[612] 陈烨,范春林,王英,等.板蓝根的化学成分研究[J].中国中药杂志,2018,43(10):2091-2096.

[613] 刘云海,秦国伟,丁水平,等.板蓝根化学成分的研究(Ⅲ)[J].中草药,2002,33(2):97-99.

[614] 肖春霞.黔产南板蓝根中抗流感病毒化学成分的研究[D].贵阳:贵州大学,2018.

[615] 王晓良,陈明华,王芳,等.板蓝根水提取物的化学成分研究[J].中国中药杂志,2013,38(8):1172-1182.

[616] 孙东东,何立巍,陈建伟,等.基于多指标综合检测优选板蓝根提取工艺[J].北京中医药大学学报,2013,36(3):183-187.

[617] 黄远,李菁,徐科一,等.板蓝根抗流感病毒有效成分研究进展[J].中国现代应用药学,2019,36(20):2618-2623.

[618] BOERJAN W,RALPH J,BAUCHER M. Lignin biosynthesis[J]. Annual Review of Plant Biology. 2003,54:519-546.

[619] VANHOLME R,DEMEDTS B,Morreel K,et al. Lignin biosynthesis and structure[J]. Plant Physiology. 2010,153(3):895-905.

[620] AMBAVARAM M M,KRISHNAN A,TRIJATMIKO K R,et al. Coordinated activation of cellulose and repression of lignin biosynthesis pathways in rice[J]. Journal of Experimental Botany. 2015,66(20):6259-6271.

[621] LI Q,CHEN J,XIAO Y,et al. The dirigent multigene family in *Isatis indigotica*:gene discovery and differential transcript abundance[J]. BMC Genomics,2014,15(38):388.

[622] PICKEL B,CONSTANTIN M,PFANNSTIEL J,et al. An enantiocomplementary dirigent protein for the enantioselective laccase-catalyzed oxidative coupling of phenols[J]. Angewandte Chemie International Edition. 2010,49(1):202-204.

[623] DAVIN L B,WANG H B,CROWELL A L,et al. Stereoselective bimolecular phenoxy radical coupling by an auxiliary (dirigent) protein without an active center[J]. Science,1997,275(5298):362-366.

[624] 刘千子,宋文琦,张世华,等.菘蓝中苯丙氨酸解氨酶家族基因的鉴定及分析[J].中国校医,2019,33(6):3.

[625] MA R F,LIU Q Z,XIAO Y,et al. The phenylalanine ammonia-lyase gene family in *Isatis indigotica* Fort.:molecular cloning,characterization,and expression analysis[J]. Chinese

Journal of Natural Medicines,2016,14(11):801-812.

[626] 胡永胜,张磊,陈万生.菘蓝中肉桂酸-4-羟基化酶基因克隆与表达分析[J].中草药,2015,46(1):101-106.

[627] 周洵.菘蓝中4-香豆酰辅酶A连接酶家族的功能研究[D].上海:第二军医大学,2013.

[628] 董宏然,杨健,黄璐琦,等.菘蓝莽草酸羟基肉桂酸酰转移酶 IiHCT 基因的克隆和表达分析[J].中国中药杂志,2015,40(21):4149-4154.

[629] 宣洪娇.菘蓝木脂素生源合成途径五个关键酶基因的功能研究[D].佳木斯:佳木斯大学,2012.

[630] 陆倍倍.四倍体菘蓝中优良品质相关基因的克隆及研究[D].上海:第二军医大学,2006.

[631] 胡永胜.菘蓝中木脂素生源合成途径五个关键酶基因的克隆与功能分析[D].上海:第二军医大学,2010.

[632] 陈瑞兵.Dirigent 蛋白催化菘蓝有效成分木脂素生物合成的机制研究[D].上海:第二军医大学,2018.

[633] 冯婧娴.丹参漆酶及菘蓝转录因子 WRKY34 的功能研究[D].上海:第二军医大学,2019.

[634] 郭良栋.内生真菌研究进展[J].菌物系统,2001,20(001):148-152.

[635] HYDE K D,SOYTONG K. The fungal endophyte dilemma[J]. Fungal Diversity,2008,33:163-173.

[636] 冯乃宪,徐尔尼,徐颖宣,等.植物内生真菌资源的研究进展[J].食品科技,2007,10:4-7.

[637] AGHDAM S A, BROWN A. Deep learning approaches for natural product discovery from plant endophytic microbiomes[J]. Environmental Microbiome,2021,16:6.

[638] 袁志林,章初龙,林福呈.植物与内生真菌互作的生理与分子机制研究进展[J].生态学报,2008,28(9):4430-4439.

[639] ZIMOWSKA B,BIELECKA M,ABRAMCZYK B,et al. Bioactive products from endophytic fungi of sages (*Salvia* spp.) [J]. Agriculture-basel,2020,10(11):543.

[640] 张昊,刘苗苗,刘晓娜,等.内生菌影响药用植物产生药理活性化合物的研究进展[J].生物技术通报,2022,38(8):41-51.

[641] RODRIGUEZ R J,REDMAN R S,HENSON J M. The role of fungal symbioses in the adaptation of plant to high stress environments[J]. Mitigation and Adaptation Strategies for Global Change,2004,9(3):261-272.

[642] READ J C,CAMP B J. The effect of the fungal endophyte *Acremonium coenophialum* in tall fescue on animal performance, toxicity, and stand maintenance[J]. Agronomy Journal,1986,78(5):848-850.

[643] MEJIA L C, ROJAS E I, MAYNARD Z, et al. Endophytic fungi as biocontrol agents of *Theobroma cacao* pathogens[J]. Biological Control,2008,46(1):4-14.

[644] 王志伟,纪燕玲,陈永敢.植物内生菌研究及其科学意义[J].微生物学通报,2015,42(2):349-363.

[645] GAO Y G, MO Q Q, ZHAO Y, et al. Microbial mediated accumulation of plant secondary metabolites and its action mechanism in medicinal plants: A review[J]. Journal of Southern Agriculture,2019,50(10):2234-2240.

[646] 张丽娜.红豆杉内生菌 *A. niger* 紫杉醇相关酶基因的确定[D].哈尔滨:黑龙江大学,2015.

[647] JINFENG E C, RAFI M, HOON K C, et al. Analysis of chemical constituents, antimicrobial and anticancer activities of dichloromethane extracts of *Snrdarinmycetes* sp. Endophytic fundisolated from *Strnhilauthes cruspus*[J]. World Journal of Microbiology and Biotechnology, 2017,33(1):5.

[648] ZOU W X, MENG J C, LU H, et al. Metabolites of *Colletotrichum gloeosporioides*, an endophytic fungus in *Artemisia mongolica*[J]. Journal of Natural Products,2000,63(11):1529-1530.

[649] RAI N, KUMARI KESHRI P, VERMA A, et al. Plant associated fungal endophytes as a source of natural bioactive compounds[J]. Mycology,2021,12(3):139-159.

[650] ZHANG S P, HUANG R, LI F F, et al. Antiviral anthraquinones andazaphilones producedby an endophytic fungus *Nigrospora* sp. from *Aconitum carmichaeli*[J]. Fitoterapia,2016,112:85-89.

[651] KHALED S, WAILL E, AHMED T, et al. Antiviral and antioxidant potential of fungal endophytes of Egyptian medicinal plants[J]. Fermentation-basel,2018,4(3):49.

[652] LI X, TIAN Y, YANG S X, et al. Cytotoxic azaphilone alkaloids from *Chaetomium glohosum* TY1[J]. Bioorganic & Medicinal Chemistry Letters,2013,23(10):2945-2947.

[653] NEELAM, KHATKAR A, SHARMA K K. Phenylpropanoids and its derivatives: biological activities and its role in food, pharmaceutical and cosmetic industries[J]. Critical Reviews in Food Science and Nutrition,2020,60(16):2655-2675.

[654] LI F Z, JIANG T, LI Q Y, et al. Camptothecin (CPT) and its derivatives are knownto target topoisomerase I (Top 1) as their mechanism of action:did we miss something in CPT analogue molecular targets for treating human disease such as cancer[J]. American Journal of Cancer Research,2017,7(12):2350-2394.

[655] GARCIA E, ALONSO A, PLATAS G, et al. The endophytic mycobiota of *Arabidopsis thaliana*[J]. Fungal Diversity,2013,60(1):71-89.

[656] HONG C E, JO S H, MOON J Y, et al. Isolation of novel leaf-inhabiting endophytic bacteria in *Arabidopsis thaliana* and their antagonistic effects on phytophathogens[J]. Plant Bio-

technology Reports,2015,9:451-458.

[657] 谢海伟,冯嘉琪,付晓晴,等.药用植物内生真菌的研究进展[J].江苏农业科学,2020,48(14):1-6.

[658] 朱虹儒,国立东,都晓伟.人参内生菌种类、化学成分及生物活性研究进展[J].沈阳药科大学学报,2022,39(4):499-512.

[659] 杨明俊,张琛,晏祖花,等.乌拉尔甘草内生真菌分离及活性初探[J].中草药,2020,51(17):4538-4546.

[660] 曹冠华,张雪,陈迪,等.三七根内生真菌重金属耐性菌株筛选及分类学鉴定[J].中成药,2020,42(9):2510-2513.

[661] 陆俊,秦培祯,单齐冀,等.金莲花内生真菌的分离与初步鉴定[J].食品与机械,2016,32(6):41-43.

[662] 杨鑫凤,周雅琴,谭小明,等.青天葵叶斑病病原菌的分离鉴定及其生物防治[J].北方园艺,2021,24:115-121.

[663] 张弘弛,刘瑞,李慧,等.黄芪内生真菌中甲醛降解菌的筛选及降解特性[J].西北农业学报,2017,26(2):311-316.

[664] 葛飞,唐尧,龚倩,等.40株银杏内生真菌抗菌活性比较及其活性成分研究[J].中草药,2016,47(9):1554-1559.

[665] 马伟,刘振鹏,孙丽英,等.454测序方法对人参种子内生真菌种类的研究[J].中医药信息,2017,34(3):28-32.

[666] ZHANG Y G, ZHANG Y X, Gao Q. Community structure of endophytic fungi in ginseng and its correlation analysis with active components[J]. Medicinal Plant, 2021, 12(5):1-6,11.

[667] 曹昆,高福泉,董佳伟,等.人参内生真菌的分离鉴定及其生防功能的初步验证[J].吉林师范大学学报(自然科学版),2021,42(2):122-126.

[668] ZHAO C, LIAO P, ZHANG H N, et al. Diversity and community structure of endophytic fungi from liquorice plants[J]. Pratacultural Science, 2016, 33(7):1315-1323.

[669] 孙一帆,任广喜,李平,等.甘草 UGDH1 基因的克隆、生物信息学及表达分析[J].中国实验方剂学杂志,2021,27(12):133-140.

[670] 刘文杰,李陇强,唐佳慧,等.甘草来源内生真菌多样性和抗菌活性研究[J].天然产物研究与开发,2021,33(2):256-267.

[671] 王占斌,周暄,马鑫博,等.药用植物内生真菌的分离及拮抗菌的筛选与鉴定[J].中国农学通报,2022,38(1):75-81.

[672] KHAN B, ZHAO S, WANG Z, et al. Eremophilane sesquiterpenes and benzene derivatives from the endophyte *Microdiplodia* sp. WGHS5[J]. Chemistry and Biodiversity, 2021, 18(4):e2000949.

[673] ZHAO S, WANG B, TIAN K, et al. Novel metabolites from the *Cercis chinensis* derived en-

dophytic fungus *Alternaria alternata* ZHJGS and their antibacterial activities[J]. Pest Management Science,2021,77(5):2264-2271.

[674] MANI V M,SOUNDARI A J P G,BALASUBRAMANIAN B,et al. Evaluation of dimer of epicatechin from an endophytic fungus *Curvularia australiensis* FC2AP on acute toxicity levels, anti-inflammatory and anti-cervical cancer activity in animal models[J]. Molecules,2021,26(3):654.

[675] HE W,XU Y,WU D,et al. New alkaloids from the diversity-enhanced extracts of an endophytic fungus *Aspergillus flavus* GZWMJZ-288[J]. Bioorganic Chemistry,2021,107:104623.

[676] XIU Z,LIU J,WU X,et al. Cytochalasin H isolated from mangrove-derived endophytic fungus inhibits epithelial-mesenchymal transition and cancer stemness *via* YAP/TAZ signaling pathway in non-small cell lung cancer cells[J]. Journal of Cancer,2021,12(4):1169-1178.

[677] ZHOU G,ZHANG X,SHAH M. Polyhydroxy p-terphenyls from a mangrove endophytic fungus *Aspergillus candidus* LDJ-5[J]. Marine Drugs,2021,19(2):82.

[678] 刘守安,李多川,俄世瑾,等.嗜热毛壳菌纤维素酶(CBHⅡ)cDNA 的克隆及在毕赤酵母中的表达[J].生物工程学报,2005,21(6):892-899.

[679] 刘述春,孙炳达,旺姆,等.一株毛壳霉属真菌中新结构活性聚酮类化合物研究[J].菌物学报,2010,29(5):726-731.

[680] 刘文静.小麦毛壳属内生真菌的生态功能研究[D].郑州:郑州大学,2015.

[681] 齐昌兴.土曲霉化学成分及生物活性研究[D].武汉:华中科技大学,2017.

[682] 姚远蓓.一株普哥滨珊瑚土曲霉 XWC21-10 次级代谢物及其生物活性的研究[D].湛江:广东海洋大学,2017.

[683] 侯华新,黎丹戎,秦箐,等.板蓝根高级不饱和脂肪组酸体内抗肿瘤实验研究[J].中药新药与临床药理,2002,13(3):156-157,198.

[684] 赵影,孙士鹏,张东辉,等.大豆粗脂肪酸价常温浸提法与索氏抽提法比较[J].粮油仓储科技通讯,2021,37(3):43-44,47.

[685] 吴婧婧,梁贵秋,陆春霞,等.桂桑优12种子油提取的响应面工艺优化及其抗氧化分析[J].南方农业学报,2019,50(1):144-150.

[686] 范晓恺,阮成江,张莞晨,等.不同发育期红松种子含油率及种子油脂肪酸组成动态变化[J].中国油脂,2019,44(4):112-114.

[687] 王萌萌.西兰花种子油的提取及抗氧化和抑制肿瘤细胞增殖的活性研究[D].合肥:安徽大学,2014.

[688] 李冰,刘萍,李聪,等.沙生植物长柄扁桃种子油营养成分分析[J].中国粮油学报,2019,34(1):114-117,124.

[689] 李诗龙.转筒烘炒机在浓香型压榨食用油制取中的应用[J].粮油加工,2010,9:

3 – 5.

[690] 栾非时,裴爽,刘争,等.西瓜种子脂肪酸组分分析及种子油体显微观察[J].东北农业大学学报,2020,51(4):27 – 36.

[691] 张莲,廖君,邹峥嵘,等.素心蜡梅种皮油和种仁油化学成分的 GC – MS 分析[J].中国油脂,2019,44(11):144 – 147.

[692] 崔月,陈杰.野生大花紫玉盘种子油脂肪酸成分测定[J].南方林业科学,2019,47(4):24 – 26.

[693] 程欣,林立,林乐静,等.4 种槭树种子油脂肪酸组成及含量比较[J].江苏农业科学,2019,47(7):220 – 224.

[694] 王婧,野村正人,古研,等.香榧种子含油量及脂肪酸组成对比研究[J].生物质化学工程, 2018,52(4):7 – 11.

[695] 张纪超,逄淑钧,倪炜宸,等.白木乌桕与乌桕种子形态及种子油含量和成分的比较研究[J].青岛农业大学学报(自然科学版),2020,37(2):102 – 107.

[696] 武寅,王斯峥,杜娟,等.冷浸提代替索氏抽提检测大豆粗脂肪酸值[J].安徽农业科学,2019,47(18):215 – 217.

[697] IBRAHIM N A, ZAINI M A A. Microwave – assisted solvent extraction of castor oil from castor seeds[J]. Chinese Journal of Chemical Engineering,2018,26(12):2516 – 2522.

[698] RAZAL R A, DARACAN V C, CALAPIS R M, et al. Solvent extraction of oil from Bani [*Pongamia pinnata*(L.) Pierre] seeds[J]. Philippine Journal of Crop Science,2012,37(1):1 – 7.

[699] HU B, WANG H, HE L, et al. A method for extracting oil from cherry seed by ultrasonic – microwave assisted aqueous enzymatic process and evaluation of its quality[J]. Journal of Chromatography A,2019,1587:50 – 60.

[700] 赵茹.绿色化学理念下菥蓂草资源的多级利用研究[D].哈尔滨:东北林业大学,2021.

[701] ZHONG J F, WANG Y H, YANG R, et al. The application of ultrasound and microwave to increase oil extraction from *Moringa oleifera* seeds[J]. Industrial Crops and Products,2018, 120: 1 – 10.

[702] 郝保华,孙文基,支朝晖,等.超声提取 – HPLC 法测定秦艽中龙胆苦苷的含量[J].西北大学学报,2004,34(1):81 – 84.

[703] 刘静果.东北地区不同种源菥蓂种子油提取工艺优化及油品质比较分析[D].哈尔滨:东北林业大学,2021.

[704] 程敏,侯佳丽,文帅,等.响应面法优化南五味子种子油制备生物柴油的工艺研究[J].陕西中医药大学学报,2017,40(3):69 – 74.

[705] 赵斗,朱芜蓉,赵佳宁,等.桂花种子油的提取和成分鉴定[J].南方农机,2022,53(1):56 – 59.

[706] 闫荣玲,毛龙毅,廖阳,等.薄荷种子油超声辅助提取工艺及其脂肪酸组成、理化性质与急性毒性分析[J].中国油脂,2018,43(5):16-20,27.

[707] 刘钊君,彭震,朱里,等.大戟科假奓包叶的种子油提取及油脂肪酸成分[J].吉首大学学报(自然科学版),2020,41(3):36-39,49.

[708] 李娜,何雨,董画,等.超声波辅助法提取野生玫瑰果种子油工艺的研究[J].吉林农业,2018,(5):70-72.

[709] 丁灵.生物柴油的制备研究[D].青岛:中国石油大学.2007.

[710] 成建红,刘宛承.秋橄榄种子油超临界萃取工艺研究[J].林业科技通讯,2020,1:53-55.

[711] 程敏,文帅,梁旭华,等.超临界CO_2萃取南五味子种子油的工艺优化及其成分分析[J].国际药学研究杂志,2017,44(10):988-994.

[712] 张杰,冯春荣,谭雪梅,等.超临界CO_2萃取花椰菜种子油工艺优化及脂肪酸组成分析[J].化学研究与应用,2018,30(5):751-757.

[713] 唐晓伟,刘鸿滨,吴萍.ASE-GC/MS分析5种蔬菜种子油中脂肪酸组成[J].中国油脂,2017,42(12):127-129.

[714] 付冬梅.果胶酶辅助提取黑加仑果汁的工艺优化及其种子油的制备[D].哈尔滨:东北林业大学,2020.

[715] 唐守凯,王晓东,董光宇,等.大豆粗脂肪酸值的测定方法[J].北京农业.2015,(41):9.

[716] 刘举,陈继富.木兰科四种植物种子油的提取及脂肪酸成分分析[J].广西植物,2013,33(2):208-213.

[717] 万益群,肖丽凤.柚子种子油的提取工艺及其脂肪酸的气相色谱法测定[J].食品科学,2008,29(3):438-440.

[718] 田琴,牛伟,鹿茸,等.续随子种子油提取工艺响应面法优化及成分分析[J].中国农学通报,2014,30(29):133-141.

[719] 陈青.刺梨、金樱子、红子种子油抗氧化活性研究[J].贵州医药,2016,40(6):587-588.

[720] 孙谦,龙勇,孙志高.柑橘种子油的主要成分及提取技术[J].中国粮油学报,2015,30(4):142-146.

[721] 中华人民共和国国家卫生健康委员会,国家市场监督管理总局.食品安全国家标准 植物油:GB2716-2018[S].北京:北京中国标准出版社,2018.

[722] 梅文泉,王莉丽,杨娟,等.木姜花种子油理化指标及脂肪酸组成分析[J].中国油脂,2018,43(11):86-88.

[723] 徐洪宇,朱丽蓉,董娟娥,等.楸树种子油中活性成分及其粕中黄酮类成分研究[J].中国粮油学报,2016,31(2):64-69.

[724] 瞿晓晶,彭芳芳,尹楗富,等.构树种子油的超声强化提取及其抗氧化性研究[J].天

然产物研究与开发,2014,26(10):1685-1689.
[725] 中华人民共和国食品安全国家标准:GB15193.3-2014[S].北京:北京中国标准出版社,2014.
[726] 刘世彪,吕江明,刘祝祥,等.一串红种子油的提取、成分分析及其急性毒性研究[J].中国粮油学报,2011,26(09):56-59.
[727] 廖阳,闫荣玲,刘丽华,等.垂序商陆种子油脂肪酸组成及其生物柴油制备工艺研究[J].中国油脂,2019,44(9):76-80.
[728] 李红,尹学智,景建洲,等.重阳木种子油的理化性质及脂肪酸组成分析[J].中国油脂,2019,44(6):99-101.
[729] 杨秀芳,谢文琦,张鑫,等.文冠果种子油酸洗缓蚀剂及其缓蚀性能分析[J].广州化工,2022,50(1):58-60,76.
[730] 涂小艳.刺梨渣中种子油提取及其在囊泡制备上的应用研究[D].贵阳:贵州大学,2019.
[731] 周丽莹.厚朴种子油的超临界CO_2萃取及抗氧化活性研究[D].哈尔滨:东北林业大学,2019.
[732] 李冰.沙生植物长柄扁桃种子油及副产品开发研究[D].西安:西北大学,2010.
[733] 王少振,孙淑华.油脂精炼过程中反式脂肪酸控制的研究进展[J].粮食与食品工业,2014,21(2):18-21.
[734] 陈永芳,魏祯倩,刘政.如何降低反式脂肪酸对人体健康的危害[J].肉类工业,2020,(5):49-53.
[735] 王锐清,郭盛,段金廒,等.花椒果实不同部位及其种子油资源性化学成分分析与评价[J].中国中药杂志,2016,41(15):2781-2789.
[736] ZHANG J,JIANG L. Acid-catalyzed esterification of *Zanthoxylum bungeanum* seed oil with high free fatty acids for biodiesel production[J]. Bioresource Technology,2008,99(18):8995-8998.
[737] 闫荣玲,毛龙毅,廖阳,等.垂序商陆种子油与根皂苷微波辅助提取工艺及种子油理化性质与根皂苷杀虫活性研究[J].天然产物研究与开发.2017,29(7):1218-1223.
[738] 周晓晶,李可,范航,等.不同变种及种源紫苏种子油脂肪酸组成及含量比较[J].北京林业大学学报,2015,37(1):98-106.
[739] AZCONA J O,SCHANG M J,GARCIA P T,et al. Omega-3 enriched broiler meat:the influence of dietary α-linolenic-omega-3 fatty acid sources on growth, performance and meat fatty acid composition[J]. Canadian Journal of Animal Science,2008,88(2):257-269.
[740] KIM Y,JI S K,CHOI H. Modulation of liver microsomal monooxygenase system by dietary n-6/n-3 ratios in rat hepatocarcinogenesis[J]. Nutrition and Cancer,2000,37(1):65-72.

[741] YOKO T,TAKASHI I. Dietary n-3 fatty acids affect mRNA level of brown adipose tissue uncoupling protein 1,and white adipose tissue leptin and glucose transporter 4 in the rat [J]. British Journal of Nutrition,2000,84(2):175-184.

[742] IDE T,MURATA M,SUGANO M. Stimulation of the activities of hepatic fatty acid oxidation enzymes by dietary fat rich in α-linolenic acid in rats[J]. Journal of Lipid Research,1996,37(3):448-463.

[743] 牟茂森,王喆之.菘蓝种子脂肪酸的GC-MS分析[J].现代生物医学进展,2007,7(2):221-223.

[744] Li T,Qu X Y,Zhang Q G,et al. Ultrasound assisted extraction and profile characteristics of seed oil from *Isatis indigotica* Fort. [J]. Industrial Crops and Products,2012,35(1):98-104.

[745] 孙晓东,韩立敏,李爱玲,等.菘蓝种子油超微粉碎提取研究[J].中国油脂,2011,36(9):22-23.

[746] 李焘,屈新运,王喆之.不同方法提取的菘蓝种子油的GC-MS分析[J].中国油脂,2011,36(12):70-72.